民族药研究开发概论

Minzuyao Yanjiu Kaifa Gailun

主 编
刘同祥 李银生
编 者
周 刚 王素霞 牛明福 杜 鹃 李云波 李姝娟

中央民族大学出版社
China Minzu University Press

图书在版编目(CIP)数据

民族药研究开发概论/刘同祥等主编．—北京：中央民族大学出版社，2010.10
ISBN 978-7-81108-943-1

Ⅰ.①民… Ⅱ.①刘… Ⅲ.③中成药：新药—研究—概论 Ⅳ.①TQ461-3

中国版本图书馆 CIP 数据核字(2010)第 225441 号

民族药研究开发概论

主　　编　刘同祥　李银生
责任编辑　吴　云
封面设计　布拉格
出 版 者　中央民族大学出版社
　　　　　北京市海淀区中关村南大街 27 号　邮编：100081
　　　　　电话：68472815(发行部)　传真：68932751(发行部)
　　　　　传真：68932218(总编室)　　　　68932447(办公室)
发 行 者　全国各地新华书店
印 刷 者　北京宏伟双华印刷有限公司
开　　本　787 毫米×1092 毫米　1/16　印张：21
字　　数　365 千字
版　　次　2010 年 10 月第 1 版　2010 年 10 月第 1 次印刷
书　　号　ISBN 978-7-81108-943-1
定　　价　56.00 元

教育部

“长江学者和创新团队发展计划”

资助出版

（IRT0871）

（Supproted by Program for Changjiang Scholars and Innovative Research Team in University PCSIRT）

目 录

第一章 总 论

第一节 民族药和新药的概念

一、民族药的概念

民族药的概念可以分为广义的和狭义的两种。广义的概念是指中华民族的传统医药，犹如民族工业、民族企业、民族经济的用词一样。这里的民族，是指中华民族大家庭，具有本国的、本土的、非外来的意义。狭义的概念就是指中国少数民族的传统医药。事实上，由于在现阶段的中国，“民族”一词习惯上是“少数民族”的简称，所以上述“民族药”的概念主要包括藏医药、蒙医药、维吾尔医药、傣医药、壮医药、苗医药、瑶医药、彝医药、侗医药、土家族医药、回回医药、朝鲜族医药等。我国有55个少数民族，各民族在历史上都有自己的医药学创造与医药学积累。现已整理出传统医药资料的有30多个民族。由于历史条件和文化背景不同，各个民族的传统医药的发展是不平衡的，后来的继承发展状况也各不相同。有的建立了相当完整的医药学理论体系；有的正在总结整理，梳理和提炼出系统的理论；有的则只剩下一些零星的单方验方和医疗经验。但总体来说，各个民族医药都不是中医药的某个分支，而是中医药的“姐妹”。从其民族性、历史性、传承性而言，它们和中医学有着相似的哲学思维、医疗特点、用药经验和历史命运，都属于中国的传统医药。此外，在各民族民间也蕴藏着独具特点的养生习俗、单方验方、草医草药和医疗经验，他们并不一定受某一医学的理论指导，也很难归属于某个民族医学，但对于某种疾病疗效确切。

“民族医”的概念出现在20世纪50年代。“民族医学”、“民族医药”则于20世纪80年代普遍见于正式文件中。我国宪法明确规定：“国家发展医疗卫生事业，发展现代医药和我国传统医药。”《中共中央、国务院关于卫生改革与发展的决定》（1997年1月15日）中也强调指出：“各民族医药是中华民族传统医药的组成部分，要努力发掘、整理、总结、提高，充分发挥其保护各民族人民健康的作用。”《中共中央、国务院关于进一步加强农村卫生工作的决定》（2002 年 10 月 19 日）也明确指出：“要认真发掘、整理和推广民族医药技术”。《中华人民共和国中医药条例》在“附则”中规定：“民族医药的管理参照本条例执行。”这表明，民族医药有自己独立的学术地位，享受与中医药相同的政策。在不违反《中医药条例》的前提下，民族医药可以有特殊的待遇。特别是在民族地区，在民族自治法、民族自治条例的范围内，允许制定某些相应的因地制宜的保护、继承、发展的具体措施。

2007 年 10 月 25 日，国家中医药管理局、国家民族事务委员会、卫生部、国家发展和改革委员会、教育部、科学技术部、财政部、人事部、劳动和社会保障部、国家食品药品监督管理局、国家知识产权局共 11 个部委联合制定的《关于切实加强民族医药事业发展的指导意见》（指导意见）在京发布。这个《指导意见》是当前及今后一段时期发展民族医药事业的纲领性文件，是民族医药事业发展史上具有里程碑意义的一件大事。

民族医药是我国传统医药的重要组成部分，药品注册的民族药是指以少数民族医药理论为指导的药品，它包括藏药、维吾尔药、蒙药、傣药、彝药、苗药等。2008 年 1 月 8 日，国家食品药品监督管理局颁布实施的《中药注册管理补充规定》专门对藏药、维吾尔药、蒙药等民族药的注册管理作出了规定。明确民族药的研制应符合民族医药理论，民族药的生产企业应当具备相应的民族药专业人员、生产条件和能力，民族药的审评应由相关的民族药方面的专家参与进行。

2010 年 10 月 9 日，工业和信息化部、卫生部、国家食品药品监督管理局等三部门联合发布《关于加快医药行业结构调整的指导意见》，提出坚持继承和创新并重，以药物效用最大化、安全风险最小化为目标，借鉴国际天然药物发展经验，加快民族药成药的二次研究与开发，优先发展具有民族药治疗优势的治疗领域的药品，培育 50 个以上疗效确切、物质基础清楚、作用机理明确、安全性高、剂型先进、质量稳定可控的现代民族药品种。促进民族药的研发和产业化，促进民族药标准提高，加强民族药知识产权保护。

二、新药的概念

此处所说新药是药品管理中的概念，不是药品生产和销售中的物质术语。现行药品注册管理办法规定，新药是指未在中国境内上市销售的药品。已上市药品，若改变剂型、改变给药途径和增加适应证的药品，按新药申请的程序管理。

第二节　民族药的特点

我们少数民族使用的，以本民族传统医药理论和实践为指导的药物，称为民族药。民族药发源于少数民族地区，具有鲜明的地域性和民族传统。

我国是一个多民族的国家，大多数民族地区由于种种原因，缺医少药的现象普遍存在。各民族在与疾病抗争、维系民族生存繁衍的过程中，以各自的生活环境、自然资源、民族文化、宗教信仰等为根基，创立了具有本民族特色的医药体系。它不仅在历史上为各族人民的生存、繁衍作出了重要贡献，对其他兄弟民族人民的健康和繁衍昌盛作出了不可磨灭的贡献，而且时至今日仍然对提高人民群众健康水平、促进经济社会发展发挥着不可替代的独特作用，仍作为中华民族的宝贵财富，在我国的医药事业中发挥着重要的作用。

据初步统计，全国 55 个少数民族，近 80% 的民族有自己的药物，其中有独立的民族医药体系的约占 1/3。民族医药是我国传统医药和优秀民族文化的重要组成部分，是各族人民长期与疾病作斗争的经验总结和智慧结晶，它们在独立发展、保持本民族特色的基础上，彼此相互借鉴、相互贯通，共同构成了荟萃着各民族医药精华的我国传统医药体系。

民族药简便、价廉，适合民族群众的生活习俗和用药习惯，在民族地区发挥着不可替代的作用。一些针对地方病、多发病的民族药疗效确切，一直沿用至今，基本上满足了广大少数民族地区的用药需要。

我国的少数民族传统医药包括了少数民族传统民族医药和少数民族民间医药。民族药是中华民族传统药宝库的重要组成部分，是中华民族传统文化的重要内容。现阶段，用于新药开发和研究的民族药是指以少数民族医药理论为指导的药品，它包括藏药、维吾尔药、蒙药、傣药、彝药、苗药等。

新中国成立以来，由于党和政府的关怀、重视，民族药的发掘、整理、研究工作取得了显著的成果，出版了一批全国和地区性民族药专著。据有关资料报道，目前我国民族药已达 3700 多种。

《中国民族药志》是在全面调查、收集我国少数民族药物的基础上选编而成的民族药的荟萃，已出版的第 1 卷收载了 39 个民族的 135 种药物，基原种 511 个；第 2 卷收载了 35 个民族的 120 种药物，基原种 425 个。《中华人民共和国药典》1977 年版收载了 11 个民族的 32 种药物。1985 年版和 1990 年版各收载了4个民族的12种药物，其中藏药有土木香、总状土木香、小叶莲（鬼臼）、毛诃子、余甘子；蒙药有广枣、冬葵果、草乌叶等；藏药、蒙药共用的有沙棘；维吾尔药有菊苣、毛菊苣、黑种草；傣药有亚乎奴等。《中药大辞典》包含的民族药有藏药404种，傣药400种，蒙药323种，彝药324种和畲药200种。

由于民族药几千年来深深扎根于各族人民之中，一直受到各族人民的信赖和欢迎，因此，发展民族药不仅有利于民族地区经济的发展，而且关系到各族人民的健康，关系到增进民族团结、巩固边防、建设边疆和社会安定的大局。

第三节 民族药研究开发现状与趋势

民族药作为一种产业资源，经历了漫长的历史积累和系统挖掘。尤其是新中国成立以后，党和政府十分重视少数民族医药的继承和发展，早在1951年12月，政务院文教委员会批准的《全国少数民族卫生工作方案》中即提出，要重视民族医药，积极团结民族医药人员，并不断提高他们的业务水平。民族医药的继承和发展受到了国家和有关民族地区的积极支持，今天的很大一部分新药就是从那时候起，在植物药中寻找药物资源，从民族药和民间的单方验方中筛选有效方剂以及后来从医院制剂中转化而成的企业产品。1978年，青海、西藏、四川、甘肃、云南、新疆推出第一部六省区地方的《藏药标准》。此后，民族医药的发掘、整理、提高、应用迅速开展，55个少数民族中经过系统整理的民族医药达30多种。除了藏医学、蒙医学、维吾尔医学、傣医学外，壮、苗、瑶、彝、朝鲜、土家等民族医药的开发整理也卓有成效。20世纪80年代中后期，《中国医学百科全书》藏医卷、蒙古医卷等出版，系统介绍了有关民族医学的发展史、理论体系、临床诊断和药物学的最新研究成果。

1993年国家卫生部发出了《关于制定民族医药部颁标准的通知》，在全面收集民族典籍资料和认真总结临床经验的基础上，各地又相继制定了若干民族药的地方标准。1995年《中华人民共和国卫生部药品标准》藏药分册问世，其后《中华人民共和国卫生部药品标准》蒙药分册、《中华人民共和国卫生部药品标准》维吾尔药分册等若干药品的国家标准也相继出台，部分品种收入到《中华人民共和国药典》及卫生部重新审定并颁布的“部颁标准”中。据统计，1999年进入《中国药典》和“中华人民共和国部颁药品标准”的民族药成药共461种。此外，尚有“地方标准”和院内制剂数百种，其中绝大部分是历史上沿传下来的（有的载入古典医籍，有的在民间广泛流传）成方、验方，它们在相当程度上满足了当时临床的需要，并为进一步进行科学研究和新药开发提供了广泛的基础。

从20世纪70年代末开始，有30多种民族医药得到全面调查和系统整理。其中藏医学、蒙医学、维吾尔医学、傣医学，以及壮、苗、彝、瑶、土家、朝鲜等民族医药的资料比较丰富，开发研究和现代应用很有成效。特别是藏族、蒙古族、维吾尔族、傣族、壮族等民族医学，都建立了医疗、教学、科研体系，有一批国家编制的专业队伍。西藏、新疆、内蒙古、青海、吉林、广西、云南、贵州、四川等省和自治区办了民族医药高等院校或民族医药专业，开展民族医药的高等教育。

开设藏医药专业的有西藏藏医学院、西藏大学医学院、青海藏医学院（现为青海大学藏医学院）、甘肃中医学院藏医学院、成都中医药大学民族医药学院；西藏藏医学院组织专家编写的《21世纪藏医专业本科规划教材》在青海、甘肃、四川、云南等藏区广泛使用；开设蒙医药专业的有内蒙古蒙医学院、内蒙古民族大学蒙医药学院、呼伦贝尔蒙医学院；开设维吾尔医药专业的有新疆医科大学维吾尔医药系、维吾尔医学专科学校（和田市）；广西中医学院开设有中医学（壮医方向）专业，云南中医学院开设有傣医专业（本科），西双版纳傣族自治州办了傣医高专班，并出版了国家中医药管理局21世纪傣医本科教材一套，包括《傣医基础理论》、《傣药学》、《傣医方剂学》、《傣医诊断学》、《傣医临床学》、《傣医经典选读》等。吉林省有朝医专科学校进行朝鲜医药专业教育，贵阳中医学院办了民族医药专科班，贵州黔南布依族苗族自治州办了民族医药学专科学校。

国家中医药管理局于2004年启动西部重点扶持学科建设项目，设立民族医药重点扶持建设学科4个，分别是藏药学（制药）、藏药学（生药）、蒙药学（生药）、维吾尔医内科学（心血管学科），各民族地区也相应建立起并扶持起一批民族医药重点学科，加大民族地区中医药学科带头人的培养。作为学科发展的重要载体和成熟的标志，民族医药教材建设迈出可喜一步，国家中医药管理局于“十五”期间组织了民族医药本科规划教材编写工作，其中藏医药本科教材25种，蒙医药本科教材25种、中专教材10种，维吾尔医药本科教材25种，傣医药本科教材7种，以上国家规划教材已经基本出版发行。各地也先后编写出版了一批民族医药教材，如甘肃中医学院藏医学院已编写出版了17种藏医大专教材，广西中医学院系统编写并出版了壮医药学12种本科教材。

我国目前共有民族医医院191所，床位8649张，其中藏医医院45所、蒙医医院10所、维吾尔医医院21所、瑶医医院2所、傣医医院1所、朝医医院1所，已有藏、蒙古、维吾尔、傣、壮、朝鲜、苗、瑶、回、彝、土家、布依、侗、哈萨克、羌15个民族设有本民族医药的医院，另外，民族地区的综合医院大多建有民族医药科室。包括藏、蒙古、维吾尔、傣、朝鲜、壮、苗、土家8种民族医药在内的10所重点民族医医院，成为民族医特色突出、专科优势明显、临床疗效显著、管理规范科学，具有示范带动作用的重点民族医医院，标志着我国民族医药服务体系正在进一步完善。

同时，在地（市）级以上重点中医医院建设项目中，注重将民族医医院纳入项目范围。目前，已确定国家中医临床研究基地建设单位1个，纳入地（市）级以上重点中医医院建设项目的民族医医院28所，纳入农村卫生服务体系建设与发展规划的县级民族医医院67所，并且已经确定有355个项目建设单位开展民族医重点专科（专病）建设。

全国有一批民族医药研究所，其中，省级民族医药研究所6所，县级以上机构有15所（有独立编制的事业单位）。此外，还有一批军队或民间创办的民族医药研究机构。许多高校也设置了民族医药研究机构。

目前，我国共有民族药生产企业156家、品种906个，涵盖了7种民族药，形成了一批知名民族药生产企业，主要包括藏、蒙古、维吾尔、苗、傣、彝六大类；达到国家标准的民族成药有865种、药材230种。2008年民族药销售额达150多亿元。

民族医药的发展成就是巨大的，但是整个民族医药的发展状况仍令人担忧，共同存在着以下几方面问题：

（1）掠夺性的采挖使大量的民族药材以初级产品的形式直接流入市场，民族药的资源品种开发利用率仍然很低。应该承认，还有一大批具有开发潜力的（历史悠久、疗效确切、基源清楚）民族药及成方制剂目前未能达到国家标准，因此也不能为民族地区的经济腾飞创造良好的社会和经济效益。

（2）多数生产民族药的厂家或部门缺乏强烈的质量意识和品牌意识，多数民族药品仍停留于第一代、第二代的剂型水平上，技术含量附加值低，制备工艺和设备陈旧落后。

（3）多数生产民族药的企业规模较小，有些地方还保持着原始作坊式的制药生产，产品结构单一，产品质量标准无可控性，技术、管理和质检人才严重缺乏，抵抗市场的风险能力差。

(4) 国家有关部门和地方政府对支持民族医药的开发研制投入不足，多数民族新药的研发单位，其毒性、药理实验条件及药品质检设备不能满足对新药开发的要求。

第四节 民族药新药研究中的相关法规与注册分类

一、民族药新药研究中的相关法规

为加强卫生医疗事业的发展，中共中央、国务院制定了《关于深化医药卫生体制改革的意见》，国务院制定了《关于扶持和促进中医药事业发展的若干意见》。为加强民族医药的发展，国家中医药管理局与国家民族事务委员会等11部委联合印发了《关于切实加强民族医药事业发展的指导意见》，国家中医药管理局、国家民族事务委员会、卫生部与国家食品药品监督管理局共同印发了《全国民族医药近期重点工作实施方案（2010—2012年)》，由工信部牵头制定的《医药工业十二五规划》对民族医药有非常明确的定位，作为中药和天然药物的重要组成部分，民族药的地位正在“提升”。藏药、维吾尔药和蒙药等民族医药已经被列入了《生物医药十二五规划》。“十二五”期间，我国将结合对藏药、维吾尔药和蒙药等各民族药的系统整理，重点开展具有民族医药理论特点、资源特色和治疗优势的民族药新药的研发和生产，促进民族药产业的发展。同时，各个民族自治区也制定了相关的法规，鼓励和支持民族医药的发展。

民族药新药研究过程中，涉及我国许多相应的法律、规范，必须严格遵守。国家法律层面的主要有《中华人民共和国药品管理法》、《中华人民共和国药品管理法实施条例》、《中华人民共和国行政许可法》、《中华人民共和国政府信息公开条例》等相关法律；部门规章和办法层面的主要有《药品注册管理办法》及附件、《国家食品药品监督管理局药品特别审批程序》、《药物非临床研究质量管理规范》(Good Laboratory Practice，GLP)、《药物临床试验质量管理规范》 (Good Clinical Practice，GCP) 以及《中华人民共和国药典》(一、二、三部) 等相关规范。《中华人民共和国药典》(Chinese Pharmacopoeia，CHP) 在新药的研发中具有非常重要的指导作用，给我们新药的研究、药品生产和药品检验等带来许多方便，如正文中质量标准或检验规程格式、凡例和通则的规范要求、附录中大量的试验方法等。

新药的具体研制过程包括新药的临床前研究和临床研究两个主要阶段，涉及我国食品药品监督管理局药品注册司制定的相应的技术指导原则，这些技术指导原则涵盖了新药研发过程的方方面面，包括药学、药理、临床研究及申报资料的规范撰写等，而且随着技术水平的提高还在不断修订补充完善。这些技术指导原则是我们新药研究过程中非常重要的技术参照，对新药研究的科学性、规范性、系统性起到不可替代的直接的指导作用。《药品注册管理办法》第二十八条规定："药物研究参照国家食品药品监督管理局发布的有关技术指导原则进行，申请人采用其他评价方法和技术的，应当提交证明其科学性的资料。"在通常情况下，指导原则应当遵守，若有不同，须提供充分研究或文献依据。当然，指导原则更强调一些共性、原则的东西，对具体新药品种还需结合药物成分、剂型、适应症等具体问题具体分析，鼓励创新性、探索性的研究。

二、民族药新药的注册分类

国家食品药品监督管理局发布的局令第 17 号的《药品注册管理办法》明确规定了中药、天然药物注册分类，民族药纳入中药、天然药物管理范围。为突出民族药特点，扶持民族药的发展，2008 年 1 月国家食品药品监督管理局颁布了《中药注册管理补充规定》，专门对藏药、维吾尔药、蒙药等民族药的注册管理作出了规定。明确规定民族药的研制应符合民族医药理论，民族药的生产企业应当具备相应的民族药专业人员、生产条件和能力，民族药的审评应由相关的民族药方面的专家参与进行。

（一）民族药新药的注册分类

1. 未在国内上市销售的从动物、植物、矿物等物质中提取的有效成分及其制剂。

2. 新发现的中药材及其制剂。

3. 新的中药材代用品。

4. 药材新的药用部位及其制剂。

5. 未在国内上市销售的从动物、植物、矿物等物质中提取的有效部位及其制剂。

6. 未在国内上市销售的中药、天然药物复方制剂。

7. 改变国内已上市销售的中药、天然药物给药途径的制剂。

8. 改变国内已上市销售的中药、天然药物的剂型。

9. 仿制药。

注册分类 1 ~ 6 类的品种为新药，注册分类 7、8 类按新药程序办理。第 9

类为仿制药。其中6类未在国内上市销售的中药、天然药物复方制剂包括：6.1中药复方制剂；6.2天然药物复方制剂；6.3中药、天然药物和化学药品组成的复方制剂。

（二）具体内涵

1. “未在国内上市销售的从植物、动物、矿物等物质中提取的有效成分及其制剂”是指国家药品标准中未收载的从植物、动物、矿物等物质中提取得到的天然的单一成分及其制剂，其单一成分的含量应当占总提取物的90%以上。

2. “新发现的药材及其制剂”是指未被国家药品标准或省、自治区、直辖市地方药材规范（统称“法定标准”）收载的药材及其制剂。

3. “新的中药材代用品”是指替代国家药品标准中药成方制剂处方中的毒性药材或处于濒危状态药材的、未被法定标准收载的药用物质。

4. “药材新的药用部位及其制剂”是指具有法定标准药材的原动、植物新的药用部位及其制剂。

5. “未在国内上市销售的从植物、动物、矿物等物质中提取的有效部位及其制剂”是指国家药品标准中未收载的从单一植物、动物、矿物等物质中提取的一类或数类成分组成的有效部位及其制剂，其有效部位含量应占提取物的50%以上。

6. 未在国内上市销售的中药、天然药物复方制剂。

6.1　中药复方制剂

中药复方制剂应在传统医药理论指导下组方。《中药注册补充规定》把6.1类中药复方分类细化为以下三类：来源于古代经典名方的中药复方制剂、治疗证候或症状的中药复方制剂、主治为病证结合的中药复方制剂。

6.1.1　来源于古代经典名方的中药复方制剂

该类别强调临床应用基础，注重安全性把关。可不再进行临床前药效学研究、临床研究，仅提供非临床安全性研究资料，直接申报生产；为避免扩大化，将古代经典名方限定了范围，即目前仍在临床广泛应用、疗效确切、具有明显特色与优势的方剂，清代及以前医籍记载的方剂。严格纳入标准：“一有、三不、三一致”；对说明书进行了相应的限定；古代经典名方目录由国家食品药品监督管理局协助国家中医药管理局共同制定。

6.1.2　主治为证候的中药复方制剂

主治为证候的中药复方制剂“是指在中医药理论指导下，用于治疗中医证候的中药复方制剂，也包括治疗中医学的病或症状的中药复方制剂”；中医证候应充分体现中医特色，是中医药理论研究和临床研究的重点。对此类复方制剂的组方的合理性及功能主治的规范性和准确性须组织专家评审。

具有充分的临床应用资料支持，生产工艺、用法用量与既往临床应用基本一致的，评价重点在临床验证，可减免Ⅱ期临床研究，直接进行Ⅲ期验证性研究。

生产工艺、用法用量与既往临床应用不一致的，应采用中医“证候”的动物模型进行药效学研究；如缺乏成熟的“证候”的模型，鼓励进行与药物功能主治相关的主要药效学试验；临床应当进行Ⅱ、Ⅲ期试验。

具有充分的临床应用资料支持，生产工艺、用法用量与既往临床应用基本一致的，评价重点在临床验证，可减免Ⅱ期临床研究，直接进行Ⅲ期验证性研究。

疗效评价以中医证候为主。验证证候的临床试验可采用多种设计方法，但应充分说明其科学性，病例数应符合生物统计学要求，临床试验结果应具有生物统计学意义。

对药品说明书的限定：规定只能以中医理论和中医术语描述其功能主治。

临床试验内容重点描述对中医证候的疗效，并可说明对相关疾病的影响。

6.1.3 主治为病证结合的中药复方制剂

主治为病证结合的中药复方制剂中的“病”是指现代医学的疾病，“证”是指中医的症候，其功能用中医专业术语表述、主治以现代医学疾病与中医证候相结合的方式表述。病证结合是当今中药新药临床试验研究的主要模式，其方法较为成熟。

对该类中药复方制剂的技术要求与以往基本相同。

具有充分的临床应用资料支持，且生产工艺、用法用量与既往临床应用基本一致的，可仅提供非临床安全性试验资料；临床研究应当进行Ⅱ、Ⅲ期临床试验。

生产工艺、用法用量与既往临床应用不一致的，应提供非临床安全性试验资料，并根据拟定的功能主治（适应症）进行主要药效学试验。药效学研究一般应采用中医证候的动物模型或疾病模型；如缺乏成熟的中医证候动物模型或疾病模型，可进行与功能（药理作用）相关的主要药效学试验。临床研究应当进行Ⅱ、Ⅲ期临床试验。

传统的应用经验对中药的安全性特别是慢性毒性的认识有其局限性，尤其对各脏器的病理改变难以通过临床经验观察到，通过系统的非临床毒理学评价可弥补临床对其安全性观察的不足。

对上述中药复方制剂要求必须进行临床前的安全性研究，在安全性上严格把关，确保用药安全。

6.2 天然药物复方制剂

天然药物复方制剂应在现代医药理论指导下组方，其适应症用现代医学术语表述。

6.3 中药、天然药物和化学药品组成的复方制剂

中药、天然药物和化学药品组成的复方制剂包括中药和化学药品、天然药物和化学药品以及中药、天然药物和化学药品三者组成的复方制剂。

7. “改变国内已上市销售中药、天然药物给药途径的制剂”是指不同给药途径或吸收部位之间相互改变的制剂。

对已上市药品改变剂型但不改变给药途径的注册申请，要求提供充分的证据说明其改剂型的科学合理性。

应当采用新技术以提高药品的质量和安全性，且与原剂型相比有明显的临床应用优势。

依据改变剂型后对物质基础的改变和对药物的吸收利用情况分别制定了相应的要求。

若药材基原、生产工艺（包括药材前处理、提取、分离、纯化等）及工艺参数、制剂处方等有所改变，药用物质基础变化不大，剂型改变对药物的吸收利用影响较小，可根据需要提供药理毒理研究资料，并应进行不少于100对病例数的临床试验，用于多个病证的，每一个主要病证病例数不少于60对。

若药材基原、生产工艺（包括药材前处理、提取、分离、纯化等）及工艺参数、制剂处方等有重大改变，药用物质基础变化较大，或改剂型后对药物的吸收利用影响较大的，应提供相关的药理毒理研究及Ⅱ、Ⅲ期临床试验资料。

8. “改变国内已上市销售中药、天然药物剂型的制剂”是指在给药途径不变的情况下改变剂型的制剂。

9. “仿制药”是指注册申请我国已批准上市销售的中药或天然药物。

对中药仿制药的注册申请，强调“仿品种”而不是“仿标准”的理念。规定仿制药应与被仿品种在处方组成、药材基原、生产工艺过程及工艺参数、制剂处方等方面保持一致性，质量可控性不得低于被仿制品；或者通过临床试验来证明与被仿制品种质量的一致性，进行不少于100对病例数的临床试验或人体生物等效性研究。

提出了临床试验中相关对照药的选择原则，以保证药品的有效性。在符合伦理学原则的基础上，提倡中药新药临床试验采用安慰剂对照，并提出了选择

阳性药的原则。

遵循中药研制规律合理调整了一些申报要求，如可分阶段申报临床试验，可以补充申请方式，适时调整临床用药制剂工艺和规格等。

规定临床试验应采用生产规模的样品，从而保证批准后生产的产品与临床研究所用样品的一致性，确保产品上市后疗效的可靠性和重现性。

处方中含有毒性药材或无法定标准的原料，或非临床安全性试验结果出现明显毒性反应等可能存在临床安全性隐患的中药注册申请，应当进行Ⅰ期临床试验。

三、民族药新药注册的相关技术资料

药品注册资料是反映药品研发过程与结果、体现药品技术评价的载体，是连接药品研发与药品技术审评的桥梁。因此，各国药品技术审评机构对药品注册资料的格式和要求非常重视。2000 年 8 月“人用药品注册技术要求国际协调会（International Conference on Harmonization，ICH）”起草了 ICH 三方协调指导原则《人用药品注册一般技术资料的结构》，该指导原则主要目的是在申报注册技术资料的格式和结构方面达成一定程度的一致。

根据 ICH 要求，结合我国实际情况，遵循药品安全性、有效性、可控性原则，我国《药品注册管理办法》附件规定了药品注册申请者需提供的各方面研究资料，以证明药品的安全性、有效性和可控性，不同的注册分类申请提供的相关技术资料有很大的差异，具体的技术资料均有详细的规定要求和规范。总的来说，包括四方面的申报资料：

1. 综述资料，即对立题目的、依据进行论述，提供相关证明性文件，对药学、药理毒理、临床等研究结果进行总结及它们相互之间的关联性进行分析与评价，关注药品研究的科学性和系统性。

2. 药学研究资料，包括原药材、原材料、原料药、剂型选择、合成和制备工艺、中试、质量标准或制检规程的制定、稳定性等进行的完整系统性试验研究和参考文献，并形成规范的申报文字资料。

3. 药理毒理资料，主要针对申报药物进行的有效性和安全性试验研究和参考文献，并形成申报文字资料，包括主要药效学、一般药理学、急性毒性、长期毒性、生殖毒性、遗传毒性、致癌毒性、特殊安全性（过敏、刺激、溶血、依赖）及药代动力学的试验研究资料和文献资料等。

4. 临床试验资料，包括临床试验文献、临床试验总结、临床试验报告等研究资料，以及结合非临床试验相关信息进行的综合评价分析。

第五节 民族药新药申报与审批程序

新药的申报与审评涉及省食品药品监督管理局注册处、省药品检验所和省药品认证管理中心、国家食品药品监督管理局药品注册司、国家药品审评中心、国家药品认证管理中心和中国药品生物制品检定所等多个部门。依据新药注册申请的不同阶段，分为申报新药临床研究和申报新药生产，两个阶段主要的流程和时限分别如图 1 –5 –1 和图 1 –5 –2。

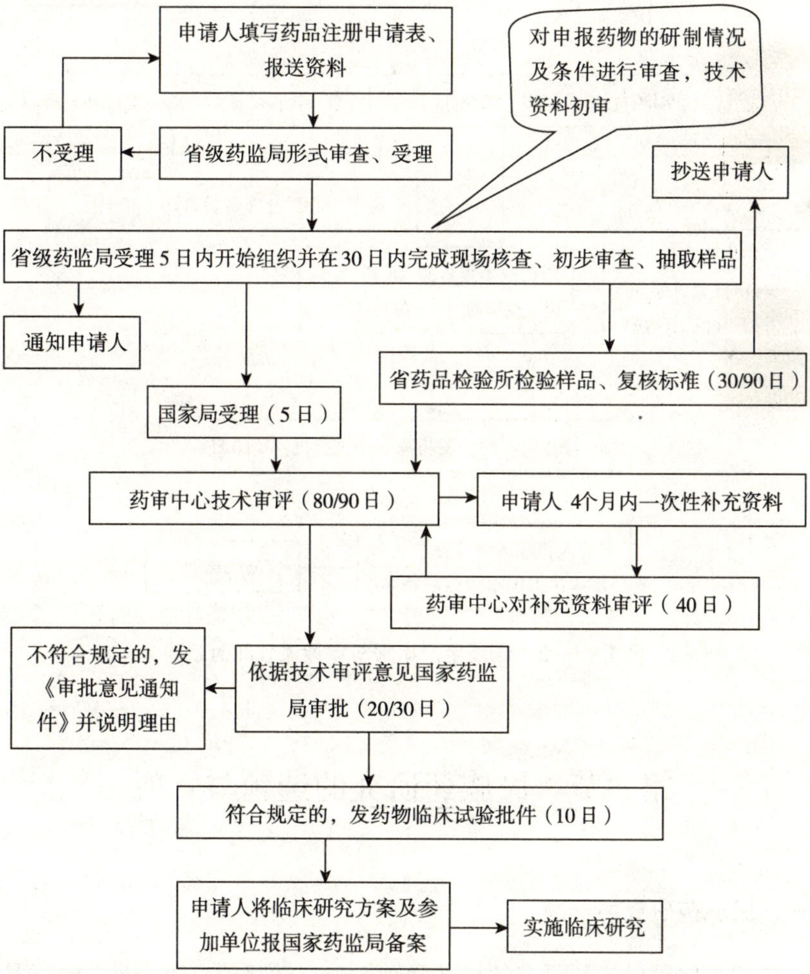

图 1 –5 –1 新药临床研究申报与审评流程和时限图

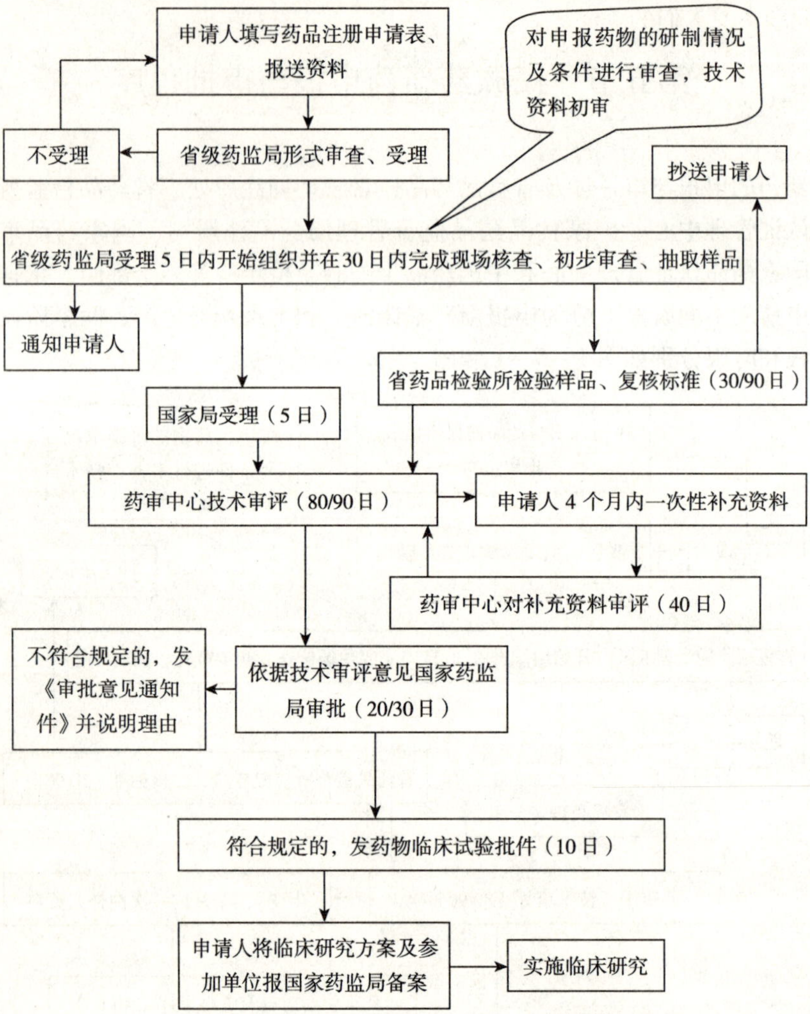

图1-5-2　新药生产申报与审评流程和时限图

第六节　民族药研究的选题与立项

一、民族药研究的选题

选题和立项是民族药研究的根基和轴心，立题目的是否合理，立题依据是否充分是关乎民族药研究开发成败的关键因素之一。因此，民族药研究开发的立题问题备受人们的关注。

根据现行《药品注册管理办法》附件一的规定，3 号申报资料为新药立题目的与依据，要求中药、天然药物制剂提供处方来源和选题依据，国内外研究现状或生产、使用情况的综述，以及对该品种创新性、可行性、剂型合理性和临床使用必要性等的分析，包括和已有国家标准的同类品种的比较；中药还应提供有关传统医药的理论依据及古籍文献资料综述等。同时，现行药品注册管理法规背景下，对民族药研究立题要在符合民族医药理论、重视临床应用基础上，以临床需求为导向。民族药新药研究要以解决临床需求为首要目的，这是药物研究和评价的根本原则之一。核心是明确拟解决的治疗问题，确定临床定位和具体适应症，就有效性和安全性方面进行全面考察并与现有治疗方法进行综合比较等。要求对具体品种的临床应用定位、适应症、拟解决的临床问题，以及品种的特点进行明确和阐述。在后期的临床前研究和临床试验设计中，也要严格遵循这一思路，充分考虑为患者带来的效益，包括临床应用价值、治疗费用等。目的是要在立题前对药品拟定适应症进行深入研究和认识，对品种特点和优势进行详细的分析，对后续临床试验和开发过程中可能面临的风险进行充分评估等，保证研究工作的成功，减少失败的风险。同时，要关注资源、环保和可持续发展等方面要求。

临床应用定位主要是明确临床使用的根本性方案，主要包括：明确是治疗用药还是辅助用药，是单独用药还是联合用药等使用原则问题；明确适应症，主要是具体明确用于何种疾病或证候，或者是想改善何种临床症状；而对于拟解决临床问题的明确，需要基于对适应症的全面认识，如在民族医药理论指导下对适应症的病因病机、治法治则的认识，对适应症的现代医学病理病机的认识，对适应症现有治疗方法的认识，对适应症诊断标准、疗效判定指标和标准的认识，对适应症预后和转归的认识以及对适应症的流行病学认识等；在上述因素明确的前提下，才能突出品种的自身特点。简而言之，立题目的与依据的核心要求是考虑课题的设计思路和技术路线，从顶层设计关注民族药研究的可行性。

应避免将工艺可行、质量可控作为新药研发立题的首要依据。质量可控作为药品的基本要求，不能突出体现药品的优势和特点，并不能成为中药新药研发立题的首要依据。例如，单纯的新工艺的运用，纯粹考虑提纯物质有利于提高质量控制水平等，都不足以支持新药的研发立项。充足的立题依据在于紧密地结合临床实际，发现并解决临床过程中存在的主要问题，满足临床实际需求。处方、工艺的筛选确定，药效学与毒理学研究以及临床试验方案的设计和实施等，均应以最终的临床应用和临床获益目标为导向。

民族医药产业是以自然资源为主要原料来源的产业，民族药源与民族医药产业化发展之间存在着制约影响关系，是矛盾的统一体。不当的开发利用很可能导致资源匮乏和环境破坏。因此，《中药注册管理补充规定》第二条中规定，中药新药的研制要“保障中药材来源的稳定和资源的可持续利用，并应关注对环境保护等因素的影响，涉及濒危野生动植物的应当符合国家有关规定”。其中，关注资源、环保及可持续发展主要体现在以下几个方面：

（1）强调比较研究：包括有效部位新药与原有粗制剂进行有效性、安全性、质量可控性等方面的综合比较，有效成分新药与原有的有效部位制剂和粗制剂进行的综合比较，新药品种与已上市同类品种的综合比较等，以评估在基础研究比较薄弱的实际条件下，涉及资源、环保问题中药新药研究的合理性和可行性。

（2）保障中药材来源稳定：对所用药材的资源状况、质量情况等进行调研，形成调查研究报告；必要时，固定药材产地。

（3）保障资源的可持续利用：对新药处方所用药材的可持续利用情况进行调查研究，提供研究报告。

（4）关注对环境保护的影响：对药材获取、药材处理、提取纯化工艺等可能影响环保的方面进行详细说明。

（5）对濒危野生动植物的保护：处方中含有来源于濒危野生动植物药材的新药研究，必须符合国家的有关规定。

（一）民族药新药研制的选题思路

新药选题是新药研究的第一步，也是关系到整个项目的研究意义和成败的关键。民族药新药选题应从民族医药的学科特色出发，从人类健康需求及重大医学课题出发，从患者的需求出发，从制药企业的经济利益出发，从营销及市场拓展需求出发，进行系统的思维、分析和科学合理的定位与决策。

民族药研究选题主要有两个大的思路。一是在民族药药用物质基础研究中发现新药，该过程是从实验室到临床应用的过程。其优点是化学成分、结构、药效、毒理、药效、作用机理比较明确，制剂也比较合理，质量标准能有效控制其质量，保证研究工作的可重复性；缺点是临床依据不够充分，特别是民族医药理论指导不够。在研制过程中要注意加强民族医药理论的指导。

二是对民族医药临床有效药物和方剂进行研究，筛选其有效成分，探明其药效、药理特点和作用机制，开发成适宜制剂，然后进行临床验证，是一个从临床—实验室—临床的研究过程。其优点是临床基础较好，原方药临床疗效确切，这类以复方为多；缺点是药效物质基础不够明确，药理特点和作用机制不清晰，质量标准难以建立，剂型难以现代化，实验结果难保重复性。因此，该类研究要注意选择合理的药理模型，处方不宜过大，并加强质量标准研究，使质量有效可控。

（二）民族药研究选题的原则

民族药研究选题要体现民族医药的地域性和民族特点，同时要充分发挥民族医药在人体生理功能的调节、抗病毒性感染、人体自身免疫性疾病调节，以及民族医药在养生康复保健、抗衰老等方面的优势，重点研究民族医药扶正祛邪、未病先防、调整脏腑功能及调理气血功能的药物。民族药研究要考虑三个原则：

1. 课题的需要性原则

民族药研究选题要从社会医疗需要出发，重点选择对民族地区多发病、常见病、疑难病治疗的药物，常见病如感冒、肝炎、消化道疾病、呼吸系统疾病等；现代社会流行病如心脏病、心脑血管病、癌症、肺病、糖尿病、骨质疏松症等；疑难病如艾滋病、各种免疫性疾病等；老年病如老年痴呆、老年糖尿病、骨质增生、各种器质性疾病、白内障等。同时要考虑民族医药开发的市场需求，预见其可能带来的经济效益。

2. 课题的新颖性原则

还应考虑课题的新颖性，以保证研究内容部分或者全部没有在国内外公开出版或发表，避免重复性研究，做到选题新颖，有独创性。同时在选择新药研究时要充分考虑：药物的作用效果是否明显，是否创新有独到的特色之处；作用机理是否明确、和同类药物有何不同；治疗范围是否与已上市药物类同，病症范围是否已有收载；剂型是否新颖，是否符合药物制剂发展方向；剂量是否准确，以及服用量的大小等。

3. 课题的可行性原则

民族药研究选题时要考虑研究者知识基础、专业特长、教育和科研工作经历经验、兴趣爱好和精力是否适合课题的研究。广博的民族医药基础理论和现代医学、药学理论和技术是选题的基础，课题研究者除了具备民族医药基础理论专业知识和将要选择的课题范围的知识技能外，还应当具备民族学、民族人类学等邻近学科的相关知识。一方面要掌握前人对该课题的研究成果；另一方面要掌握与选题有关的现代理论和技术应用情况。课题组成员的结构要合理，能够在专业知识，科研工作经验、年龄结构等方面达到优势互补，保证科研选题的顺利进行。另外，还要考虑课题已有的核心技术和将要采用的核心技术是丰富的和最新的，是可产业化应用的。

在民族药新药选题立项和研究过程中还要注意以下几点：

1. 新药开发须提高标准。国家已经启动“药品标准提高行动计划”，制定了“化学药品标准与国际接轨”、“中药标准提升、更加安全可控”的发展目标，正有计划、有步骤的全面提高上市药品标准。这对注册申报新药品种提出了更高的要求。为此，要更加重视创新，提高新药研发水平，新药研发要拥有核心技术，提高药品标准。

2. 新药开发重在创新。国家药品审评审批政策鼓励和支持创新，抑制和减少低水平重复。近年来，中药8、9类改剂型品种通过率低于20%。对于自主创制的新药、治疗疑难危重疾病的新药，国家实行特殊审批政策，给予政策倾斜。

3. 改剂型品种要体现临床优势，仿制药应与被仿制药品一致。改剂型品种，要在品种立题依据上对开发价值、临床价值进行评估及在质量对比研究等方面体现改剂型的优势。仿制药要做到仿品种，而不是仿标准，应当明确被仿品种情况并提供充分的研究资料，证明仿制药与被仿品种在药用物质基础或安全性、有效性等方面的一致性。

4. 严格按照技术指导原则进行药品研发工作。国家药品审评中心正在改变现在申请人可以多次补正申请资料的工作方法，如果不能在规定时限内一次性完成补正的，一律不予批准，资料退回重新申报。各省级食品药品监督管理局也在初审环节中，严格按照相关技术要求进行审查，对于不按照技术指导原则进行药品研发的，将不予受理。

（三）选题的途径

民族药研究选题要针对严重威胁我国人民健康的恶性肿瘤、心脑血管疾病（冠心病、中风、高血压等）、神经退行性疾病、糖尿病、精神性疾病、自身免疫性疾病（免疫功能调节药：免疫促进剂、免疫抑制剂）、耐药性病原菌感染、肺结核、病毒感染性疾病（肝炎防治药、流感病毒、艾滋病毒等），以及其他严重危害人民健康的重大疾病，如功能紊乱性疾病（抑郁、内分泌失调、性功能障碍、更年期综合征等）、妇科疾病（痛经、月经不调、宫颈炎、盆腔炎等）、风湿病（风湿、类风湿性关节炎），以及延缓衰老药物，预防和治疗老年痴呆症、骨质疏松、白内障、补益药、养生保健药品。

（四）选题的方法

1. 加强民族药活性成分研究，从中寻找一类新药

1805年从阿片中分离出吗啡，标志着单体化合物作为新药来源时期的开

始。近年来，从天然产物中开发新药也不乏成功的例证，如紫杉醇即是从红豆杉中得到的抗癌天然药，1992 年批准上市，是治疗卵巢癌的首选药物，20 世纪 90 年代开始应用于肺癌、食道癌、胃癌等治疗的研究，是目前发现的天然抗癌药物中疗效最显著的一种产品。近 70 年来，我国先后研制出 70 余种高特新药广泛应用于临床，其中，两个举世公认的具有划时代意义的麻黄素和青蒿素，都是从我国常用中药中发掘出来的。现在临床用药 50% 以上来自天然产物及其衍生物，如吗啡研究发展了异喹啉类生物碱的研究，导致了镇痛药杜冷丁的发现。对天然药物进行深入的化学与生理活性的研究，从而发现临床上有用的原型药物，以有开发前景的新类型结构化合物作为先导化合物，经结构修饰和改造，寻找疗效更高、结构更为简单，并且便于大生产的、安全有效的候选化合物，再经临床验证判断这个化合物是否能成为新药而上市，是开发一类新药的主要途径。我国学者从实践中把它总结归纳为 5 条途径：（1）生物同型基取代；（2）活性成分相结合；（3）受体假说；（4）药物潜伏化；（5）中草药有效化学成分配位化学学说。总之，从多种途径拓展民族药有效成分创新，是摆脱我国药物研究以仿制为主的被动局面的出路所在。

2. 进行民族药的二次开发

目前我国民族药已达 3700 多种。其中已有国家药品标准的品种 906 个，涵盖了 7 种民族药，中国药典和部颁药品标准收载民族成药 865 种、药材 230 种。这些民族药成药在组方和治疗疾病的临床证候上有较好的民族医药理论基础，保持了各民族医药的本质和特点，而且经过临床应用，证明有确切的临床疗效，有一定的药物开发基础。但这些民族药成药的药效物质基础、作用机理、药物制剂研究、质量标准研究等还不尽如人意，在安全、有效、稳定、可控等方面的规范和标准还难以做到与国际标准接轨，还不能进入国际主流医药市场。再者，随着社会的发展，疾病谱发生了变化，现有药物很难适应新的疾病治疗要求，化药新药研制却越来越困难，且投资大、周期长、风险大并易产生耐药性和药源性疾病，而我国的传统民族医药正是我们的优势所在。以这些疗效确切的民族药为研究对象，在保证疗效的前提下，改进民族药传统剂型，提高质量控制水平，可以提高新药开发的针对性，加快疗效确切、使用安全、质量可控的民族药新药开发，减少新药开发的盲目性，可缩减新药开发费用，加速新药开发周期。

选择有潜力的民族药成药进行二次开发。依据民族医药理论，结合民族药的实际，把更多的现代科学技术运用到二次开发中，开发出具备“三效”（高效、速效、长效）、“三小”（剂量小、毒性小、副作用小）、“三方便”（贮存、携带、服用方便）特点的新型产品。例如，从复方丹参片开发出的复方丹参滴丸，在制备工艺上采用固体分散原理制备成滴丸，改善了制剂的溶出速度，提高了药物的生物利用度，避免了药物的水解和氧化，提高了药物稳定性。在质量控制手段方面，对药中三味主要药材丹参、三七、冰片的药用物质基础进行研究，对制剂中主要有效成分丹参素、三七皂苷及冰片建立了定性、定量控制标准，从而使制剂的质量得以控制。对药理作用和机制进行了深入研究，在对大鼠冠脉流量的影响、舒张血管平滑肌的作用、对大鼠心肌缺血的保护作用、对血小板凝集性的影响、对金黄地鼠微循环的影响等方面进行了药效学研究，对该制剂改善心脑血管血液循环、抑制脂质过氧化、抗氧化损伤、降低全血黏度和总胆固醇等进行了研究；还进行了动物急性毒性和长期毒性试验以及致突变实验研究，并进行了多达5000例的临床试验，开发出具有速效、高效、微量化、多途径给药特点，集预防、治疗、急救于一体的现代中药。

"清开灵注射液"是从对清代古方"安宫牛黄丸"的研究开发而来的，"安宫牛黄丸"出自《温病条辨》卷一上焦篇方，由12味中药组成，主要功用为清热开窍、豁痰解毒，是用以治疗温热病热陷心包、中风昏迷、小儿惊厥的方剂，症状为神昏谵语、烦躁不安等；安宫牛黄丸属于中医方剂的开窍剂。组成有：牛黄一两，郁金一两，犀角一两，黄连一两，朱砂一两，梅片二钱五分，麝香二钱五分，珍珠五钱，山栀一两，雄黄一两，金箔衣，黄芩一两。上为极细末，炼老蜜为丸，每丸一钱，金箔为衣，蜡护。脉虚者人参汤下，脉实者银花、薄荷汤下。每服一丸，大人病重体实者，每日二次，甚至一日三次，小儿服半丸，不知，再服半丸。研究者首先运用中医学基础理论对组方原理和各药味进行综合分析，提出该方是由以牛黄为主的清热解毒类（主含胆酸盐类、氨基酸类、黄酮苷类成分）和以冰片、薄荷为主的芳香开窍类（主含挥发油）等多种成分组成。根据病症特点，为保护濒危珍稀药用资源，确保安全有效，对原方中稀贵药材牛黄、犀角、麝香，有毒药材雄黄、朱砂，难溶于水的金箔，有拮抗、削弱药效作用的郁金、黄连等药味予以删除，而采用胆酸、猪去氧胆酸代用牛黄、水牛角代替犀角，采用有协同作用的板蓝根、黄芩苷、金银花配方，增加同效药味组成新方；并考虑急症用药特点，研制成速效新型制剂"清开灵注射液"，由胆酸、珍珠母、猪去氧胆酸、栀子、水牛角、板蓝根、黄芩苷、金银花组成，具有清热解毒、化痰通络、醒神开窍的功能。用于热病、神昏、中风偏瘫、神志不清；急性肝炎、上呼吸道感染、肺炎、脑血栓形成、脑出血见上述证候者。药理研究表明，清开灵注射液主要有抗炎，解热，保护肝脏，改善脑循环，降低血比黏度，促进脑坏死组织吸收等作用。临床验证表明，对治疗外感高热症、中风急症、流行性腮腺炎、急性扁桃体炎之高热、流行性出血性结膜炎、肝炎和葡萄膜炎等免疫性炎症均有较好的疗效。

从复方制剂或单味有效民族药中分离出混合组分作为药物有效部位，进一步把各个单体分开，分别检验其疗效，然后或者单用，或者用化学单体组方，也是民族药成药开发的思路之一。如抗感染的双黄连和抗风湿性关节炎的白芍总甙。又如最近报道的常用中药黄芪，通过系统成分分析，从黄芪总皂苷分离出 21 种成分，其中黄芪皂苷Ⅲ、Ⅳ、Ⅵ对治疗心力衰竭有效，以黄芪皂苷Ⅳ疗效最佳，可能成为新型的非洋地黄类强心药物。又据最近信息，美、韩从高丽参中发现一种全新成分——人参皂苷 Rf，可能作为新型非成瘾性高效止痛剂。

3. 从古方、验方研究开发民族药新药

古方、验方通常是千百年来的临床经验总结，许多方剂疗效确切，这是我国的优势，是新药研究的前提。我国 55 个少数民族中 90% 以上具有本民族的医药，尤其是藏医药、维吾尔医药、蒙医药等具有悠久的历史和完整的医学体系，以及极为丰富的有效药物。民族地区有许多民间药及民间验方没有被挖掘，这些多为就地取材、单味使用、方剂简单、鲜药鲜用，具有特色和较为明确的线索。但临床经验局限、观察方法不规范、结论科学性严谨性差是其缺陷，通过慎重甄别可成为新药开发的重要线索。民族医院制剂多是在古方的基础上，根据民族医学理论和方药配伍规律、组方原则，又结合现代人的体质和病理特点，进行加减化裁，形成的固定制剂，是在经典方剂基础上的提高，是新药开发很好的课题来源。

如从临床、药理上证明青黛是治疗慢性粒细胞白血病“当归芦荟丸”的有效单味药，从中分得有效成分靛玉红，再经结构改造合成“异靛甲”，其疗效更高，毒性更小。陈竺教授等对民间用于治疗淋巴结核、皮肤癌等有效的验方（含砒霜、轻粉、蟾酥）逐一筛选，从复方到单味中药砒霜，又到化学纯三氧化二砷，终于研制成功“以毒攻毒”的“癌灵一号”注射液，创造了白血病临床治疗的“人间奇迹”。

4. 加强民族药有效部位研究，提高民族药新药研制水平

民族药有效部位研究，可为相关学科的融合渗透提供新的增长点和新领域，创造有中国特色的新医药学。

“有效部位”是指从单味药材、饮片或复方中提取的，经动物及临床试验证明有效的一类或几类化学成分。而且这一类或几类已知化学成分被认为是有

效成分，该一类或几类成分的混合体即被认为是有效部位。以此种提取物制成的中药新药即为有效部位新药。与原药材相比，它富集了有效物质，不仅服用量小，而且提高了疗效。将不同来源的民族药有效部位单用或组成复方即“有效部位群”用于临床，既能体现传统医学多成分、多靶点产生作用的特点，体现民族医药特色，又提高了技术含量。其优势在于通过民族药有效部位新药的研制开发，一方面产品能反映民族药的特色；另一方面大大提高民族药的作用强度、临床疗效及质量控制水平，推动民族药占领更大国内医药市场和走向国际主流医药市场。

有效部位研发思路主要是用有效部位单独成药，如三七皂苷形成的血塞通；有效复方的二次开发，寻找复方的有效部位单独成药。用有效部位组成复方，根据古方或验方组成复方或根据多靶作用机理组成复方；加入和有效部位药效相同或相似的具有物质专利单体的新复方，组成有专利的复方。

中医临床用药的主要形式是中药复方。它是中医理法方药的具体运用，体现了中医治疗重视扶正祛邪、标本兼治等整体观、系统论和辨证施治的法则，是多系统、多靶点和多层次发挥全方位药效作用的治疗方法，所有这些都非单一成分所能概括达到的。根据中医理论和临床经验，开发中药复方的有效部位能较好地显示这种优势和特色。

乔延江等从化学的角度对有效中药复方研究进行了全面的探讨。因为复方药效不仅与药效物质或药效物质群有关，而且与辅助成分也有关。因此，越来越多的人开始进行所谓的多模式、多指标控制体系的研究工作。化学模式识别被认为是较理想的方法之一，用化学计量学的方法关联化学数据阵与药效数据阵，确定可用于复方质量控制的模式，并对未知样本进行识别。直接试验方法应用于中药复方全方筛选、优化研究取得了可喜的结果；直接试验设计运用蒙托卡洛方法，在规定的实验域内随机模拟取点，结合药效实验，经分析、整合、比较、评价等操作，最终确定“最优”复方。

确定复方有效部位，探讨有效部位的主次（有效部位的君、臣、佐、使），建立复方量效关系，对有效部位中主要药效物质基础或者主要药效物质群的研究是中药复方化学研究的重点，也是探明中药复方配伍规律、药效作用机制的基础。只有这样才能不断推出组方合理、工艺先进、高效安全、体现中医药特色的中药新药，推动中药走向世界。

5. 将生物技术应用于民族药新药的研究

应用生物技术特别是基因工程，对于开发新药有重要的指导意义。中药化学成分代谢关键酶的基因调控、发酵培养条件的调控，可以大大增加有效成分的含量，在研制开发民族药新药的过程中，对活性成分的分离纯化，构效关系的研究，定向诱导有效活性成分的生成，新剂型、新工艺的研制等都可应用生物技术。

6. 寻找新的药物资源，替代濒危珍稀的中药、民族药资源

我国现有中药资源12807种，但盲目、过度开发天然药物，使野生药用植物资源急剧减少，不少药用植物资源濒于灭绝，“大量珍稀中药材正在消失”。在常用的500种中药材当中，必须予以保护的就达112种，其中濒危10种，稀有38种，渐危46种。而分布分散、资源量小的野生资源则严重制约了天然药物产业化、规模化发展，破坏了生物多样性，造成生态环境恶化。积极寻找濒危珍稀的中药、民族药药用动、植物的替代品是民族医药发展的关键。

替代品寻找的主要思路和方法为：

资源调查：现有中药、民族药的新资源调查；中药、民族药新品种调查；珍稀濒危动、植物代用品调查；天然产物资源调查；国外天然药物的国产资源调查。

组织培养：选择珍稀濒危药用植物进行愈伤组织培养、单细胞液体悬浮培养、毛状根培养、畸形芽液体培养、试管苗快繁技术等，通过调节培养条件，使定向合成生物次生代谢产物，向有利于有效成分合成的方向发展，培养出有效成分含量高的植物愈伤组织、植物毛状根，通过药理、药效试验、毒理学试验，验证其有效性、安全性，替代原植物入药。

二、民族药新药研究的立题与研究方案编制

（一）民族药新药研究立题依据

民族药新药研究的立题目的与依据主要包括国内外有关该产品研究、上市销售现状及相关文献资料、知识产权状况、生产、使用情况的综述；对该品种的创新性、可行性、剂型合理性、临床使用必需性、与同类品种的比较优势等的分析资料的综述；民族药复方制剂还应当提供处方来源、有关传统民族医药的理论依据及古籍文献和现代文献的综述等。

一般可从以下几方面来阐述：立题背景和目的依据，品种基本情况和特点，品种的创新性、可行性等。

1. 立题背景

立题背景应从拟定适应证的临床特点，包括适应证可能的病因、发病机制、流行病学（发病率、地域、年龄等）、危害性、临床表现和预后等；适应

证的治疗现状及常用药物，包括该适应证目前常用的治疗方法（药物和非药物）及对药物的需求及目前常用治疗药物的临床使用情况。应对目前临床使用的不同类型药物的主要特点，包括药代动力学、临床应用、疗效和安全性等方面，进行对比阐述其作用机制、临床作用特点、存在的主要不良反应以及临床应用的局限性。

如为改变剂型品种，应说明原剂型的临床应用情况及局限。

此外，要详细阐述国内外与所申报药品有关的专利情况（包括申请、授权、期限、法律状态等），明确所申报药品是否涉及侵权、是否有相关的行政保护情况等。

民族药新药在进行药学、药理和临床试验研究前，大多在安全性和有效性方面已经具有一定的研究基础，因此在立题依据中应充分说明已有的临床应用情况和研究基础对研制药物拟主治病症（适应证）的安全性、有效性的支持程度，突出传统民族医药理论的指导作用和临床应用经验的支持作用，这些支持药物安全性和有效性的研究基础是影响药物研究与开发前景、开发风险的重要因素，也是药品审评中比较关注的问题。

2. 品种特点

根据申报注册分类不同，品种基本情况应根据具体情况有所侧重，民族药复方制剂则应重点介绍处方来源背景、临床应用情况。通常一般应包括以下内容：

（1）药品名称：包括通用名、英文名、化学名、汉语拼音等。药品名称须符合相关命名规范。

（2）处方组成：应详细列出药物和辅料名称、用量、制成总量等，还应说明处方来源、应用、筛选或演变过程及筛选的依据等情况。

（3）药理作用、作用靶点及作用机制方面的特点：包括非临床及临床药理研究结果；药代动力学方面的特点，包括动物或人体主要药代动力学参数、血蛋白结合率、药物分布、代谢方式、排泄途径、生物利用度等。

毒性及不良反应特点，从动物的急性毒性、长期毒性、特殊安全性（如过敏性、溶血性、局部刺激性等）、遗传毒性、生殖毒性、依赖性、致癌性等主要试验结果，临床不良反应的类型及发生率等方面进行阐述。

（4）制剂的剂型、规格：从药物的理化性质和生物学性质、临床用药的依从性和临床治疗的需要等方面进行阐述；与现有剂型或给药途径进行分析比较，明确所申报剂型的特点、优势或改变给药途径的依据。

（5）拟用于临床的主治病症（适应证）一般应注意对中西医疾病、病情、分期、分型、中医证候等方面的合理限定。

3. 对申报品种创新性、可行性分析

国内外与本品主治病症（适应证）相同或相近品种的研究、生产、使用现状的分析，与本品的处方组成相近药物的国内外研究、生产、使用现状的分析资料，说明该品种国内外是否有研究报道，目前研究与开发阶段，是否已批准上市及上市后的临床使用、临床实际应用效果、不良反应、存在和需要解决的问题等的分析资料，以说明其创新性；应提供和已有国家标准的同类品种的比较资料，以说明其特点和开发意义；从本项研究理论依据的科学性、处方组成的合理性、临床需求以及市场前景的预测等方面加以论述，说明新药研究的可行性。

在上述对所申报药品的立题背景、品种特点、知识产权情况分别阐述的基础上，从安全性、有救性、质量可控性、临床定位、临床应用的效益/风险比、药物经济学等方面对申报的药品进行综合分析与评价，进一步阐明其立题目的与依据。

（二）民族药新药研究开发论证

1. 论证程序、方法和内容

项目的论证就是在众多的项目中通过评价、对比、分析，作出科学的取舍，通常为项目的可行性分析。民族药新药研究开发论证要紧紧围绕着科学性、创新性、效益性和可行性四个方面进行分析评价。通常分四步进行：

（1）技术性可行性分析。

具体办法是：查阅科技图书、期刊、文献，了解前人对该课题及同类课题的研究情况和所得出的结论及研究中遇到的问题，并对结论及问题进行分析；召开专家专家论证会，进行科学论证，倾听专家的意见；进行尝试性试验，用实验来论证一些难以确定的问题。这一步是要衡量项目的科学性、技术可行性的关键，不同的项目科学性的内涵不同。

民族药新药研究开发选题的科学性主要体现在选题是否有理论及临床实践依据，如组方是否符合传统民族医药学理论；是否有充足的临床用药经验；制剂工艺是否合理；质量标准是否符合国家标准；临床与实验设计是否能体现安全性和有效性、方案是否切实可行。具体地说有如下几个方面：

①组方应以传统民族医药医理论为指导　中国55个少数民族，各民族有自己独特的。传统医学理论理论体系。如果忽视民族医药特点，抛弃民族医学理论，完全按现代医学要求研究，就谈不上什么民族药研究。但“是否有效”必须明确。合理有效的处方应具备药物配伍合理或依据临床实践经验，有100

例以上临床用药疗效指标。

②剂型工艺合理可行　传统的民族药成药剂型简单，多以丸、散为主；生产工艺多为全粉入药。民族药新药研究应根据药物性质和临床需要选择适宜剂型，同时要结合现代制药技术，在确定组方中的有效成分（或组分）后，制定合理的制备工艺，去粗取精；在结合药理药效研究，清晰其作用的疗效和机制的基础上，优化给药途径，优选剂型。

③质量可控　根据传统医学理论组方，利用现代分析技术和药理研究，确定组方中的主要成分和有效成分，并对其进行含量测定，控制其制备的全过程，才能保证药品临床安全有效。质量控制应在原料药、半成品、成品各环节中进行，目前，在未明确民族药物有效成分的药材和制剂，可以其主要含量成分，作为质量控制指标，在民族药复方制剂中，主要有效成分不明确或主要成分标准含量测定有困难的，可以主要药味的主要成分作为质量控制的指标。

④基础医学研究要符合民族医药理论　在进行药效学、药理学等基础医学试验研究中，要以民族医学理论为指导，选择符合传统医学理论的动物模型，“病”“证”结合。民族医学传统组方，经多年的临床实践，具有有效性的基础，但其疗效的客观指标难以选择，要以验证其疗效的思维去研究，在研究中发现和创新。

⑤临床验证强调辨证施治　民族药新药研究是一个“从实践中来，到实践中去”的医疗过程。每一个过程都是提升民族医药水平的一个阶段。民族药的临床试验同样需要在民族医药理论指导下辨证论治。在设计其临床诊断和疗效标准时，设计其证候指标，这些在新药研究指南和指导原则中都有明确规定。

（2）国内外研究进展分析。

在民族药新药研究中不仅要研究民族药方剂本身在国内外研究的进展情况，同时研究拟定适应症的疾病在国内外的研究进展，拟选择剂型、工艺技术等在国内外的研究现状和前瞻性分析。新药选题要有超前意识，应立足创新。民族药的创新性主要体现在药物成分（组方）创新，剂型创新，制备工艺创新，新发现的药理药效作用和机制，同时质量控制技术、新技术和新设备的应用等方面也是创新性的体现。

（3）经济、社会效益分析。

（4）课题客观可行性分析。

第七节 民族药研究的文献查询与利用

自1995年第二届全国民族医药工作会议以来，在党和政府以及相关部门的正确领导和大力支持下，经过广大民族医药工作者十几年的共同努力，民族医药工作取得了可喜成绩，特别是通过开展对各民族医药文献的发掘整理研究工作，有效地把民族医药文献进行了比较全面的挖掘和系统整理，达到了对民族医药文献的抢救、保存和总结的目的，丰富了民族医药理论，提高了临床疗效，促进了民族医药发展，对民族医药临床和生产实践的支撑作用不断提高，对民族医药事业的发展起到了积极的推动作用。

在民族医药文献挖掘整理研究方面，国家中医药管理局在“十五”期间设立了全国民族医药文献整理研究专项，投入300万元，对民族医药文献分三种类型进行整理：一是对有比较完整的理论体系、学科齐全的藏、蒙古、维吾尔、傣民族医药文献重点进行经典著作的整理、注释和汉文翻译，将孤本保存，各派有代表性的著作、经验收集起来；二是对壮、回等民族医药文献重点进行文字资料、收集整理、分析综合、总结提高，使之形成比较完整的理论体系；三是对一些口头相传，无文字记载的民族医药口碑资料进行抢救、整理、保存工作。具体是组织对藏、蒙古、维吾尔、傣、壮、回、朝鲜、苗、彝、布依、瑶、哈萨克、土家、羌、侗、仫佬、仡佬、毛南、满共19个民族的83种医药文献进行了发掘整理，内容包括民族医药发展史、基础理论、临床医学、药物方剂经验与验方等方面，其中羌、侗、仫佬、毛南等少数民族的医药文献发掘整理是新中国成立以来第一次。目前大部分文献已完成了整理、编撰和翻译出版工作，出版了国家中医药管理局民族医药文献整理丛书。

同时国家中医药管理局与科技部、国家民委共同组织了民族医药优势病种的临床疗效评价、技术规范、特色诊疗技术、民族药传统炮制技术及安全性评价、名老专家医技医术抢救传承及民族医药文献挖掘整理等关键技术问题研究，推动了民族医药科技进步。并且组织《中华本草》藏、蒙古、维吾尔、傣4种民族药卷的编纂，收录藏药396种、蒙古药422种、维吾尔药423种、傣药400种，该套民族药卷的整理出版，具有较高的科学性和权威性，在藏、蒙古、维吾尔、傣4种民族药的整理上起到巨大的影响。

另外，还编撰出版了《中国民族药志》、《朝医学》、《中国瑶医学》、《中国壮药志》等100多部民族医药著作。截至目前已有35个民族发掘整理本民族医学资料，全国民族医药文献整理工作的开展，抢救保护了一批宝贵的民族医药文献资料，在一定程度上体现了部分民族医药学术发展水平，扩大了民族医药的影响，为民族医药学术发展和人才培养奠定了基础。

如西藏藏医药研究所整理和编写出版了一批具有很高价值的论著、书刊，具有一定影响的论著有《藏传天文历算大全》、《甘露本草明镜》、《四部医典八十幅彩色唐卡系列挂图全集》、《晶境本草》、《藏族历代名医略传》、《中华本草·藏药卷》、《梵文五种拼合读本注释》、《（四部医典总册本集）新注》、《四部医典要注》、《四部医典大详解》等。其中2006年出版了《藏药方剂大全》，记载了3500个藏药处方的来源、配方和功效；《敦煌本藏医残卷》收载53方133味药，现能考证的127味中，动物药66味（占52%），植物药51味（占40%），矿物药12味（占18%）；《月王药诊》收载药物329种，其中植物药212种，约占65%，大半为高山植物，绝大部分至今仍使用；《四部医典》收载药物1002种，其中第2部第20章药物性能390种，收载方剂400个。《四部医典蓝琉璃》，收载药物1400种；《晶珠本草》，收载药物2294种，其中植物药1006种，动物药448种，矿物药840种；《正确认药图鉴》图文并茂，收载药物580多种。《中国藏医学大词典》、《藏药方剂现代研究》、《四部医典彩色挂图解难蓝琉璃之光》等藏医药专著，都是全国乃至世界独一无二的藏医药巨著。青海省对全省的藏医药古籍文献整理研究工作实行统一规划，“十五”期间整理藏医药古籍文献78部，现出版20余部。甘肃省在运用现代科学技术研究的同时，注重对民族医药古籍的搜集和整理，10年来先后共收集了民族医药经典古籍1700多册，已经整理研究出版20多部民族医药著作。湖北省现已整理完成了《恩施州民族医药研究丛书》、《土家族医学概论》、《恩施州名中医医案集》等学术专著11部，其中《恩施州民族医药研究丛书》集当地传统医药与民族医药为一体，将湖北鄂西百年民族医药发展史展现给世人。

民族医药的标准化研究，促进了民族医药现代化进程。例如，内蒙古目前已初步编写完成《蒙医病证诊断与疗效标准》、《蒙药制剂规范》、《蒙药材炮制规范》、《蒙药标准》。云南省制定了《云南省中药材标准·傣族药》、《云南省中药材标准·彝族药》等药品标准。

2010年7月，国家中医药管理局启动了2010年公共卫生专项“民族医药文献整理及适宜技术推广”项目，根据《国家中医药管理局关于印发2010年中医药部门公共卫生专项资金项目管理方案的通知》（国中医药规财发〔2010〕35号文）要求，到2012年年底，国家将投入7480万元建成民族医药古籍文献基础数据库、《全国民族医药古籍文献总目》，出版150部民族医药文献，筛选推广140项民族医药适宜技术，培训4200名民族医技术人员，并使21万患者享受到安全、有效的民族医药适宜技术。该项目覆盖内蒙古、吉林、湖北、湖南、广西、四川、云南、西藏、宁夏、青海、新疆共11个民族医药分布集中、民族医药工作基础较好的中西部省、自治区，是迄今为止中央财政投入经费强度最大、直接用于民族医药文献整理及适宜技术筛选推广的公共卫生专项资金项目。旨在通过开展民族医药文献整理和民族医药适宜技术筛选推广工作，加强民族医药文献的保护和利用，大力推广民族医药适宜技术，逐步规范和升华民族医药的实践经验，丰富完善民族医药理论体系，提升民族医药的技术水平，提高民族医药防治疾病的服务能力，为广大民族地区提供一批能够学、学得会、用得起的成熟的适宜技术，满足民族地区日益增长的民族医药需求，更好地保持和发挥民族医药的特色优势，促进民族医药事业健康可持续发展。

表1-7-1　近10年整理出版的民族医药代表性著作和主要文献

专著名称	民族
《四部医典》（藏文）、《晶珠本草》（藏文）、《藏医药》、《迪庆藏药》、《藏药验方选编》、《青藏高原药物图鉴》、《常用藏药知识》、《中国藏医药文献目录索引（1907—2001）》、《蓝琉璃》、《藏医药经典文献集成丛书》、《中华本草·藏药卷》	藏族
《四部医典》（蒙古文）、《四部甘露》（蒙古文）、《蒙医正典》（蒙文）、《方海》（蒙古文）、《蒙医学》、《蒙医本草学》、《实用蒙药学》、《中华本草·蒙药卷》	蒙古族
《注大医典》（维吾尔文）、《白色宫殿》（维吾尔文）、《治疗精华》（维吾尔文）、《维吾尔药志》、《中华本草·维吾尔药卷》	维吾尔族
《档哈雅》（傣文）、《西双版纳古傣医验方注释》、《傣医四塔五蕴的理论研究》、《古傣医验方注释》、《傣医药验方集》、《傣医诊断学》、《嘎牙山哈雅》、《中国傣医药彩色图谱》、《傣医常用动物药》、《傣医传统方药志》、《中华本草·傣药卷》、《西双版纳傣药志》（1—4卷）、《傣药传统方志》	傣族
《中国朝医学》、《朝药志》、《朝鲜族民族药材录》、《东医寿世保元校释》	朝鲜族
《彝族医药学》、《启谷署》、《明代彝医书》、《彝药志》、《楚雄彝药志》、《德宏民族药志》	彝族

续表

专著名称	民族
《苗族医药学》、《湘西药医史考》、《湘西苗药汇编》、《苗族药物集》	苗族
《土家族医药学》、《土家族医学概论》、《土家族方药汇粹》、《土家族特殊药物名录》、《土家医方剂学》	土家族
《侗族医药学》、《侗族医学》、《侗族医药探秘》	侗族
《回回医学》、《回回药方》、《中国回族医药》、《中国回族民间实用药方》、《回族医学奥义》 等	回族
《哈萨克医学》、《哈萨克预防医学简介》	哈萨克族
《中国壮医学》、《壮族医学史》、《壮族民间用药选编》	壮族
《西双版纳哈尼族医药》、《元江哈尼族药》	哈尼族
《纳西族药志》、《玉龙本草标本图景》、《纳西族民族医药》、《纳西族医药概念》	纳西族
《怒江中草药》(傈僳文版)	傈僳族
《景颇族药志》、《景颇族药》	景颇族
《中国拉祜族医药》、《拉祜族常用药》	拉祜族
《普米族单方治疗杂病手册》	普米族
《白族药志》、《大理白族药》	白族
《中国佤族药》、《佤药志》、《佤族药志》	佤族
《瑶药选编》、《瑶族医药学》、《瑶药传统应用》、《瑶医效方选编》、《瑶族医药概述》	瑶族
《鄂伦春药》	鄂伦春族
《水族医药》、《水族医药调查》、《水族药物命名初探》	水族
《海南黎族医药》、《海南黎族医疗史话》	黎族
《布依族医药》、《贵州布依族医药研究》	布依族
《畲族正骨技术概述》、《关于畲族诊治病症的情况调查》、《浙江畲族民间药用植物名录》、《畲族验方集》	畲族
《台湾高山族医药》	高山族
《柯尔克孜族医药的初步调查》	柯尔克孜族
《羌医羌药》	羌族
《基诺族医药》、《发展基诺族医药的初步设想及意义》	基诺族

第二章　药品注册管理办法解读

第一节　《药品注册管理办法》的修订和变化

一、修订背景

2002年，根据新修订的《中华人民共和国药品管理法》和《中华人民共和国药品管理法实施条例》，国家食品药品监督管理局颁布了《药品注册管理办法（试行）》，于2002年12月1日实施。根据实施过程中暴露的突出问题和薄弱环节，为进一步明确实施中亟待完善的问题，同时为与2004年7月1日实施的《中华人民共和国行政许可法》相衔接，国家食品药品监督管理局于2005年2月28日发布了修订的《药品注册管理办法》（局令第17号），并于2005年5月1日实施。局令第17号《药品注册管理办法》的实施，对规范我国药品的审评审批起到了积极作用，在保证药品安全有效、质量可控和规范药品注册行为方面发挥了重要作用，对我国医药产业的发展作出了重要贡献。但随着社会的发展，办法在实施过程中也遇到了一些问题，有些问题是因在修订过程中考虑不周全而留下的一些空子和漏洞。该办法存在的突出问题和薄弱环节，主要有以下几个方面：

一是药品注册与监督管理脱节。该《药品注册管理办法》主要在受理、审评、审批等方面进行规定，但对原始资料的审查、生产现场的检查、产品质量的检验等方面的要求不够，监督措施也不到位。一些申报单位的研究资料不规范，其中甚至出现了弄虚作假的严重问题，药品的安全性难以保证。

二是审评审批标准偏低，导致企业创制新药的积极性不强。由于没有从法规上设定必要的条件，没有发挥政策导向作用，鼓励创新不够，造成简单改剂型品种和仿制品种申报数量急剧增多，低水平重复现象严重。

三是监督制约不到位。如审评审批权力配置不合理，程序不够严密，过程不够透明等。因此，鉴于以上这些问题，国家食品药品监督管理局在广泛争取意见、听取意见、补充和完善的基础上，本着“堵塞漏洞，鼓励创新，保护创新，让新药研究真正地转移到研究新产品，不做一些换汤不换药的东西”的指导思想，对现行的《药品注册管理办法》进行了修订。

二、修订过程

国家食品药品监督管理局高度重视《药品注册管理办法》修订工作，成立了专门的起草小组，先后召开研讨会30余次，分别听取药品生产经营企业、研发机构、行业协会、药监系统等的意见，并就草案和有关问题专门征求人大代表、政协委员、两院院士及法律专家的意见，还书面征求相关部委的意见，两次当面听取国务院法制办有关司室同志的意见和建议。2007年3月，《药品注册管理办法》草案在上网公开征求意见长达两个月之久，得到了社会各界的广泛关注和积极回应。起草小组还分赴各地实地调研，当面征求相对人意见。共收集到意见和建议1万余条，经逐条梳理反复研究论证后，整理出有代表性的意见近2000条，对其中的合理建议和意见在条款中予以落实。考虑到社会公众尤其是业界对《药品注册管理办法》修订的高度关注，国家食品药品监督管理局在今年5月将修订草案和经过修订的全部附件上网再次征求意见，体现了“开门立法”和“阳光行政”。

此次《药品注册管理办法》的修订过程是更新理念、统一思想、充分表达、达成共识的过程，修订工作受到有关专家、学者、企业家等各界的关心，它凝聚了医药企业、研发机构和监管部门及社会各界的心血与智慧。2007年7月10日，国家食品药品监督管理局令第28号公布新修订的《药品注册管理办法》，自2007年10月1日起施行。新办法提高了注册申报门槛，鼓励新药创制，限制低水平重复，对药品上市把关更严，并强化了对药品注册审批权力的制约。

三、修订的重点内容

本次修订坚持以科学监管理念统领药品注册工作的指导思想，通过整合药品注册管理资源，深化药品注册审评机制改革，严格药品注册审批程序，建立高效运转、科学合理的药品注册管理体制。

新的《药品注册管理办法》对章节的框架作了部分调整，对临床前研究、临床试验等在其他规章中已有规定的内容，予以简化；对药品标准、新药技术转让等将制定其他具体办法进行规定的，不再重复规定。新的《药品注册管理办法》由原来的16章211条变为现在的15章177条，修订的重点内容主要有以下三方面：

（一）强化药品的安全性要求，严把药品上市关

新的《药品注册管理办法》强化全程管理、着重加强真实性核查，从制度上保证申报资料和样品的真实性、科学性、规范性、准确性和完整性，严厉打击药品研制和申报注册中的造假行为，从源头上确保药品的安全性。实行“三查”制度：一是强化对资料真实性核查及临床前研究、临床试验的现场核查、有因抽查以及批准上市前的生产现场检查，防止资料造假，确保申报资料的真实性；二是抽取的样品从“静态”变为“动态”，确保样品的真实性、代表性和核定工艺的可行性；三是调整了新药生产申请中技术审评和复核检验的程序设置，确保上市药品与所审评药品的一致性。实行“三合一”制度：综合分析“三查”、质量检验和技术审评三方面的结果后做出审评结论，严把上市关。

（二）整合监管资源，明确职责，强化权力制约机制

一是合理配置监管资源，将部分国家食品药品监督管理局职能明确委托给各省级食品药品监督管理局行使。有条件、按事项、分阶段、可监控、可收回地进行审评、审批职能的委托。新的《药品注册管理办法》进一步明确了补充申请的事权划分，在保留了国家食品药品监督管理局对一部分重大事项的审批权外，将大部分补充申请委托各省级食品药品监督管理局进行审批，并且针对一些简单事项的变更，明确了报各省级食品药品监督管理局备案的程序。今后还将根据审评审批工作的实际情况有条件、有监控地对审批事项进行委托。二是明确分工，各司其职，形成国家食品药品监督管理局、各省食品药品监督管理局（省所），药品注册司、局药审中心、中检所、药典会、认证管理中心、受理中心等多部门参与，各部门之间相互协调、相互制约的工作格局。三是明确信息公开、责任追究等制度，健全药品注册责任体系。新的《药品注册管理办法》明确规定药品注册遵循公开、公平、公正的原则。实行“三制一化”，即实行审评主审集体负责制、审评审批人员公示制和回避制、责任过错追究制，建立药品注册信息化平台将程序、收费标准和依据、时限、申报资料目录和申请表范本、相关人员信息、已批准药品综合信息等公开，受理、检验、审评、审批、送达等环节接受社会监督。新的《药品注册管理办法》还明确规定药品监督管理部门、相关单位及参与药品注册工作的人员，对申请人提交的技术秘密和实验数据负有保密的义务，违者按第162条处理（药品监督管理部门在药品注册过程中有下列情形之一的，由其上级行政机关或者监察机关责令改正，对直接负责的主管人员和其他直接责任人员依法给予行政处分；

构成犯罪的，依法追究刑事责任）。通过上述措施，将药品注册工作置于社会监督之下，杜绝“暗箱”操作，确保阳光透明。

（三）提高审评审批标准，鼓励创新，限制低水平重复

为保护技术创新，遏制低水平重复，新的《药品注册管理办法》采取了以下几项措施：

1. 对创新药物改“快速审批”为“特殊审批”，根据创新程度设置不同的通道，进一步提高审批效率。“快速”与“特殊”的差别不仅在时间上，而主要在于介入方式、服务内容与管理通道的不同。并且针对不同情况制定了《药品注册特殊审批办法》。

2. 厘清新药证书的发放范围，进一步体现创新药物的含金量。将“按新药管理”改为“按新药程序申报”，并明确“除靶向制剂、缓控释制剂等特殊剂型外的其他改变剂型但不改变给药途径以及增加新适应症的注册申请，批准后该药品不发给新药证书”，这意味着只有真正的创新药才能取得新药证书，进一步提升了新药证书的含金量。

3. 提高了对简单改剂型申请的技术要求，对已上市药品改变剂型但不改变给药途径的注册申请，应当采用新技术以提高药品的质量和安全性；且与原剂型比较有明显的临床应用优势，更加关注其技术合理性和研制必要性，改变剂型但不改变给药途径，以及增加新适应症的注册申请，应当由具备生产条件的企业提出，靶向制剂、缓释、控释制剂等特殊剂型除外，限制了申请者的资质，进一步引导企业有序申报。

4. 规定监测期内的新药，国家食品药品监督管理局不批准其他企业生产、改变剂型和进口，对已上市药品改变剂型设置了限制性的条件，同时保护了先进的。技术审评工作时间上对已上市药品改变剂型和仿制药的申请设定为160日，以进一步调控改变剂型和仿制药的申请。

5. 提高了仿制药品的技术要求，强调仿制药应与被仿药在安全性、有效性及质量上保持一致（具有同样的活性成分、给药途径、剂型、规格和相同的疗效），引导申请人按照国际通行的研究方法，进行仿制药的研发与申报，研制出高质量的仿制药，为社会公众提供“优质优价”而不是“低质低价”的仿制药品；并且提高技术要求，设置技术门槛，有效遏制仿制药过多、过滥、低水平重复的现象。

四、修订后的主要变化

修订后的《药品注册管理办法》（以下简称《办法》）体现了鼓励新药研

发、样品生产现场抽取、国家食品药品监督管理局部分职能下放的要求。此次修订从源头上保证了药品安全，对程序进行了设定和完善，对药品生产企业给出了导向。更重要的是，这次修订表明，药品注册审批不是哪个部门更不是哪个人能说了算的，而是需要经过严格的程序。

（一）《药品注册管理办法》章节设置（见表2－1－1）

表2－1－1　《药品注册管理办法》章节设置

新办法（15章，177条）	原办法（16章，211条）
第一章　总则（9条）	第一章　总则（6条）
第二章　基本要求（20条）	第二章　药品注册的申请（8条）
第三章　药物的临床试验（15条）	第三章　药物的临床前研究（8条）
第四章　新药申请的申报与审批（3节28条） 第一节：新药临床试验 第二节：新药生产 第三节：新药监测期	第四章　药物的临床试验（3节24条） 第一节：基本要求 第二节：实施前的要求 第三节：临床试验的管理
第五章　仿制药的申报与审批（11条）	第五章　新药的申报与审批（5节43条） 第一节：基本要求 第二节：新药临床试验的审批 第三节：新药生产的审批 第四节：新药监测期的管理 第五节：新药的技术转让
第六章　进口药品的申报与审批（2节21条） 第一节：进口药品的注册 第二节：进口药品分包装的注册	第六章　已有国家标准药品的申报与审批（10条）
第七章　非处方药的申报（5条）	第七章　进口药品的申报与审批（18条） 第一节：进口药品的注册 第二节：进口药品分包装的注册
第八章　补充申请的申报与审批（10条）	第八章　非处方药的注册（11条）
第九章　药品再注册（8条）	第九章　药品的补充申请与审批（9条）
第十章　药品注册检验（8条）	第十章　药品的再注册（8条）

续表

新办法（15章，177条）	原办法（16章，211条）
第十一章　药品注册标准和说明书（3节10条） 第一节：药品注册标准 第二节：药品标准物质 第三节：药品名称、说明书和标签	第十一章　药品注册检验的管理（9条）
第十二章 时限（8条）	第十二章　药品注册标准的管理（3节13条） 第一节：基本要求 第二节：药品试行标准的转正 第三节：药品标准物质的管理
第十三章　复审（5条）	第十三章　药品注册的时限和一般规定（25条）
第十四章　法律责任（11条）	第十四章　复审（3条）
第十五章　附则（7条）	第十五章　法律责任（8条）
	第十六章　附则（4条）

（二）《药品注册管理办法》（局令28号）修订后的主要变化，见表2－1－2

表2－1－2　《药品注册管理办法》修订后的主要变化

序号	项目	修订后	修订前	主要变化
1	制定依据	《中华人民共和国药品管理法》、《中华人民共和国行政许可法》、《中华人民共和国药品管理法实施条例》		
2	药品注册	第三条　药品注册，是指国家食品药品监督管理局根据药品注册申请人的申请，依照法定程序，对拟上市销售药品的安全性、有效性、质量可控性等进行审查，并决定是否同意其申请的审批过程	第三条　药品注册，是指国家食品药品监督管理局根据药品注册申请人的申请，依照法定程序，对拟上市销售药品的安全性、有效性、质量可控性等进行系统评价，并决定是否同意其申请的审批过程	“系统评价”改为“审查”

续表

序号	项目	修订后	修订前	主要变化
3	特殊审批	第四条　国家鼓励研究创制新药，对创制的新药、治疗疑难危重疾病的新药实行特殊审批。 第四十五条　国家食品药品监督管理局对下列申请可以实行特殊审批：(1) 未在国内上市销售的从植物、动物、矿物等物质中提取的有效成分及其制剂，新发现的药材及其制剂；(2) 未在国内外获准上市的化学原料药及其制剂、生物制品；(3) 治疗艾滋病、恶性肿瘤、罕见病等疾病且具有明显临床治疗优势的新药；(4) 治疗尚无有效治疗手段的疾病的新药。符合前款规定的药品，申请人在药品注册过程中可以提出特殊审批的申请，由国家食品药品监督管理局药品审评中心组织专家会议讨论确定是否实行特殊审批。 特殊审批的具体办法另行制定	第四条规定：(1) 创制的新药；(2) 治疗疑难危重疾病的新药；(3) 突发事件应急所需的药品。以上三种情况实行快速审批。 第四十八条规定：(1) 未在国内上市销售的从植物、动物、矿物等物质中提取的有效成分及其制剂，新发现的药材及其制剂；(2) 未在国内外获准上市的化学原料药及其制剂、生物制品；(3) 用于治疗艾滋病、恶性肿瘤、罕见病等的新药；(4) 治疗尚无有效治疗手段的疾病的新药；(5) 突发事件应急所必需的药品	(1) 取消了“突发事件应急所必需的药品”的快速审批。(2) 将“快速审批”改为“特殊审批”。(3) 对用于治疗艾滋病、恶性肿瘤、罕见病等新药的特殊审批，要求是具有明显临床治疗优势的新药
4	药品注册工作职责	第五条　国家食品药品监督管理局主管全国药品注册工作，负责对药物临床试验、药品生产和进口进行审批	第五条　省、自治区、直辖市（食品）药品监督管理部门依法对申报药物的研制情况及条件进行核查，对药品注册申报资料的完整性、规范性和真实性进行审核，并组织对试制的样品进行检验	

续表

序号	项目	修订后	修订前	主要变化
5	对药品监督部门注册审批制度的新要求	新增：第六条：药品注册工作应遵循公开、公平、公正原则；第七条：在药品注册过程中，药品监督管理部门认为涉及公共利益的重大许可事项，应当向社会公告，并举行听证；第八条：注册信息查询制度；第九条：保密义务		
6	药品注册申请人的定义	第十条　药品注册申请人（以下简称申请人），是指提出药品注册申请并承担相应法律责任的机构	第六条　药品注册申请人（以下简称申请人），是指提出药品注册申请，承担相应法律责任，并在该申请获得批准后持有药品批准证明文件的机构	
7	药品注册申请的项目	第十一条　药品注册申请包括新药申请、仿制药申请、进口药品申请及其补充申请和再注册申请……		对应原《办法》第七条有两点变化：(1) 将“已有国家标准的药品申请”变更为“仿制药申请”。(2) 将“再注册申请”列入该条款中
8	药品注册分类的变化	附件1：中药、天然药物注册分类，共分为9类：1～6类为新药，7、8类按新药申请程序申报；9类为仿制药	1～8类为新药，9类为已有国家标准的中药、天然药物	将原《办法》中6.1传统中药复方制剂和6.2现代中药复方制剂合并为中药复方制剂
9	中药复方制剂定义的变化	附件1：中药复方制剂应在传统医药理论指导下组方，主要包括：来源于古代经典名方的中药复方制剂、主治为证候的中药复方制剂、主治为病证结合的中药复方制剂等	附件1：传统中药复方制剂应在传统医药理论指导下组方，以传统工艺制成，处方中药材必须具有法定标准。现代中药复方制剂应在传统医药理论指导下组方，可以采用非传统工艺制成	

续表

序号	项目	修订后	修订前	主要变化
10	附件1中注册分类7定义的变化	改变国内已上市销售中药、天然药物给药途径的制剂，是指不同给药途径或吸收部位之间相互改变的制剂	改变国内已上市销售中药、天然药物给药途径的制剂包括：不同给药途径之间相互改变的制剂及局部给药改为全身给药的制剂	
11	药品注册事项的定义	第十二条　……仿制药申请，是指生产国家食品药品监督管理局已批准上市的已有国家标准的药品的注册申请；但是生物制品按照新药申请的程序申报。 第十四条　药品注册所报送的资料引用文献应当注明著作名称、刊物名称及卷、期、页等；未公开发表的文献资料应当提供资料所有者许可使用的证明文件。外文资料应当按照要求提供中文译本。 第十六条　药品注册过程中，药品监督管理部门应当对非临床研究、临床试验进行现场核查、有因核查，以及批准上市前的生产现场检查，以确认报资料的真实性、准确性和完整性。 新增条款　第十五条　国家食品药品监督管理局应当执行国家制定的药品行业发展规划和产业政策，可以组织对药品的上市价值进行评估	第八条　……已有国家标准的药品申请，是指生产国家食品药品监督管理局已经颁布正式标准的药品的注册申请。 第二十九条　申请人获得药品批准文号后，应当按照国家食品药品监督管理局批准的生产工艺生产。药品监督管理部门根据批准的生产工艺和质量标准对申请人的生产情况进行监督检查。 第四十七条　申请新药注册所报送的资料应当完整、规范，数据真实、可靠；引用文献资料应当注明著作名称、刊物名称及卷、期、页等；未公开发表的文献资料应当提供资料所有者许可使用的证明文件。外文资料应当按照要求提供中文译本	

续表

序号	项目	修订后	修订前	主要变化
12	关于专利纠纷的处理	第十八条　申请人应当对其申请注册的药物或者使用的处方、工艺、用途等，提供申请人或者他人在中国的专利及其权属状态的说明；他人在中国存在专利的，申请人应当提交对他人的专利不构成侵权的声明。对申请人提交的说明或者声明，药品监督管理部门应当在行政机关网站予以公示。药品注册过程中发生专利权纠纷的，按照有关专利的法律法规解决	第十二条　对解决专利纠纷规定：（1）当事人自行协商解决；（2）通过专利管理部门或法院解决；（3）专利权人可依据专利管理部门裁决或法院判决，向国家食品药品监督管理局申请注销侵权人药品批准文号；（4）国家食品药品监督管理局依据上述裁决或判决，注销侵权人批件	
13	关于委托研究和检测的要求	第二十四条　申请人委托其他机构进行药物研究或者进行单项试验、检测、样品的试制等的，应当与被委托方签订合同，并在申请注册时予以说明。申请人对申报资料中的药物研究数据的真实性负责。 第二十六条　药品注册申报资料中有境外药物研究机构提供的药物试验研究资料的，必须附有境外药物研究机构出具的其所提供资料的项目、页码的情况说明和证明该机构已在境外合法登记的经公证的证明文件。国家食品药品监督管理局根据审查需要组织进行现场核查	第二十条规定，对申请人提供的上述资料、证明等文件，须经国家食品药品监督管理局认可后，方可作为药品注册申请的申报资料。 在第十九条的基础上，要求申请人在注册申报资料中对委托研究和检测情况予以说明	新《办法》取消了原《办法》第二十条规定

续表

序号	项目	修订后	修订前	主要变化
14	新药申请的申报与审批有关规定的变化	第四十六条　多个单位联合研制的新药，应当由其中的一个单位申请注册，其他单位不得重复申请；需要联合申请的，应当共同署名作为该新药的申请人。新药申请获得批准后每个品种，包括同一品种的不同规格，只能由一个单位生产。 新增第四十七条：对已上市药品改变剂型但不改变给药途径的注册申请，应当采用新技术以提高药品的质量和安全性，且与原剂型比较有明显的临床应用优势。改变剂型但不改变给药途径，以及增加新适应症的注册申请，应当由具备生产条件的企业提出；靶向制剂、缓释、控释制剂等特殊剂型除外。 说明：改剂型但不改变给药途径的药品注册申请条件：（1）采用新技术且有明显的临床应用优势；（2）申请人是药品生产企业；（3）靶向制剂、缓释、控释制剂等特殊剂型不限定申请人	第五十条规定：新药申请获得批准后每个品种，包括同一品种的不同规格，只能由一个单位生产。但未在国内上市销售的从植物、动物、矿物等物质中提取的有效成分及其制剂；新发现的药材及其制剂；未在国内外获准上市的化学原料药及其制剂；生物制品除外	

续表

序号	项目	修订后	修订前	主要变化
15	药物临床试验有关规定的变化	第三十条　药物的临床试验（包括生物等效性试验），必须经过国家食品药品监督管理局批准，且必须执行《药物临床试验质量管理规范》。药品监督管理部门应当对批准的临床试验进行监督检查。 第三十一条　申请新药注册，应当进行临床试验。仿制药申请和补充申请，根据本办法附件规定进行临床试验。 附件1：改剂型品种应根据工艺变化的情况和药品的特点，免除或进行不少于100对的临床试验；仿制药视情况需要，进行不少于100对的临床试验	附件1规定：改变剂型时，如果生产工艺有质的改变，应当根据药品 的特点，设计不同目的的临床试验，一般临床试验的病例数不少于100对。申请已有国家标准的注射剂和国家食品药品监督管理局规定的其他已有国家标准的中药、天然药物制剂注册，应当进行临床试验，病例数不少于100对	对应原办法第二十三条，增加了对临床试验进行监督检查的要求

五、修订《药品注册管理办法》采取的主要措施

新修订的《药品注册管理办法》将强化监督权力制约机制，将部分国家食品药品监督管理局职能委托给省食品药品监督管理局行使。同时，厘清新药证书的发放范围，进一步体现创新药物的含金量，限制低水平重复，以有效控制药品注册的申报数量，提高申报质量，并着重加强了真实性核查，从制度上要求保证申报资料和样品真实性、科学性和规范性，严厉打击药品研制和申报注册中的造假行为，从源头上确保药品的安全性。总的来讲，针对我国药品创新不够、科研创新能力不强的现状，重点在政策上给予创新方向的引导，给出一个鼓励创新的导向。主要有下面几方面的措施：

1. 改“快速审批”为“特殊审批”

快速审批是速度问题，也就是缩短时间。而研制新药是一个探索的过程，不是缩短时间所能解决的问题。所以快速审批，并不能有效鼓励创新。特殊审

批不仅仅是速度概念，更重要的是审评方式的改变。第一，开出专用通道。对创制的新药设立专门通道，就是给出快速审批的通道来。第二，早期介入。在研制过程中就可以和新药审评人员进行交流和对话，以避免研制机构在研制过程中走弯路，造成一些研制经费的浪费。因为科研和药品审批、注册的要求不完全一致，研究资料不能作为注册申报资料使用，有些研究的东西并不能说明我们注册所要说明的问题。早期介入就是为了使创制新药者少走弯路，避免造成浪费。第三，给予改资料、补充资料、完善资料的机会。如果按照新药注册则是不允许的，报上的资料如果要改，资料就要退回去。但是创制新药是探索的过程，允许不断完善，以达到最佳的境界。

2. 缩小新药的范围

规定只有真正意义上的新药才能领取新药证书，缩小了新药的界定范围。过去改剂型可以领取新药证书，新修改的《药品注册管理办法》规定改进剂型和改变给药途径的7类、8类药品注册只按新药程序办理，不按新药程序办证。但是改剂型里面也有创新，有三种剂型是给新药证书的，靶向制剂、缓释、控释制剂等特殊性型除外，这是厘清范围、更加明细新药的范围。

3. 新药证书和新药生产批件两者分离

可以单独发新药证书，也可以把新药证书和生产批件合在一起发，可根据申请人的申请不同，做出不同的决定。目的是鼓励研制机构，在开发研究产品以后，可以与生产企业进行产品技术合作、技术转让，能够让研究机构专注于研究投入和开发，从而提高回报。

4. 提高改变剂型，改变给药途径的技术含量和水平

除了鼓励创新，还有“两个遏制”或者说“两个提高”，即提高改变剂型，改变给药途径的技术含量和水平。过去改变剂型、改变给药途径的标准比较低，门槛比较低，造成改剂型道路的大“拥挤”，改剂型申报数量多、质量差、低水平重复现象严重。新《办法》要求改剂型必须要采取新技术，要在提高质量和安全性上做文章、下工夫；要跟原剂型相比较有明显的优势，把改剂型的技术含量提高。对于简单改剂型，还有其他的工作办法。

依据改变剂型后药用物质基础的改变、对药物的吸收利用情况制定相应要求：

A. 若药材基原、生产工艺（包括药材前处理、提取、分离、纯化等）及工艺参数、制剂处方等有所改变，药用物质基础变化不大，剂型改变对药物的吸收利用影响较小，可根据需要提供药理毒理研究资料，并应进行不少于100对病例数的临床试验，用于多个病症的，每一个主要病症病例数不少于60对。

B. 若药材基原、生产工艺（包括药材前处理、提取、分离、纯化等）及工艺参数、制剂处方等有重大改变，药用物质基础变化较大，或剂型改变对药物的吸收利用影响较大，应提供药理毒理研究资料及Ⅱ期、Ⅲ期临床试验资料。

同时规定改变剂型但不改变给药途径，以及增加新的适应症的注册申请，应当由具备生产条件的企业提出；靶向制剂、缓控释制剂等特殊剂型除外。以提高简单改剂型的技术要求，限制申请者的资质。

对改剂型的过程严格控制，除规定改剂型按新药申报程序申报外，同时规定：

(1) 严格执行“三查”制度：临床前现场核查、临床试验现场核查、有因抽查及批生产前的生产现场检查。

(2) 动态检验：抽取样品从“静态”转为“动态”，确保样品的真实性、代表性和核定工艺的可行性。

(3)“三合一制度”：综合分析“三查”、质量检验和技术审评三方面的结果后作出审评结论，严把上市关。

5. 提高仿制药的水平

原《办法》定义为“已有国家药品标准的药品”，新《办法》叫仿制药。仿制药和已有国家药品标准的概念是有所不同的。仿制药是要做到：第一，要和原创药一致：成分一致、剂型一致，有效性、安全性一致，标准一致。做一个仿制药绝对不是简单的重复。第二，还要有可续性，生产现场检查的前置，申报的过程，仿制药必须以在大生产条件下生产出来的样品进行申报，要做到仿制药和被仿制药两者一致。

修订后的《药品注册管理办法》提高了一些要求，通过鼓励创新，提高改剂型和仿制药的控制水平。在某种程度上可以控制药品注册申报数量的增加，更重要的是能够提高药品注册标准的科技含量和技术水平。

第二节《药品注册管理办法》的主要内容

一、新《办法》中关于部分名词术语的定义

(一) 药品注册的定义

第三条　药品注册，是指国家食品药品监督管理局根据药品注册申请人的

申请，依照法定程序，对拟上市销售药品的安全性、有效性、质量可控性等进行审查，并决定是否同意其申请的审批过程。

（二）药品注册申请人的定义与要求

第十条　药品注册申请人（以下简称申请人），是指提出药品注册申请并承担相应法律责任的机构。

对药品注册申请人的要求：

1. 境内申请人：是在中国境内合法登记并能独立承担民事责任的机构。

2. 境外申请人：应当是境外合法制药厂商。境外申请人办理进口药品注册，应当由其驻中国境内的办事机构或者由其委托的中国境内代理机构办理。

3. 两个以上单位共同作为申请人的，应当向其中药品生产企业所在地省、自治区、直辖市药品监督管理部门提出申请。

4. 申请人均为药品生产企业的，应当向申请生产制剂的药品生产企业所在地省、自治区、直辖市药品监督管理部门提出申请。

5. 申请人均不是药品生产企业的，应当向样品试制现场所在地省、自治区、直辖市药品监督管理部门提出申请。

6. 多个单位联合研制的新药，应当由其中的一个单位申请注册，其他单位不得重复申请；需要联合申请的，应当共同署名作为该新药的申请人。新药申请获得批准后每个品种，包括同一品种的不同规格，只能由一个单位生产。

（三）药品注册事项的定义

第十二条　新药申请，是指未曾在中国境内上市销售的药品的注册申请。对已上市药品改变剂型、改变给药途径、增加新适应症的药品注册按照新药申请的程序申报。

仿制药申请，是指生产国家食品药品监督管理局已批准上市的已有国家标准的药品的注册申请；但是生物制品按照新药申请的程序申报。

进口药品申请，是指境外生产的药品在中国境内上市销售的注册申请。

补充申请，是指新药申请、仿制药申请或者进口药品申请经批准后，改变、增加或者取消原批准事项或者内容的注册申请。

再注册申请，是指药品批准证明文件有效期满后申请人拟继续生产或者进口该药品的注册申请。

（四）中药复方制剂的定义

附件1　“中药复方制剂应在传统医药理论指导下组方。主要包括：来源于古代经典名方的中药复方制剂、主治为证候的中药复方制剂、主治为病证结合的中药复方制剂等。”

（五）中药注册分类7的定义

“改变国内已上市销售中药、天然药物给药途径的制剂”是指不同给药途径或吸收部位之间相互改变的制剂。

（六）临床试验

第三十一条　申请新药注册，应当进行临床试验。仿制药申请和补充申请，根据本《办法》附件规定进行临床试验。

临床试验Ⅰ期、Ⅱ期、Ⅲ期、Ⅳ期。

Ⅰ期临床试验：初步的临床药理学及人体安全性评价试验。观察人体对于新药的耐受程度和药代动力学，为制定给药方案提供依据。

Ⅱ期临床试验：治疗作用初步评价阶段。其目的是初步评价药物对目标适应症的治疗作用和安全性，也包括为Ⅲ期临床试验研究设计和给药剂量方案的确定提供依据。此阶段的研究设计可以根据具体的研究目的，采用多种形式，包括随机盲法对照临床试验。

Ⅲ期临床试验：治疗作用确证阶段。其目的是进一步验证药物对目标适应症患者的治疗作用和安全性，评价利益与风险关系，最终为药物注册申请的审查提供充分的依据。试验一般应为具有足够样本量的随机盲法对照试验。

Ⅳ期临床试验：新药上市后应用研究阶段。其目的是考察在广泛使用条件下的药物的疗效和不良反应，评价在普通或者特殊人群中使用的利益与风险关系以及改进给药剂量等。

生物等效性试验，是指用生物利用度研究的方法，以药代动力学参数为指标，比较同药物的相同或者不同剂型的制剂，在相同的试验条件下，其活性成分吸收程度和速度有无统计学差异的人体试验。

二、《药品注册管理办法》中关于不予再注册的规定

第一百二十六条　有下列情形之一的药品不予再注册：

（一）有效期届满前未提出再注册申请的；

（二）未达到国家食品药品监督管理局批准上市时提出的有关要求的；

（三）未按照要求完成Ⅳ期临床试验的；

（四）未按照规定进行药品不良反应监测的；

（五）经国家食品药品监督管理局再评价属于疗效不确、不良反应大或者其他原因危害人体健康的；

（六）按照《药品管理法》的规定应当撤销药品批准证明文件的；

（七）不具备《药品管理法》规定的生产条件的；

（八）未按规定履行监测期责任的；

（九）其他不符合有关规定的情形。

三、新《办法》中关于临床试验的规定

总　则

第二条　在中华人民共和国境内申请药物临床试验、药品生产和药品进口，以及进行药品审批、注册检验和监督管理，适用本《办法》。

第五条　国家食品药品监督管理局主管全国药品注册工作，负责对药物临床试验、药品生产和进口进行审批。

基本要求

第十六条　药品注册过程中，药品监督管理部门应当对非临床研究、临床试验进行现场核查、有因核查，以及批准上市前的生产现场检查，以确认申报资料的真实性、准确性和完整性。

第二十条　按照《药品管理法实施条例》第三十五条的规定，对获得生产或者销售含有新型化学成分药品许可的生产者或者销售者提交的自行取得且未披露的试验数据和其他数据，国家食品药品监督管理局自批准该许可之日起6年内，对未经已获得许可的申请人同意，使用其未披露数据的申请不予批准；但是申请人提交自行取得数据的除外。

第二十六条　药品注册申报资料中有境外药物研究机构提供的药物试验研究资料的，必须附有境外药物研究机构出具的其所提供资料的项目、页码的情况说明和证明该机构已在境外合法登记的经公证的证明文件。国家食品药品监督管理局根据审查需要组织进行现场核查。

第二十七条　药品监督管理部门可以要求申请人或者承担试验的药物研究机构按照其申报资料的项目、方法和数据进行重复试验，也可以委托药品检验所或者其他药物研究机构进行重复试验或方法学验证。

四、新《办法》中关于特殊审批的规定

第四条　国家鼓励研究创制新药，对创制的新药、治疗疑难危重疾病的新药实行特殊审批。

第四十五条　国家食品药品监督管理局对下列申请可以实行特殊审批：

（一）未在国内上市销售的从植物、动物、矿物等物质中提取的有效成分及其制剂，新发现的药材及其制剂；

（二）未在国内外获准上市的化学原料药及其制剂、生物制品；

（三）治疗艾滋病、恶性肿瘤、罕见病等疾病且具有明显临床治疗优势的新药；

（四）治疗尚无有效治疗手段的疾病的新药。

符合前款规定的药品，申请人在药品注册过程中可以提出特殊审批的申请，由国家食品药品监督管理局药品审评中心组织专家会议讨论确定是否实行特殊审批。

特殊审批的具体办法另行制定。

第四十九条　药品注册申报资料应当一次性提交，药品注册申请受理后不得自行补充新的技术资料；进入特殊审批程序的注册申请或者涉及药品安全性的新发现以及按要求补充资料的除外。申请人认为必须补充新的技术资料的，应当撤回其药品注册申请。申请人重新申报的，应当符合本《办法》有关规定且尚无同品种进入新药监测期。

第一百三十一条　获准进入特殊审批程序的药品，药品检验所应当优先安排样品检验和药品标准复核。

五、新《办法》中关于药品标准和药品标准物质的规定

药品注册标准

第一百三十六条　国家药品标准，是指国家食品药品监督管理局颁布的《中华人民共和国药典》、药品注册标准和其他药品标准，其内容包括质量指标、检验方法以及生产工艺等技术要求。

药品注册标准，是指国家食品药品监督管理局批准给申请人特定药品的标准，生产该药品的药品生产企业必须执行该注册标准。

药品注册标准不得低于中国药典的规定。

第一百三十七条　药品注册标准的项目及其检验方法的设定，应当符合中国药典的基本要求、国家食品药品监督管理局发布的技术指导原则及国家药品标准编写原则。

第一百三十八条　申请人应当选取有代表性的样品进行标准的研究工作。

药品标准物质

第一百三十九条　药品标准物质，是指供药品标准中物理和化学测试及生物方法试验用，具有确定特性量值，用于校准设备、评价测量方法或者给供试药品赋值的物质，包括标准品、对照品、对照药材、参考品。

第一百四十条　中国药品生物制品检定所负责标定国家药品标准物质。

中国药品生物制品检定所可以组织有关的省、自治区、直辖市药品检验

所、药品研究机构或者药品生产企业协作标定国家药品标准物质。

第一百四十一条　中国药品生物制品检定所负责对标定的标准物质从原材料选择、制备方法、标定方法、标定结果、定值准确性、量值溯源、稳定性及分装与包装条件等资料进行全面技术审核，并作出可否作为国家药品标准物质的结论。

六、新《办法》中关于药品监督管理部门法律责任的规定

第一百五十九条　有《行政许可法》第六十九条规定情形的，国家食品药品监督管理局根据利害关系人的请求或者依据职权，可以撤销有关的药品批准证明文件。

第一百六十条　药品监督管理部门及其工作人员违反本法的规定，有下列情形之一的，由其上级行政机关或者监察机关责令改正；情节严重的，对直接负责的主管人员和其他直接责任人员依法给予行政处分：

（一）对符合法定条件的药品注册申请不予受理的；

（二）不在受理场所公示依法应当公示的材料的；

（三）在受理、审评、审批过程中，未向申请人、利害关系人履行法定告知义务的；

（四）申请人提交的申报资料不齐全、不符合法定形式，不一次告知申请人必须补正的全部内容的；

（五）未依法说明不受理或者不批准药品注册申请理由的；

（六）依法应当举行听证而不举行听证的。

七、新《办法》中关于药品批准文号的规定

药品批准文号的格式

第一百七十一条　药品批准文号的格式为：国药准字 H（Z、S、J）+4 位年号 +4 位顺序号，其中 H 代表化学药品，Z 代表中药，S 代表生物制品，J 代表进口药品分包装。

《进口药品注册证》证号的格式为：H（Z、S）+4 位年号 +4 位顺序号；《医药产品注册证》证号的格式为：H（Z、S）C +4 位年号 +4 位顺序号，其中 H 代表化学药品，Z 代表中药，S 代表生物制品。对于境内分包装用大包装规格的注册证，其证号在原注册证号前加字母 B。

新药证书号的格式为：国药证字 H（Z、S）+4 位年号 +4 位顺序号，其中 H 代表化学药品，Z 代表中药，S 代表生物制品。

药品批准文号的有效期

第一百二十条　国家食品药品监督管理局核发的药品批准文号、《进口药品注册证》或者《医药产品注册证》的有效期为5年。有效期届满，需要继续生产或者进口的，申请人应当在有效期届满前6个月申请再注册。

第一百二十一条　在药品批准文号、《进口药品注册证》或者《医药产品注册证》有效期内，申请人应当对药品的安全性、有效性和质量控制情况，如监测期内的相关研究结果、不良反应的监测、生产控制和产品质量的均一性等进行系统评价。

八、新《办法》中关于注册申请人法律责任的规定

第一百六十五条　在药品注册中未按照规定实施《药物非临床研究质量管理规范》或者《药物临床试验质量管理规范》的，依照《药品管理法》第七十九条的规定处罚。

第一百六十六条　申请人在申报临床试验时，报送虚假药品注册申报资料和样品的，药品监督管理部门不予受理或者对该申报药品的临床试验不予批准，对申请人给予警告，1年内不受理该申请人提出的该药物临床试验申请；已批准进行临床试验的，撤销批准该药物临床试验的批件，并处1万元以上3万元以下罚款，3年内不受理该申请人提出的该药物临床试验申请。

药品监督管理部门对报送虚假资料和样品的申请人建立不良行为记录，并予以公布。

第一百六十七条　申请药品生产或者进口时，申请人报送虚假药品注册申报资料和样品的，国家食品药品监督管理局对该申请不予受理或者不予批准，对申请人给予警告，1年内不受理其申请；已批准生产或者进口的，撤销药品批准证明文件，5年内不受理其申请，并处1万元以上3万元以下罚款。

第三节　中药注册管理补充规定

新修订的《药品注册管理办法》，确立了科学监管理念统领药品注册工作的指导思想，对药品注册管理提出了更高的要求，适用于所有药品。但由于中药有自身的规律和特点，新《办法》中对中药的具体规定尚没有完全明确，难以充分体现中药注册管理的特点，体现中医药特色。回顾1985年《新药审批办法》发布后药品注册管理的历程，可以看到中药注册管理逐步规范和严格，中药产品安全性、有效性和质量可控性得到加强，但同时也逐渐显现一些问题。主要表现在三个方面：一是中医药的优势与特色还没有充分体现；二是对中药新药研制的引导不足；三是对药材来源和资源可持续利用重视不够。中药的特点在于有中医药理论指导及长期临床应用经验，临床优势与特色较突出。由于《药品注册管理办法》适用于所有药品，难以充分体现中药注册管理的特点。中医药界也一直在呼吁，希望制定一个体现中医药特色的规定。为从总体上做到遵循中药规律、体现中药特点、促进中药发展、提高中药质量，对中药的审评做详细的表述，2008 年 1 月 8 日国家食品药品监督管理局颁布实施了《中药注册管理补充规定》。

《中药注册管理补充规定》（以下简称《补充规定》）是与新修订的《药品注册管理办法》相配套的第一个规范性文件，进一步解释和说明了具体条款的内涵和技术要求，进一步细化和明确了关于中药注册管理的要求。《补充规定》专门对藏药、维吾尔药、蒙药等民族药的注册管理作出了规定。明确规定民族药的研制应符合民族医药理论，民族药的生产企业应当具备相应的民族药专业人员、生产条件和能力，民族药的审评应由相关的民族药方面的专家参与进行，以突出民族药特点，扶持民族药的发展。

按照这个规定，来源于古代经典名方的中药复方制剂在申请注册时将不需要动物试验，可以直接申报生产。

《补充规定》是在充分听取各方意见的基础上慎重出台的，突出了中医药特色，继承与创新并重，不仅对中药产业的发展将起到积极作用，也有助于中医药和民族医药事业的发展。

第四节　药品注册现场核查管理规定

2007 年修订了与新《药品注册管理办法》相配套的规范性文件，中国国家食品药品监督管理局于 6 月 3 日发布实施了《药品注册现场核查管理规定》（以下简称《规定》），其目的是为进一步规范药品研制秩序，强化药品注册现场核查，保证核查工作质量。

《规定》共分 7 章 59 条，含 5 个附件，对现场核查行政主体、工作流程、文书和表格形式及核查要点做出具体规定，进一步权威阐释了新《药品注册管理办法》中的相关条款，细化和明确了药品注册现场核查的要求。其核心任务是确认申报资料的真实性、准确性和完整性。《规定》将从内容合法、程序清晰、标准统一、分工明确四个方面保证药品现场核查合法、有序、规范、高效地开展。

《规定》将核查工作分为临床前研究现场核查、临床试验现场核查、申报生产研制现场核查和生产现场检查四个阶段，对每一阶段的执行主体、程序、资料和样品的交接作出详细规定，保证核查工作的可操作性。在核查性质上，又分为常规核查和有因核查。为此，《规定》设立了药品注册现场核查要点及判定原则，从药学、药理毒理、临床试验及批量生产过程等多方面列举了相应的核查项目，提示现场核查的重点环节和关键要素，确保核查标准统一化。同时，将仿制药和补充申请的临床试验纳入核查范围。

《规定》还进一步明确了现场核查工作的行政执行主体，对SFDA、药品认证管理中心、药品审评中心、省级食品药品监督管理局等各部门、各单位的职责做出明确规定。

核查的分类引入“申报生产研制现场核查”的概念。根据药品注册研制的不同阶段和顺序，药品注册现场核查分为：药物临床前研究现场核查、药物临床研究现场核查、申报生产研制现场核查。申报生产研制现场核查：主要是对申报生产注册申请的样品试制情况（“中试”）进行现场核查，若申报生产注册时药学、药理毒理等研究与申报临床相比有变化的，还应对变化内容进行现场核查。“有因核查和检查”：主要指针对药品审评过程中发现的问题、药品注册相关举报等案件进行的现场核查和生产现场检查。

对核查检查范围进行了调整，将仿制药临床试验研究纳入核查范围，增加了省食品药品监督管理局对仿制药临床试验现场核查的程序和要求。将补充申请临床试验纳入核查范围，增加了省食品药品监督管理局对补充申请临床试验现场核查的程序和要求。由于增加适应症不涉及生产工艺的改变，“增加适应症注册申请”不进行生产现场检查，所以不需要进行生产现场检查。

核查检查的行政执行主体：为保证参与核查检查各部门、各环节职责分工明确，对各部门的职责进行了明确的表述：国家食品药品监督管理局总负责、并负责进口药品和重大案件的有因核查检查；药品认证管理中心负责新药和生物制品的生产现场检查以及相应的有因检查；药品评审中心负责对药品审评中发现的问题进行现场核查；省食品药品监督管理局负责所有品种的现场核查、按新药程序申报药品的生产现场检查、仿制药和补充申请的生产现场检查。

第五节　新药注册特殊审批管理规定

一、特殊审批的体现

为鼓励研究创制新药，有效控制风险，根据《药品注册管理办法》，国家食品药品监督管理局组织制定了《新药注册特殊审批管理规定》（以下简称《管理规定》）。根据规定，特殊审批的“特”主要体现在：

（一）单独设立通道，优先审评、审批。为了避免特殊审批新药注册申请与其他类型的注册申请统一排序而导致延时，特殊审批管理规定将特殊审批设置为单独通道，优先保证特殊审批新药注册申请全过程的审评审批，并按《药品注册管理办法》规定的时限完成。

（二）建立适时介入、关键阶段沟通交流的机制。一是在一定条件下，申请人可在注册申请前就特殊审批的申请、重要的技术问题，与药品审评中心进行沟通与交流，为其研究结果的判断提供参考；二是特殊审批新药注册申请在其技术审评、临床试验的过程中，均可与药品审评中心就相关技术问题进行多渠道、多形式的交流，为研究的推进和结果的评价提供帮助。

（三）设立多种途径进行补充资料。鉴于特殊审批新药注册申请研究与评价的探索过程，根据创新药物研发规律，在本《管理规定》中设立了多种便捷的途径，允许进入特殊审批的新药注册申请补充资料。

特殊审批途径包括：一是召开与申请人和专家的审评会议时直接提交对会议所讨论问题的补充资料；二是申请人在其主动提出的沟通交流会之后，可对会议所讨论的问题提交补充资料；三是对重大安全性问题及时提交补充资料；四是按照正常的注册程序，根据“补充资料通知”进行补充资料；五是允许服务于临床的变更（资料的补充服务于临床的变更），以提高注册效率；六是考虑到创新药注册申请物研究的实际，将其补充资料的时间由普通申请的4个月延长到8个月。

（四）明确与特别审批程序的衔接。当存在发生突发公共卫生事件的威胁时，以及突发公共卫生事件发生后，对突发公共卫生事件应急处理所需新药按照《国家食品药品监督管理局药品特别审批程序》办理。

（五）其他鼓励措施。在技术审评阶段药品审评中心将继续保留现已实施的调集审评资源、优先审评等相关措施。

二、新药注册申请可实施特殊审批的四种情形

（一）是没有在国内上市销售的从植物、动物、矿物质中提取的有效成分及其制剂以及新发现的药材及其制剂。

（二）是没有在国内外获准上市的化学原料药和制剂以及生物制品。

（三）是治疗艾滋病、恶性肿瘤、罕见病等疾病，并具有明显临床疗效优势的新药。

（四）是目前尚没有治疗手段的新药。主治病证未在国家批准的中成药［功能主治］中收载的新药，可以视为尚无有效治疗手段的疾病的新药。

属于情形（一）、（二）项的，药品注册申请人可以在提交新药临床试验申请时提出特殊审批的申请，药品审评中心应在5个工作日内对其提交的申请资料予以确认。符合（三）、（四）项规定的药物，申请人在其申报生产时方可提出特殊审批的申请，药品审评中心应在接到特殊审批申请后20日内组织专家会议审查，确定是否进入特殊审批。

对于实施特殊审批的新药，国家食品药品监管局将单独设立通道，优先审评、审批，并建立适时介入、关键阶段沟通交流的机制，对于特殊审批新药注册申请，在其技术审评、临床试验的过程中，均可与药品审评中心就相关技术问题进行多渠道、多形式的交流，为研究的推进和结果的评价提供帮助。

三、特殊审批风险控制

在鼓励新药研制创新的同时，新药注册特殊审批也强调风险控制管理，将通过建立特殊审批新药注册申请的退出机制，建立特殊审批新药注册申请数据库，加强公众监督等举措，加强风险控制。申请进入特殊审批的新药注册申请，也需对临床试验设计相应的风险控制方案。

（一）建立特殊审批新药注册申请的退出机制。参考国际积累的药物创新研发的经验数据，遵循创新药研发的规律，本规定设计了相应的退出机制，原则性地规定了退出的几种主要条件。退出机制的设计有利于各方面的风险控制，是控制风险的关键举措。

（二）申请进入特殊审批的新药注册申请，需对临床试验设计相应的风险控制方案。此类新药注册申请被批准上市后还需制定完备的风险控制方案，如未在规定时间内履行承诺，且无充分的、可接受的理由，国家局可要求申请人限制该新药的临床使用乃至暂停生产和销售。

（三）建立特殊审批新药注册申请数据库，加强公众的监督。国家局将针对特殊审批新药注册申请设定相应的数据库，将重要的临床试验信息收录，并于药品审评中心网站对外发布必要的特殊审批新药注册申请信息。

四、民族药审批坚持两原则

民族药在审批过程中遵循两条原则：一是统一性；二是特殊性。所谓统一性，民族医药首先是药，基本属性没有变，既然是药，就必须和化学药、生物药、中医药一样对待，按照《药品管理法》的规定，依据《药品注册管理法的办法》进行审批、批准、生产和使用，因为药品的基本要求就是要安全有效，这是任何一个药品的基本出发点和根本落脚点。所以这个体系不能动摇，要把握统一性，民族药和化学药、生物药是一样的，安全有效是其基本出发点和根本落脚点。

民族药的特殊性就是民族药必须是在民族医药理论指导下的一种文化、一种理论、一种物质。有比较鲜明的民族区域性，也有比较特殊的民族适用性。既然有民族，就会有民族文化，自然产生出民族医药。这种特殊的背景一定有其特殊的内涵，所以民族药在审批过程中要做到遵循民族医药的规律，体现民族医药的特色，发挥民族医药的优势，促进民族医药的发展。怎么去遵循规律、体现特色呢？最好的办法是民族医药人员来审批民族医药。

国家食品药品监督管理局在药品审批的各个机构里都有民族药审批机构，比如新药审批专业委员库里有一批民族医药的专家，中国药监委员会中有一个专门的民族药专业委员会，国家药典委员会还新增了部分民族药的专业委员。

五、民族药审批的相关其他政策

（一）优先安排民族药项目审评，对民族药新药及民族药新药技术转让，给予加快审评。

（二）民族药生产企业可按《关于药品异地生产和委托加工的有关规定》的要求，委托具备条件的生产企业进行加工。

（三）对民族药非实验研究性申报资料可授权省级药品监督管理部门审评，国家食品药品监督管理局主要对实验研究性申报资料组织专家进行复审。在保证药品安全性的基础上，对实际已经广泛使用的民族药经方、验方，可以减少争议，把临床试验结果作为审评的依据。

（四）对于目前国内尚属空白的民族药新药审评方法、新药临床指导原则，目前也正在讨论制定中。“要制定符合民族医药实际的新药评审标准。对确有疗效和安全保障的民族医药新药要放宽审批条件，下放审批权，经审批的民族药允许其在本地区流通”（全国政协委员、云南省政协副主席陈勋儒提案）。

第三章　民族药新药研究的技术指导原则

第一节　民族药命名原则

一、总则

民族药新药命名要遵照国家药典委员会制定的《中国药品通用名称命名原则》。药品名称应科学、明确、简短；词干已确定的译名应尽量采用，使同类药品能体现系统性。药品的命名应避免采用可能给患者以暗示的有关药理学、解剖学、生理学、病理学或治疗学的药品名称，并不得用代号命名（不包括特殊的复方制剂）。药品的英文名应尽量采用世界卫生组织编订的国际非专利药名（International Nonproprietary Names for Pharmaceutical Substances, INN）；INN 没有的，可采用其他合适的英文名称。无 INN 命名的酌情处理。对于沿用已久的药名，如必须改动，可列出其曾用名作为过渡。

药名后附注的类别，是根据主要药理作用或药物的作用机理或学科划分的，或者直接从 INN 划分的类别翻译的，仅供参考。

药品通用名不采用药品的商品名（包括外文名和中文名）。药品的通用名（包括 INN）及其专用词干的英文及中文译名也均不得作为商品名或用以组成商品名，用于商标注册。

二、民族药通用名称命名细则

（一）民族药材命名

民族药材系指用于民族药饮片、民族药提取物、民族成药原料的植物、动物和矿物药。民族药材名称应包括中文名（附汉语拼音）、民族名和拉丁名。

1. 民族药材的中文名

（1）一般应以全国多数地区习用的名称命名；如各地习用名称不一致或

难以定出比较合适的名称时，可选用植物名命名。

（2）增加药用部位的民族药材中文名应明确药用部位。如白茅根。

（3）民族药材的人工方法制成品，其中文名称应与天然品的中文名称有所区别。如人工麝香、培植牛黄。

2. 民族药材的拉丁名

（1）除少数民族药材可不标明药用部位外，需要标明药用部位的，其拉丁名先写药名，用第一格，后写药用部位用第二格，如有形容词，则列于最后。如远志 RADIX POLYGALAE；苦杏仁 SEMEN ARMENIACAE AMARUM；淡豆豉 SEMEN SOJAE PREPARATUM。

（2）一种民族药材包括两个不同药用部位时，把主要的或多数地区习用的药用部位列在前面，用“ET”相连接。如大黄 RADIX ET RHIZOMA RHEI。

（3）一种民族药材的来源为不同科、属的两种植（动）物或同一植（动）物的不同药用部位，须列为并列的两个拉丁名。如大蓟 HERBA CIRSII JAPONICI 和 RADIX CIRSII JAPONICI。

（4）民族药材的拉丁名一般采用属名或属种名命名。

（5）以属名命名：在同属中只有一个品种作药用。或这个属有几个品种来源，但作为一个民族药材使用的。如白果 SEMEN GINKGO（一属只一个植物种作药材用），麻黄 HERBA EPHEDRAE（一属有几个植物种作同一药材用）。有些民族药材的植（动）物来源虽然同属中有几个植物品种作不同的民族药材使用，但习惯已采用属名作拉丁名的，一般不改动。应将来源为同属其他植物品种的民族药材，加上种名，使之区分。如细辛 HERBA ASARI，杜衡 HERBA ASARI FORBESII，黄精 RHIZOMA POLYGONATI，玉竹 RHIZOMA POLYGONATI ODORATI。

（6）以属种名命名：同属中有几个品种来源，分别作为不同民族药材使用的，按此法命名如：当归 RADIX ANGELICAE SINENSIS，独活 RADIX ANGELICAE PUBESCENTIS，白芷 RADIX ANGELICAE DAHURIOAE。。

（7）以种名命名：为习惯用法，应少用。如石榴子 SEMEN GRANATI，柿蒂 CALYX KAKI，红豆蔻 FRUCTUS GALANGAE。

（8）以有代表性的属种名命名：同属几个品种来源同作一个民族药材使用，但又不能用属名作民族药材的拉丁名时，则以有代表性的一个属种名命名。如辣蓼，有水辣蓼 Polygonum hydropiperl 与旱辣蓼 P. fiaccidum Meisn 两种；而蓼属的药材还有何首乌、水炭母等，不能以属名作辣蓼的药材拉丁名，故以使用面较广的水辣蓼的学名为代表，定为 HEBRA POLYGONI HY-

DROPIPERIS。

(9) 国际上已有通常用的名称作拉丁名的民族药材，且品种来源与国外相同的，可直接采用。如全蝎 SCORPIO 不用 BUTHUS。芥子 SEMEN SINAPIS 不用 SEMEN BRASSICAE；但阿魏在国际上用 Asafoetida，而我国产的品种来源不同，所以改用 RESINA FERULAE。

(二) 民族药饮片命名

民族药饮片系指民族药材经过净制、切制或炮制后的加工品，其名称应与民族药材名称相对应。民族药饮片名称包括中文名和拉丁名。

1. 民族药饮片的中文名

(1) 净制、切制的生用饮片，按原民族药材命名；特殊管理的毒性药材，在名称前应加“生”字；鲜品饮片在名称前应加上“鲜”字。如鲜薄荷、如生草乌、生天南星等。

(2) 以炒、蒸、煅等方法炮制的民族药饮片，在民族药材名前冠以炮制方法或后缀以炮制后的形态名。加辅料炮制的民族药饮片，应冠以辅料名。如：煨肉豆蔻、煅石膏（炮制方法）；巴豆霜、地榆炭（炮制后的形态名）。如：酒白芍、清半夏（应冠以辅料名）。

2. 民族药饮片的拉丁名在其民族药材的拉丁名后加上 Preparata。

(三) 民族药提取物命名

民族药提取物系指净药材或炮制品经适宜的方法提取、纯化制成的供民族成药生产的原料。

民族药提取物的中文名

(1) 民族药提取物的名称一般以民族药材名称加提取物构成。

(2) 已提纯至某一类成分的应以药材名加成分类别命名，必要时可以加副名。

(四) 民族成药命名

民族成药系指以民族药材、民族药饮片或民族药提取物及其他药物，经适宜的方法制成的各类制剂。民族成药名称包括中文名、单味制剂应有拉丁名。

1. 民族成药中文名

(1) 剂型应放在名称之后。

(2) 不应采用人名、地名、企业名称。如同仁乌鸡白凤丸、云南红药等。

(3) 不应采用固有特定含义名词的谐音。如名人名字的谐音等。

(4) 不应采用夸大、自诩、不切实际的用语。如“宝”、“灵”、“精”、

“强力”、“速效”、等。如飞龙夺命丸、嫦娥加丽丸、防衰益寿丸、男宝胶囊、心舒宝片、软脉灵口服液、治糜灵栓、感特灵胶囊、雏凤精；强力感冒片、速效牛黄丸、中华跌打丸、中华肝灵胶囊、东方活血膏。名称中没有明确剂型，如紫雪、一捻金、龟龄集、健延龄。名称含有“御制”、“秘制”、“精制”等溢美之词，如御制平安丸、秘制舒肝丸、精制银翘解毒片。不应采用受保护动物命名。

（5）不应采用封建迷信色彩及不健康内容的用语。如媚灵丸、雪山金罗汉止痛涂膜剂。

（6）一般不采用“复方”二字命名。如复方丹参片等。

（7）一般字数不超过8个字。

2. 单味制剂一般应采用民族药材、民族药饮片或民族药提取物加剂型命名。

3. 方制剂根据处方组成的不同情况可酌情采用下列方法命名。

（1）由民族药材、民族药饮片及民族药提取物制成的复方制剂的命名。

（2）采用处方中的药味数、民族药材名称、药性、功能等并加剂型命名。鼓励在遵照命名原则条件下采用具有中医文化内涵的名称。如六味地黄（滋阴）丸。

（3）自古方的品种，如不违反命名原则，可采用古方名称。如四逆汤（口服液）。

（4）某一类成分或单一成分的复方制剂的命名。应采用成分加剂型命名。如丹参口服液、蛹虫草菌粉胶囊；云芝糖肽胶囊、西红花多苷片等。单味制剂（含提取物）的命名，必要时可用药材拉丁名或其缩写命名，如康莱特注射液。

（5）采用处方主要药材名称的缩写并结合剂型命名。如香连丸由木香、黄连二味药材组成；桂附地黄丸由肉桂、附子、熟地黄、山药、山茱萸、茯苓、丹皮、泽泻八味药组成；葛根芩连片由葛根、黄芩、黄连、甘草四味药材组成。

（6）意药材名称的缩写应选主要药材，其缩写不能组合成违反其他命名要求的含义。

（7）用主要功能加剂型命名。如补中益气合剂、除痰止嗽丸、大补阴丸。

（8）用主要药材名和功能结合并加剂型命名。如牛黄清心丸、龙胆泻肝丸、琥珀安神丸等。

（9）用药味数与主要药材名或药味数与功能并结合剂型命名。如六味地黄丸、十全大补丸等。

（10）两味药材组方者，可采用方内药物剂量比例加剂型命名。如六一散，由滑石粉、甘草组成，药材剂量比例为6∶1；九一散，由石膏（煅）、红粉组成，药材剂量比例为9∶1。

采用象形比喻结合剂型命名。如玉屏风散，本方治表虚自汗，形容固表作用像一扇屏风。

采用主要药材和药引结合并加剂型命名。如川芎茶调散，以茶水调服。

必要时可加该药临床所用的科名，如小儿消食片、妇科千金片、伤科七味片。

必要时可在命名中加该药的用法，如小儿敷脐止泻散、含化上清片、外用紫金锭。

4. 民族药与其他药物组成的复方制剂的命名。应符合民族药复方制剂命名基本原则，兼顾其他药物名称。

第二节　民族药新药药学研究技术指导原则

一、民族药原料前处理技术指导原则

（一）概述

民族药的原料包括药材、民族药饮片、提取物和有效成分。为保证民族药新药的安全性、有效性和质量可控性，应对原料进行必要的前处理。原料的前处理包括鉴定与检验、炮制与加工。

（二）基本内容

1. 鉴定与检验

药材品种繁多，来源复杂，即使同一品种，由于产地、生态环境、栽培技术、加工方法等不同，其质量也会有差别；民族药饮片、提取物、有效成分等原料也可能存在一定的质量问题。为了保证制剂质量，应对原料进行鉴定和检验。检验合格方可投料。

原料的鉴定与检验的依据为法定标准。无法定标准的原料，应按照自行制定的质量标准进行鉴定与检验。药材和民族药饮片的法定标准为国家药品标准和地方标准或炮制规范；提取物和有效成分的法定标准仅为国家药品标准。标准如有修订，应执行修订后的标准。

多来源的药材除必须符合质量标准的要求外，一般应固定品种。对品种不同而质量差异较大的药材，必须固定品种，并提供品种选用的依据。药材质量随产地不同而有较大变化时，应固定产地；药材质量随采收期不同而明显变化时，应注意采收期。

原料质量标准若过于简单，难以满足新药研究的要求时，应自行完善标准。如药材标准未收载制剂中所测成分的含量测定项时，应建立含量测定方法，并制定含量限度，但要注意所定限度应尽量符合原料的实际情况。完善后的标准可作为企业的内控标准。

对于列入国务院颁布的《医疗用毒性药品管理办法》中的28种药材，应提供自检报告。涉及濒危物种的药材应符合国家的有关规定，并特别注意来源的合法性。提取物和有效成分应特别注意有机溶剂残留的检查。

2. 炮制与加工

炮制和制剂的关系密切，大部分药材需经过炮制才能用于制剂的生产。在完成药材的鉴定与检验之后，应根据处方对药材的要求以及药材质地、特性的不同和提取方法的需要，对药材进行必要的炮制与加工，即净制、切制、炮炙、粉碎等。

（1）净制　即净选加工，是药材的初步加工过程。药材中有时会含有泥沙、灰屑、非药用部位等杂质，甚至会混有霉烂品、虫蛀品，必须通过净制除去，以符合药用要求。净制后的药材称为“净药材”。常用的方法有挑选、风选、水选、筛选、剪、切、刮、削、剔除、刷、擦、碾、撞、抽、压榨等。

（2）切制　是指将净药材切成适于生产的片、段、块等，其类型和规格应综合考虑药材质地、炮炙加工方法、制剂提取工艺等。除少数药材鲜切、干切外，一般需经过软化处理，使药材利于切制。软化时，需控制时间、吸水量、温度等影响因素，以避免有效成分损失或破坏。

（3）炮炙　是指将净制、切制后的药材进行火制、水制或水火共制等。常用的方法有炒、炙、煨、煅、蒸、煮、烫、炖、制、水飞等。炮炙方法应符合国家标准或各省、直辖市、自治区制定的炮制规范。如炮炙方法不为上述标准或规范所收载，应自行制定炮炙方法和炮炙品的规格标准，提供相应的研究资料。制定的炮炙方法应具有科学性和可行性。

（4）粉碎　是指将药材加工成一定粒度的粉粒，其粒度大小应根据制剂生产需求确定。对质地坚硬、不易切制的药材，一般应粉碎后提取；一些贵重药材常粉碎成细粉直接入药，以避免损失；另有，一些药材粉碎成细粉后参与制剂成型，兼具赋形剂的作用。经粉碎的药材应说明粉碎粒度及依据，并注意出粉率。含挥发性成分的药材应注意粉碎温度；含糖或胶质较多且质地柔软的药材应注意粉碎方法；毒性药材应单独粉碎。

二、民族药提取纯化工艺研究技术指导原则

（一）概述

民族药、天然药物提取纯化工艺研究是指根据临床用药和制剂要求，用适宜溶剂和方法从净药材中富集有效物质、除去杂质的过程。

民族药、天然药物成分复杂，为了提高疗效、减小剂量、便于制剂，药材一般需要经过提取、纯化处理。这是民族药、天然药物制剂特有的工艺步骤，提取、纯化工艺的合理、技术的正确运用直接关系到药材的充分利用和制剂疗效的充分发挥。在提取、纯化及其后续的制剂过程中，浓缩、干燥也是必要的工艺环节，亦属本技术指导原则的内容。

由于提取纯化工艺的方法与技术繁多，以及新方法与新技术的不断涌现，致使应用不同方法与技术所应考虑的重点、研究的难点和技术参数，有可能不同。因此，民族药、天然药物的提取、纯化、浓缩、干燥等工艺的研究，既要遵循药品研究的一般规律，注重对其个性特征的研究，又要根据用药理论与经验，在分析处方组成和复方中各药味之间的关系，参考各药味所含成分的理化性质和药理作用的研究基础上，结合制剂工艺和大生产的实际、环境保护的要求，采用合理的试验设计和评价指标，确定工艺路线，优选工艺条件。本指导原则为此提供技术指导。

（二）基本内容

1. 工艺路线

民族药、天然药物提取纯化的工艺路线是民族药、天然药物生产工艺科学性、合理性和可行性的基础和核心。工艺路线的设计应以保证其安全性和有效性为前提，一般应考虑处方的特点和药材的性质，制剂的类型和临床用药要求，大生产的可行性和生产成本，以及环境保护的要求。在此基础上，还要充分注意工艺的科学性和先进性。

（1）提取与纯化工艺

民族药、天然药物的提取应尽可能多地提取出有效成分，或根据某一成分或某类成分的性质提取目的物。提取溶剂选择应尽量避免使用一、二类有机溶剂。

民族药、天然药物的纯化应依据民族药传统用药经验或根据提取物中已确

认的一些有效成分的存在状态、极性、溶解性等特性设计科学、合理、稳定、可行的工艺，采用一系列纯化技术尽可能多地富集有效成分，除去无效成分。

不同的提取纯化方法均有其特点与使用范围，应根据与治疗作用相关的有效成分（或有效部位）的理化性质，或药效研究结果，通过试验对比，选择适宜的工艺路线与方法。

（2）浓缩与干燥工艺

浓缩、干燥工艺应主要依据物料的理化性质、制剂的要求，影响浓缩、干燥效果的因素，选择相应工艺路线，使所得物达到要求的相对密度或含水量，以便于制剂成型。对含有热不稳定成分、易熔化物料的浓缩与干燥，尤其需要注意方法的选择，以保障浓缩物或干燥物的质量。

2. 工艺条件

工艺路线初步确定后，对采用的工艺方法，应进行科学、合理的试验设计，对工艺条件进行优化。影响工艺的因素通常是多方面的，因此，工艺的优选应采用准确、简便、具有代表性、可量化的综合性评价指标与合理的方法，对多因素、多水平同时进行考察。鼓励新技术新方法的应用，但对于新建立的方法，应进行方法的可行性、安全性研究。

应根据具体品种的情况选择适宜的工艺及设备。为了保证工艺的稳定、减少批间质量差异，应固定工艺流程及相应设备。

（1）提取与纯化工艺条件的优化　采用的提取方法不同，影响提取效果的因素有别，因此应根据所采用的提取方法与设备，考虑影响因素的选择和工艺参数的确定。一般需对溶媒、工艺条件进行选择、优化。

民族药、天然药物的纯化工艺，应根据纯化的目的、可采用方法的原理和影响因素进行选择。一般应考虑：拟制成的剂型与服用量、有效成分与去除成分的性质、后续制剂成型工艺的需要、生产的可行性、环保问题等，并通过有针对性的试验，考察各步骤有关指标的情况，以评价各步骤工艺的合理性，选择可行的工艺条件，确定适宜的工艺参数，从而确保生产工艺和药品质量的稳定。

（2）浓缩与干燥工艺条件的优化

浓缩与干燥的方法和程度、设备和工艺参数等因素都直接影响着物料中成分的稳定。在物料浓缩与干燥工艺过程中应结合制剂的要求对工艺条件进行研究和优化。

3. 评价指标

工艺研究过程中，对试验结果作出合理判断的评价指标应该是科学、客观、可量化的。在具体评价指标的选择上，应结合民族药、天然药物的特点，从化学成分、生物学指标以及环保、工艺成本等多方面综合考虑。

(1) 提取与纯化工艺评价指标

有效成分提取、纯化的评价指标主要是得率、纯度。

有效部位提取、纯化的评价指标除得率、含量等外，还应关注有效部位主要成分组成的基本稳定。

单方或复方提取纯化的评价指标应考虑其多成分作用的特点，既要重视传统用药经验、组方理论，充分考虑药物作用的物质基础不清楚的现状；又要尽量改善制剂状况，以满足临床用药要求。在评价指标的选择上，应结合品种的具体情况，探讨能够对其安全、有效、质量可控作出合理判断的综合评价指标，必要时可采用生物学指标等。

在提取纯化研究过程中，有可能引起安全性隐患的成分应纳入评价指标。

(2) 浓缩与干燥工艺评价指标

应根据具体品种的情况，结合工艺、设备等特点，选择相应的评价指标。对含有有效成分为挥发性、热敏性成分的物料在浓缩、干燥时还应考察挥发性、热敏性成分的保留情况。

4. 实验设计方法

在工艺研究过程中，工艺条件的筛选和确定，可采用的具体实验方法有多种，如单因素实验设计法、多因素实验设计法等。在工艺的优化过程中尽可能地引入数理实验设计的思想和方法，积极采用先进科学合理的设计方法以及数据的统计分析方法等。

对于主要影响因素、水平取值，一般应注意结合被研究对象特点，根据预试验结果设计。具体的选择应根据研究的情况，需要考察的因素等确定。但应考虑方法适用的范围，因素、水平设置的合理性，避免方法上的错误。例如，因素、水平选择不当，样本量不符合要求，指标选择不合理，评价方法不妥，适用对象不符等。同时应注意对试验结果的处理、分析。

由于工艺的多元性、复杂性以及研究中的实验误差，工艺优化的结果应通过重复和放大试验加以验证。

三、民族药制剂研究技术指导原则

(一) 概述

民族药、天然药物制剂研究是指将原料通过制剂技术制成适宜剂型的过程，应根据临床用药需求、处方组成及剂型特点，结合提取、纯化等工艺，以达到药物“高效、速效、长效”，“剂量小、毒性小、副作用小”和“生产、运输、贮藏、携带、使用方便”的要求。本指导原则主要阐述民族药、天然药物剂型选择的依据、制剂处方设计、制剂成型工艺研究、直接接触药品的包装材料选择的基本内容，并对以上研究提供技术指导。

由于民族药、天然药物成分复杂、作用多样，剂型种类、成型工艺方法与技术繁多，加之现代制剂技术迅速发展，新方法与技术不断涌现，不同的方法与技术所应考虑的重点，需进行研究的难点，要确定的技术参数，均有可能不同。因此，应根据药物的具体情况，借鉴传统组方、用药理论与经验，结合生产实际进行必要的研究，以明确具体工艺参数，做到工艺合理、可行、稳定、可控，以保证药品的安全、有效和质量稳定。在民族药、天然药物制剂的研究中，鼓励采用新技术、新工艺、新辅料。

（二）基本内容

1. 剂型选择

（1）选择依据

药物必须制成适宜的剂型，采用一定的给药途径接触或导入机体才能发挥疗效。剂型的不同，可能导致药物作用效果的不同，从而关系到药物的临床疗效及不良反应。

剂型选择应根据药味组成并借鉴用药经验，以满足临床医疗需要为宗旨，在对药物理化性质、生物学特性、剂型特点等方面综合分析的基础上进行。应提供具有说服力的文献依据和（或）试验资料，充分阐述剂型选择的科学性、合理性、必要性。

剂型的选择应主要考虑以下几方面：

①临床需要及用药对象

应考虑不同剂型可能适用于不同的临床病症需要，以及用药对象的顺应性和生理情况等。

②药物性质及处方剂量

民族药有效成分复杂，各成分溶解性、稳定性，在体内的吸收、分布、代谢、排泄过程各不相同，应根据药物的性质选择适宜的剂型。

选择剂型时应考虑处方量、半成品量及性质、临床用药剂量，以及不同剂型的载药量。

③药物的安全性

在选择剂型时需充分考虑药物安全性。应在比较剂型因素产生疗效增益的同时，关注可能产生的安全隐患（包括毒性和副作用），并考虑以往用药经验和研究结果。

（2）需要注意的问题

①重视药物制剂处方设计前研究工作。在认识药物的基本性质、剂型特点以及制剂要求的基础上，进行相关研究。

②在剂型选择和设计中注意借鉴相关学科的新理论、新方法和新技术，鼓励新剂型的开发。

③在选择注射剂剂型时，应特别关注其安全性、有效性、质量可控性以及临床需要，并提供充分的选择依据。

④已有国家药品标准品种的剂型改变，应在对原剂型的应用进行全面、综合评价的基础上有针对性地进行，充分阐述改变剂型的必要性和所选剂型的合理性。

2. 制剂处方研究

制剂处方研究是根据制剂原料性质、剂型特点、临床用药要求等，筛选适宜的辅料，确定制剂处方的过程。制剂处方研究是制剂研究的重要内容。

（1）制剂处方前研究

制剂处方前研究是制剂成型研究的基础，其目的是保证药物的稳定、有效，并使制剂处方和制剂工艺适应工业化生产的要求。一般在制剂处方确定之前，应针对不同药物剂型的特点及其制剂要求，进行制剂处方前研究。

制剂原料的性质对制剂工艺、辅料、设备的选择有较大的影响，在很大程度上决定了制剂成型的难易。在民族药、天然药物制剂处方前研究中，应了解制剂原料的性质。例如，用于制备固体制剂的原料，应主要了解其溶解性、吸湿性、流动性、稳定性、可压性、堆密度等内容；用于制备口服液体制剂的原料，应主要了解其溶解性、酸碱性、稳定性以及嗅、味等内容，并提供文献或试验研究资料。

以有效成分或有效部位为制剂原料的，应加强其与辅料的相互作用的研究，必要时还应了解其生物学性质。

（2）辅料的选择

辅料除具有赋予制剂成型的作用外，还可能改变药物的理化性质，调控药物在体内的释放过程，影响甚至改变药物的临床疗效、安全性和稳定性等。新辅料的应用，为改进和提高制剂质量，研究和开发新剂型、新制剂提供了基础。在制剂成型工艺的研究中，应重视辅料的选择和新辅料的应用。

所用辅料应符合药用要求。辅料选择一般应考虑以下原则：满足制剂成型、稳定、作用特点的要求，不与药物发生不良相互作用，避免影响药品的检测。考虑到民族药、天然药物的特点，减少服用量，提高用药对象的顺应性，应注意辅料的用量，制剂处方应能在尽可能少的辅料用量下获得良好的制剂成型性。

（3）制剂处方筛选研究

制剂处方筛选研究，可根据药物、辅料的性质，结合剂型特点，采用科学、合理的试验方法和合理的评价指标进行。制剂处方筛选研究应考虑以下因素：临床用药的要求、制剂原辅料性质、剂型特点等。通过处方筛选研究，初步确定制剂处方组成，明确所用辅料的种类、型号、规格、用量等。

在制剂处方筛选研究过程中，为减少研究中的盲目性，提高工作效率，获得预期的效果，可在预实验的基础上，应用各种数理方法安排试验。如采用单因素比较法，正交设计、均匀设计或其他适宜的方法。

3. 制剂成型工艺研究

制剂成型工艺研究是按照制剂处方研究的内容，将制剂原料与辅料进行加工处理，采用客观、合理的评价指标进行筛选，确定适宜的辅料、工艺和设备，制成一定的剂型并形成最终产品的过程。通过制剂成型研究进一步改进和完善处方设计，最终确定制剂处方、工艺和设备。

（1）制剂成型工艺研究的原则

制剂成型工艺研究一般应考虑成型工艺路线和制备技术的选择，应注意实验室条件与中试和生产的衔接，考虑大生产制剂设备的可行性、适应性。

对单元操作或关键工艺，应进行考察，以保证质量的稳定。应提供详细的制剂成型工艺流程，各工序技术条件试验依据等资料。在制剂过程中，对于含有有毒药物以及用量小而活性强的药物，应特别注意其均匀性。

（2）制剂成型工艺研究评价指标的选择

制剂成型工艺研究评价指标的选择，是确保制剂成型研究达到预期目的的重要内容。制剂处方设计、辅料筛选、成型技术、制剂设备等的优选应根据不同药物及其剂型的具体情况，选择评价指标，以进行制剂性能与稳定性评价。

评价指标应是客观的、可量化的。量化的评价指标对处方设计、筛选、制剂生产具有重要意义。例如，颗粒的流动性、与辅料混合后的物性变化、物料的可压性、吸湿性等可作为片剂成型工艺考察指标的主要内容。对于口服固体制剂，有时还需进行溶出度的考察。

（3）制剂技术、制剂设备

制剂处方筛选、制剂成型均需在一定的制剂技术和设备条件下才能实现。在制剂研究过程中，特定的制剂技术和设备往往可能对成型工艺，以及所使用辅料的种类、用量产生很大影响，应正确选用。固定所用设备及其工艺参数，以减少批间质量差异，保证药品的安全、有效，及其质量的稳定。先进的制剂技术以及相应的制剂设备，是提高制剂水平和产品质量的重要方面，也应予以关注。

4. 直接接触药品的包装材料的选择

应符合《药品包装材料、容器管理办法》（暂行）、《药品包装、标签规范细则》（暂行）及相关要求，提供相应的注册证明和质量标准。在选择直接接触药品的包装材料时，应对同类药品及其包装材料进行相应的文献调研，证明选择的可行性，并结合药品稳定性研究进行相应的考察。

在某些特殊情况或文献资料不充分的情况下，应加强药品与直接接触药品的包装材料的相容性考察。采用新的包装材料，或特定剂型，在包装材料的选择研究中除应进行稳定性实验需要进行的项目外，还应增加相应的特殊考察项目。

四、民族药中试研究技术指导原则

（一）概述

民族药、天然药物的中试研究是指在实验室完成系列工艺研究后，采用与生产基本相符的条件进行工艺放大研究的过程。

中试研究是对实验室工艺合理性的验证与完善，是保证工艺达到生产稳定性、可操作性的必经环节，是药物研究工作的重要内容之一，直接关系到药品的安全、有效和质量可控。本指导原则为中试研究规模、批次、样品质量、中试场地、设备等相关内容提供技术指导。

（二）基本内容

1. 中试研究的作用

为保证质量标准的制订、稳定性考察、药理毒理和临床研究结果的可靠，所用样品都应经中试研究确定的工艺制备而成。

通过中试研究，可发现工艺可行性、劳动保护、环保、生产成本等方面存在的问题，以减少药品研发的风险。

2. 中试研究的有关问题

中试研究设备与生产设备的技术参数应基本相符。中试样品如用于临床研究，应当在符合《药品生产质量管理规范》条件的车间制备。

由于药品剂型不同，所用生产工艺、设备、生产车间条件、辅料、包装等有很大差异，因此在中试研究中要结合剂型，特别要考虑如何适应生产的特点开展工作，注意以下问题。

（1）规模与批次

投料量、半成品率、成品率是衡量中试研究可行性、稳定性的重要指标。一般情况下，中试研究的投料量为制剂处方量（以制成1000个制剂单位计算）的10倍以上。装量大于或等于100ml的液体制剂应适当扩大中试规模；以有效成分、有效部位为原料或以全生药粉入药的制剂，可适当降低中试研究的投料量，但均要达到中试研究的目的。半成品率、成品率应相对稳定。

中试研究一般需经过多批次试验，以达到工艺稳定的目的。申报临床研究时，应提供至少1批稳定的中试研究数据，包括批号、投料量、半成品量、辅料量、成品量、成品率等。

变更药品规格的补充申请一般不需提供中试研究资料，但改变辅料的除外。

（2）质量控制

中试研究过程中应考察各关键工序的工艺参数及相关的检测数据，注意建立中间体的内控质量标准。

与样品含量测定相关的药材，应提供所用药材及中试样品含量测定数据，并计算转移率。

五、民族药稳定性研究技术指导原则

（一）概述

民族药、天然药物的稳定性是指民族药、天然药物（原料或制剂）的化学、物理及生物学特性发生变化的程度。通过稳定性试验，考察民族药、天然药物在不同环境条件（如温度、湿度、光线等）下药品特性随时间变化的规律，以认识和预测药品的稳定趋势，为药品生产、包装、贮存、运输条件的确定和有效期的建立提供科学依据。稳定性研究是评价药品质量的主要内容之一，在药品的研究、开发和注册管理中占有重要地位。为此起草了民族药、天然药物稳定性研究技术指导原则。

根据研究目的和条件的不同，稳定性研究内容可分为影响因素试验、加速试验和长期试验等。

影响因素试验是在剧烈条件下探讨药物的稳定性、了解影响其稳定性的因素及所含成分的变化情况。为制剂处方设计、工艺筛选、包装材料和容器的选择、贮存条件的确定、有关物质的控制提供依据，并为加速试验和长期试验应采用的温度和湿度等条件提供参考。

加速试验是在加速条件下进行的稳定性试验，其目的是在较短的时间内，了解原料或制剂的化学、物理和生物学方面的变化，为制剂设计、质量评价和包装、运输、贮存条件等提供试验依据，并初步预测样品的稳定性。

长期试验是在接近药品的实际贮存条件下进行的稳定性试验，为制订药物的有效期提供依据。

此外，有些药物制剂还应考察使用过程中的稳定性。

稳定性研究具有阶段性特点，不同阶段具有不同的目的。一般始于药品的临床前研究，贯穿药品研究与开发的全过程，在药品上市后还要继续进行稳定性研究。

本指导原则所涉及的仅为民族药、天然药物注册进行稳定性研究的一般性原则，具体的试验设计和评价应遵循具体问题具体分析的原则。

（二）稳定性研究实验设计

稳定性研究实验设计应根据不同的研究目的，结合原料药的理化性质、剂型的特点和具体的处方及工艺条件进行。

1. 样品的批次和规模

影响因素试验可采用一批小试规模样品进行；加速试验和长期试验应采用3 批中试以上规模样品进行。

2. 包装及放置条件

加速试验和长期试验所用包装材料和封装条件应与拟上市包装一致。

稳定性试验要求在一定的温度、湿度、光照等条件下进行，这些放置条件的设置应充分考虑到药品在贮存、运输及使用过程中可能遇到的环境因素。

稳定性研究中所用控温、控湿、光照等设备应能较好地对试验要求的环境条件进行控制和监测，如应能控制温度 ±2℃，相对湿度 ±5%，照度 ±500lx 等，并能对真实温度、湿度与照度进行监测。

3. 考察时间点

稳定性研究中需要设置多个时间点。考察时间点的设置应基于对药品理化性质的认识、稳定性变化趋势而设置。如长期试验中，总体考察时间应涵盖所预期的有效期，中间取样点的设置要考虑药品的稳定特性和剂型特点。对某些环境因素敏感的药品，应适当增加考察时间点。

4. 考察项目

一般情况下，考察项目可分为物理、化学和生物学等几个方面。

稳定性研究的考察项目（或指标）应根据所含成分和/或制剂特性、质量要求设置，应选择在药品保存期间易于变化，可能会影响到药品的质量、安全性和有效性的项目，以便客观、全面地评价药品的稳定性。一般以质量标准及中国药典制剂通则中与稳定性相关的指标为考察项目，必要时，应超出质量标准的范围选择稳定性考察指标。

有效成分及其制剂应考察有关物质的变化。

有效部位及其制剂应关注其同类成分中各成分的变化。

复方制剂应注意考察项目的选择，注意试验中信息量的采集和分析。为了确定药物的稳定性，对同批次不同取样时间点及不同批次样品所含成分的一致性进行比较研究，是有意义的。

5. 分析方法

稳定性试验研究应采用专属性强、准确、精密、灵敏的分析方法，并对方法进行验证，以保证稳定性检测结果的可靠性。

（三）稳定性研究实验方法

1. 影响因素试验

影响因素试验一般包括高温、高湿、强光照射试验。将原料置适宜的容器中（如称量瓶或培养皿），摊成≤5mm 厚的薄层，疏松原料药摊成≤10mm 厚的薄层进行试验。对于固体制剂产品，采用除去内包装的最小制剂单位，分散为单层置适宜的条件下进行。如试验结果不明确，应加试 2 个批号的样品。

（1）高温试验

供试品置密封洁净容器中，在 60℃条件下放置 10 天，于 0、5、10 天取样检测。与 0 天比较，若供试品发生显著变化，则在 40℃下同法进行试验。如 60℃无显著变化，则不必进行 40℃试验。

（2）高湿试验

供试品置恒湿设备中，于 25℃、RH92.5% ±5% 条件下放置 10 天，在 0、5、10 天取样检测。检测项目应包括吸湿增重等。若吸湿增重在 5% 以上，则应在 25℃、RH75% ±5% 下同法进行试验；若吸湿增重在 5% 以下，且其他考察项目符合要求，则不再进行此项试验。

恒湿条件可以通过恒温恒湿箱或在密闭容器中放置饱和盐溶液来实现。根据不同的湿度要求，选择 NaCl 饱和溶液（15.5 - 60℃，RH75% ±1%）或 KNO_3 饱和溶液（25℃，RH92.5%）。

对水性的液体制剂，可不进行此项试验。

（3）强光照射试验

供试品置装有日光灯的光照箱或其他适宜的光照容器内，于照度为 4500lx ±500lx 条件下放置 10 天，在 0、5、10 天取样检测。试验中应注意控制温度，与室温保持一致，并注意观察供试品的外观变化。

此外，根据药物的性质必要时应设计其他试验，探讨 pH 值、氧及其他条件（如冷冻等）对药物稳定性的影响。

2. 加速试验

加速试验一般应在 40±2℃℃、RH75%±5%条件下进行试验，在试验期间第 0、1、2、3、6 个月末取样检测。若供试品经检测不符合质量标准要求或发生显著变化，则应在中间条件下，即在 30±2℃、RH65%±5%条件下（可用 Na_2CrO_4 饱和溶液，30℃，RH64.8%）进行试验。

对采用不可透过性包装的液体制剂，如合剂、乳剂、注射液等的稳定性研究中可不要求相对湿度。对采用半通透性的容器包装的液体制剂，如多层共挤 PVC 软袋装注射液、塑料瓶装滴眼液、滴鼻液等，加速试验应在 40±2℃、RH20%±5%的条件下进行。

对膏药、胶剂、软膏剂、凝胶剂、眼膏剂、栓剂、气雾剂等制剂可直接采用 30±2℃、RH65%±5%的条件进行试验。

对温度敏感药物（需在 4—8℃冷藏保存）的加速试验可在 25±2℃、RH60%±5%条件下同法进行。需要冷冻保存的药品可不进行加速试验。

3. 长期试验

长期试验是在接近药品的实际贮存条件下进行的稳定性试验，建议在 25±2℃、RH60%±10%条件下，分别于 0、3、6、9、12、18 个月取样检测，也可在常温条件下进行。对温度特别敏感药物的长期试验可在 6±2℃条件下进行试验，取样时间点同上。

4. 药品上市后的稳定性考察

药品注册申请单位应在药品获准生产上市后，采用实际生产规模的药品进行留样观察，以考察上市药品的稳定性。根据考察结果，对包装、贮存条件进行进一步的确认或改进，并进一步确定有效期。

（四）稳定性研究要求与结果评价

1. 稳定性研究要求

稳定性研究的内容应根据注册申请的分类以及药品的具体情况，围绕稳定性研究的目的（如确定处方工艺、包装材料、贮存条件和制定有效期），进行设计和开展工作。

（1）新药

对于申报临床研究的新药，应提供符合临床研究要求的稳定性研究资料，一般情况下，应提供至少 6 个月的长期试验考察资料和 6 个月的加速试验资料。有效成分及其制剂还需提供影响因素试验资料。

对于申请生产的新药，应提供全部已完成的长期试验数据，一般情况下，应包括加速试验6个月和长期试验18个月以上的研究数据，以确定申报注册药品的实际有效期。

（2）已有国家标准药品

已有国家标准品种的注册申请，一般情况下，应提供6个月的加速试验和长期试验资料有关研究可参考“申请生产已有国家标准中药、天然药物质量控制研究的指导原则”。

（3）其他

药品在获得上市批准后，可能会因各种原因而申请改变制备工艺、处方组成、规格、包装材料等，原则上应进行相应的稳定性研究，以考察变更后药品的稳定性趋势。必要时应与变更前的稳定性研究资料进行对比，以评价变更的合理性，确认变更后药品的包装、贮存条件和有效期。

以下是部分补充申请及其相应稳定性资料的要求。

①改变生产工艺

应提供6个月加速试验及长期试验资料。

②变更药品处方中已有药用要求的辅料

应提供6个月加速试验及长期试验资料。

③变更药品规格

一般情况下，应提供6个月的加速试验及长期试验资料，并与原规格药品的稳定性资料进行对比。

如果仅为装量规格的改变，不变更处方工艺、包装材料，应进行稳定性分析，酌情进行稳定性研究。一般的，有效期可参照原装量规格药品有效期执行。

④变更直接接触药品的包装材料或者容器

一般情况下，应提供变更前后两种包装材料或者容器中药品的在不同包装条件下的6个月加速试验及长期试验资料，以考察包装材料的改变对药品质量的影响。

⑤其他内容的补充申请

对于其他内容的补充申请，如申请进行的变更可能会影响药品质量，并影响药品的稳定性，应提供稳定性研究资料，根据研究结果分析变更对药品稳定性的影响。

2. 稳定性研究结果评价

药品稳定性的评价是对有关试验（如影响因素、加速试验、长期试验）

的结果进行的系统分析和判断。其相关检测结果不应有明显变化。

（1）贮存条件的确定

新药应综合加速试验和长期试验的结果，同时结合药品在流通过程中可能遇到的情况进行综合分析。选定的贮存条件应按照规范术语描述。

已有国家标准药品的贮存条件，应根据所进行的稳定性研究结果，并参考已上市同品种的国家标准确定。

（2）包装材料/容器的确定

一般先根据影响因素试验结果，初步确定包装材料或容器，结合稳定性研究结果，进一步验证采用的包装材料和容器的合理性。

（3）有效期的确定

药品的有效期应根据加速试验和长期试验的结果分析确定，一般情况下，以长期试验的结果为依据，取长期试验中与0月数据相比无明显改变的最长时间点为有效期。

（五）名词解释

原料系指提取物，或从民族药、天然药物中提取的有效成分、有效部位，还包括民族药、天然药物和化学药品组成的复方制剂中的化学原料药。此处不包括民族药材或民族药饮片。

有效期系指一段时间内，市售包装药品在规定的贮存条件下放置，药品的质量稳定并符合注册质量标准。

（六）稳定性研究报告的一般内容

稳定性研究部分的申报资料应包括以下内容：

（1）供试药品的品名、规格、剂型、批号、批产量、生产者、生产日期和试验开始时间，并应说明原料药的来源和执行标准。

（2）稳定性试验的条件，如温度、光照强度、相对湿度、容器等。应明确包装/密封系统的性状，如包材类型、形状和颜色等。

（3）稳定性研究中各质量检测方法和指标的限度要求。

（4）在研究起始和试验中间的各个取样点获得的实际分析数据，一般应以表格的方式提交，并附相应的图谱。

（5）检测的结果应如实申报，不宜采用“符合要求”等表述。检测结果应该用每个制剂单位含有有效成分的量（或有效成分标示量的百分数），如μg、mg、g等表述，并给出其与0月检测结果比较的变化率。如果在某个时间点进行了多次检测，应提供所有的检测结果及其相对标准偏差（RSD）。

（6）应对试验结果进行分析并得出初步的结论。

第三节　民族药新药药理毒理研究技术指导原则

一、民族药一般药理学研究技术指导原则

（一）概述

广义的一般药理学研究是指主要药效学作用以外广泛的药理学研究，包括安全药理学和次要药效学研究。本指导原则所指的一般药理学研究，仅限于安全药理学研究的内容。

一般药理学研究的目的包括：确定受试物可能关系到人的安全性的非期望出现的药物效应；评价受试物在毒理学和/或临床研究中观察到的药物不良反应和/或病理生理作用；研究所观察到的和/或推测的药物不良反应机制。

通过一般药理学研究，可为临床研究和安全用药提供信息，也可为长期毒性试验设计和开发新的适应症提供参考。

本指导原则是根据民族药、天然药物的特点，结合国际上药物安全性评价的要求和我国药物安全性研究现状而制订的。

本指导原则适用于民族药、天然药物的一般药理学研究。

（二）基本原则

1. 实验管理

一般药理学研究中，重要生命功能系统的安全药理学研究一般应执行“药物非临床研究质量管理规范”，追加的和/或补充的安全药理学研究应尽可能地最大限度遵守“药物非临床研究质量管理规范”。

2. 具体问题具体分析

民族药、天然药物的情况复杂，本指导原则不可能涵盖民族药、天然药物一般药理学研究的全部实际情况，当进行民族药、天然药物一般药理学研究时，应遵循“具体问题具体分析”的原则。

3. 试验设计

试验设计应符合随机、对照、重复的基本原则。

（三）基本内容

1. 受试物

受试物应能充分代表临床试验样品和上市药品，因此应采用制备工艺稳定、符合临床试验用质量标准规定的样品。一般用中试或中试以上规模的样

品，并注明其名称、来源、批号、含量（或规格）、保存条件及配制方法等。如不采用中试样品，应有充分的理由。如果由于给药容量或给药方法限制，可采用提取物（如浸膏、有效部位等）进行试验。试验中所用溶媒和/或辅料等应标明批号、规格、生产厂家。

2. 生物材料

为了获得科学有效的一般药理学信息，应选择最适合的动物或其他生物材料。选择生物材料需考虑的因素包括生物材料的敏感性、可重复性，实验动物的种属、品系、性别和年龄，受试物的背景资料等。应说明选择特殊动物/模型等生物材料的理由。

（1）常用的实验动物

实验动物常用小鼠、大鼠、犬等。常用清醒动物进行试验。如果使用麻醉动物，应注意麻醉药物的选择和麻醉深度的控制。所用动物应符合国家有关药物非临床安全性研究的要求。

（2）常用的体外生物材料

体外生物材料可用于支持性研究（如研究受试物的活性特点，研究体内试验观察到的药理作用的发生机制等）。常用体外生物材料主要包括：离体器官和组织、细胞、亚细胞器、受体、离子通道和酶等。

3. 样本数和对照

为了对试验数据进行科学和有意义的解释，一般药理学研究动物数和体外试验样本数应十分充分。每组小鼠和大鼠数一般不少于10只，犬一般不少于6只。原则上动物应雌雄各半，当临床拟用于单性别时，可采用相应性别的动物。

试验设计应考虑采用合理的空白、阴性对照，必要时还应设阳性对照。

4. 给药途径

原则上应与临床拟用药途径一致。如采用不同的给药途径，应说明理由。

5. 剂量或浓度

体内研究：应尽量确定不良反应的量效关系和时效关系（如不良反应的发生和持续时间），至少应设三个剂量组。低剂量应相当于主要药效学的有效剂量，高剂量以不产生严重毒性反应为限。

体外研究：应尽量确定受试物的剂量—反应关系。受试物的上限浓度应尽可能不影响生物材料的理化性质和其他影响评价的特殊因素。

6. 给药次数和检测时间

一般应采用单次给药。如果受试物的药效作用在给药一段时间后才出现，或者重复给药的非临床研究结果或人用结果出现安全性问题时，应根据这些作用或问题合理设计给药次数。应根据受试物的药效学和药代动力学特性，选择检测一般药理学参数的时间点。

7. 观察指标

根据器官系统与生命功能的重要性，可选用相关器官系统进行一般药理学研究。心血管系统、呼吸系统和中枢神经系统是维持生命的重要系统，临床前一般药理学试验必须完成对这些系统的一般观察。当其他非临床试验及临床试验中观察到或推测对人和动物可能产生某些不良反应时，应进一步追加对前面重要系统的深入研究或补充对其他器官系统的研究，并在申请生产许可之前完成。

（1）对重要生命功能系统的安全药理学研究

根据对生命功能的重要性，观察受试物对中枢神经系统、心血管系统和呼吸系统的影响。

①中枢神经系统

直接观察给药后动物的一般行为表现、姿势、步态，有无流涎、肌颤及瞳孔变化等；定性和定量评价给药后动物的自发活动、机体协调能力及与镇静药物的协同/拮抗作用。如出现明显的中枢兴奋、抑制或其他中枢系统反应时，应进行相应的体内或体外试验的进一步研究。

②心血管系统

测定并记录给药前后血压（包括收缩压、舒张压和平均动脉压）、心电图（包括 QT 间期、PR 间期、ST 段和 QRS 波等）和心率等的变化。治疗剂量出现明显血压或心电图改变时，应进行相应的体内或体外试验的进一步研究。

③呼吸系统

测定并记录给药前后的呼吸频率、节律和呼吸深度等。治疗剂量出现明显的呼吸兴奋或抑制时，应进行相应的体内或体外试验的进一步研究。

（2）追加或补充的安全药理学研究

根据对中枢神经系统、心血管系统和呼吸系统的一般观察及临床研究、体内和体外试验或文献等，预测受试物可能产生某些不良反应时，应适当选择追加和/或补充安全药理学研究内容，以进一步阐明产生这些不良反应的可能原因。

下述项目无须全部进行研究，可在综合分析非临床和临床资料基础上，根据实际情况选择相应的研究项目。

①追加的安全药理学研究

中枢神经系统：观察药物对行为药理、学习记忆、神经生化、视觉、听觉和/或电生理等的影响。

心血管系统：观察药物对心输出量、心肌收缩作用、血管阻力等的影响。

呼吸系统：观察药物对气道阻力、肺动脉压力、血气分析等的影响。

②补充的安全药理学研究

泌尿系统：观察药物对肾功能的影响，如对尿量、比重、渗透压、pH、电解质平衡、蛋白质，细胞和血生化（如尿素氮、肌酐、蛋白质）等指标的检测。

自主神经系统：观察药物对自主神经系统的影响，如与自主神经系统有关受体的结合，体内或体外对激动剂或拮抗剂的功能反应，对自主神经的直接刺激作用和对心血管反应、压力反射和心率等的检测。

胃肠系统：观察药物对胃肠系统的影响，如胃液分泌量和pH、胃肠损伤、胆汁分泌、体内转运时间、体外回肠收缩等的检测。

其他器官系统：如其他有关研究尚未研究对下列器官系统的影响（如潜在的依赖性，对骨骼肌、免疫和内分泌功能的影响等），但出于对安全性的关注，应考虑药物对这些方面的影响。

8. 结果及分析

应根据详细的试验记录，选用合适的统计方法，对结果进行定性和定量的统计分析，同时应注意对个体试验结果的评价。根据统计结果，分析受试物的一般药理作用，结合其他安全性试验、有效性试验及质量可控性试验结果，进行综合评价。

（四）不同情况的一般药理学研究的要求

未在国内上市销售的从民族药、天然药物中提取的有效成分及其制剂，一般应按以上要求逐步进行一般药理学的研究。

未在国内上市销售的来源于植物、动物、矿物等药用物质制成的制剂，未在国内上市销售的民族药材新的药用部位制成的制剂，未在国内上市销售的从民族药、天然药物中提取的有效部位制成的制剂，处方中含有无法定标准的药用物质的未在国内上市销售的由民族药、天然药物制成的复方制剂，未在国内上市销售的民族药、天然药物制成的注射剂，一般应进行对重要系统的安全药理学研究。根据受试物自身特点和其他试验结果，可能需进行深入的安全药理学研究，这时应在综合其他非临床和临床资料的基础上，根据具体情况选择相应的研究项目。

如不按以上要求进行相关的研究，应充分说明理由。

民族药、天然药物情况复杂，应根据受试物的特性，选择合适的试验方法和研究内容。

（五）名词解释

主要药效学研究：与受试物期望的治疗目的相关的活性和/或作用模型的研究。

次要药效学研究：与受试物期望的治疗目的不相关的活性和/或作用模型的研究。这些研究有时认为是一般药理学的一部分。

安全药理学研究：受试物在治疗范围或治疗范围以上剂量时，潜在的不期望出现的对生理功能的不良影响的研究。

追加的安全药理学研究：根据药物的药理作用和化学类型，估计可能出现的不良反应。如果对已有的动物和临床试验结果产生怀疑，可能影响人的安全性，应进行追加的安全药理学研究，即对中枢神经系统、心血管系统和呼吸系统进行深入研究。

补充的安全药理学研究：是评价受试药物对中枢神经系统、心血管系统和呼吸系统以外的器官功能的影响，包括对泌尿系统、自主神经系统、胃肠道系统和其他器官系统研究。当重要系统的安全药理学研究和长期毒性研究未对这些器官系统功能进行相关研究，但出于对安全性的关注时，应进行补充的安全药理学研究。

二、民族药急性毒性研究技术指导原则

（一）概述

急性毒性是指动物一次或24小时内多次接受一定剂量的受试物，在一定时间内出现的毒性反应，其目的是为新药的研发提供参考信息。

中华人民共和国卫生部于1994年颁发的《中药新药研究指南》和国家药品监督管理局1999年颁发的《中药新药药理毒理研究的技术要求》，对于统一、规范中药急性毒性试验，推动我国中药的研究和开发起到了积极的作用。但随着新药研究手段的不断改进，对中药、天然药物认识的进一步深入，这些要求越来越表现出它的局限性。

多数中药、天然药物作用相对温和，中药复方制剂通过合理的配伍，也可能使毒性减轻。多数中药、天然药物新药，其处方来源有些是古方，有些是医院制剂或临床经验方，有一定的临床应用基础。但由于现代中药、天然药物制剂运用了大量的新技术甚至新的理论，与传统中药相比，物质基础和给药方式可能有明显改变，而有些改变带来的结果又是未知的，特别是当某些成分的含量明显提高后，其药理作用可能会明显增强，毒性反应也可能明显增大。因

此，中药、天然药物进行急性毒性试验研究十分必要。

本指导原则是根据中药、天然药物的特点，结合国际上药物安全性评价的要求和我国药物安全性研究现状而制订的。

本指导原则适用于中药、天然药物的急性毒性试验。

（二）基本原则

1. 实验管理

根据《中华人民共和国药品管理法》，急性毒性试验必须执行“药物非临床研究质量管理规范”。

2. 具体问题具体分析

中药、天然药物的情况复杂，本指导原则不可能涵盖中药、天然药物急性毒性试验的全部内容，在进行中药、天然药物急性毒性试验时，应遵循“具体问题具体分析”的原则。

3. 试验设计

试验设计应符合随机、对照、重复的原则。

（三）基本内容

1. 受试物

受试物应能充分代表临床试验受试物和上市药品，因此建议受试物采用制备工艺稳定、符合临床试用质量标准规定的中试样品，并注明受试物的名称、来源、批号、含量（或规格）、保存条件及配制方法等。如不采用中试样品，应有充分的理由。如果由于给药容量或给药方法限制，可采用原料药进行试验。

溶媒和/或辅料：应提供所用溶媒和/或辅料的批号、规格、生产厂家。

2. 实验动物

一般应采用哺乳动物，雌、雄各半，如临床为单性别用药，则可采用相对应的单一性别的动物。根据具体情况，可选择啮齿类和/或非啮齿类动物。所用动物应符合国家有关药物非临床安全性研究的要求。

通常采用健康成年动物进行试验。如果受试物拟用于儿童，建议考虑采用幼年动物。动物初始体重不应超过或低于平均体重的20%。

3. 试验分组

除设受试物的不同剂量组外，还应设空白和/或阴性对照组。

4. 给药途径

给药途径不同，受试物的吸收率、吸收速度和暴露量会有所不同，为了尽可能观察到动物的急性毒性反应，可采用不同给药途径进行急性毒性试验，其中一种应与拟临床给药途径一致，如不采用拟临床途径给药，必须充分说明理由。

经口给药时应禁食不禁水。

5. 给药容量

经口给药，大鼠给药容量一般每次不超过20ml/kg，小鼠一般每次不超过40ml/kg；其他动物及给药途径的给药容量可参考相关文献及根据实际情况确定。

6. 观察期限

一般为14天，如果毒性反应出现较慢，应适当延长观察时间，如观察时间不足14天，应充分说明理由。

7. 观察指标

包括动物体重变化、饮食、外观、行为、分泌物、排泄物、死亡情况及中毒反应（中毒反应的症状、严重程度、起始时间、持续时间、是否可逆）等。对濒死及死亡动物应及时进行大体解剖，其他动物在观察期结束后进行大体解剖，当发现器官出现体积、颜色、质地等改变时，则对改变的器官进行组织病理学检查。

8. 结果处理和分析

（1）根据所观察到的各种反应出现的时间、严重程度、持续时间等，分析各种反应在不同剂量时的发生率、严重程度。根据观察结果归纳分析，考察每种反应的剂量—反应及时间—反应关系。

（2）急性毒性试验一般测定最大给药量、最大无毒性反应剂量、最大耐受量、致死量等反应剂量（参考附录Ⅰ）。

（3）判断出现的各种反应可能涉及的组织、器官或系统等（参考附录Ⅱ）。

（4）根据大体解剖中肉眼可见的病变和组织病理学检查的结果，初步判断可能的毒性靶器官。如组织病理学检查发现有异常变化，应附有相应的组织病理学照片。组织病理学检查报告应经检查者签名和病理检查单位盖章。

（5）说明所使用的计算方法和统计学方法，必要时提供所选用方法合理性的依据。

（6）应根据急性毒性试验结果，提示在其他安全性试验、临床试验、质量控制方面应注意的问题，同时，结合其他安全性试验、有效性试验及质量可控性试验结果，权衡利弊，分析受试物的开发前景。

（四）不同情况的中药、天然药物急性毒性试验的要求

由于中药、天然药物的特殊性，在具体进行试验时可参照以下要求进行，

如不按以下要求进行，应充分说明理由。

1. 未在国内上市销售的从中药、天然药物中提取的有效成分及其制剂，未在国内上市销售的来源于植物、动物、矿物等药用物质制成的制剂，未在国内上市销售的中药材新的药用部位制成的制剂，未在国内上市销售的从中药、天然药物中提取的有效部位制成的制剂，未在国内上市销售的由中药、天然药物制成的注射剂。

以上情况，由于其物质基础较传统中药发生了明显改变，或应用经验较少，一般采用两种给药途径、啮齿类和非啮齿类两种动物，全面考察受试物的急性毒性反应情况，并对结果进行分析，如不按以上要求进行，应说明理由。

如临床为非血管内给药，则建议另一给药途径采用静脉给药方式，以便全面暴露受试物的毒性反应情况。如果因为制剂等原因不能采用静脉给药，应充分说明理由，在这种情况下，可采用另一种给药途径或仅采用一种拟临床给药途径进行毒性反应的观察。

血管内给药可仅采用拟临床给药途径进行毒性反应的观察。

2. 未在国内上市销售的由中药、天然药物组成的非注射给药的复方制剂。

如该复方制剂处方组成符合中医药理论，有一定的临床应用经验，一般情况下，可采用一种动物，按拟临床给药途径进行急性毒性反应的观察。

如该复方制剂为天然药物复方制剂，建议采用啮齿类和非啮齿类两种实验动物，按拟临床给药途径进行急性毒性反应的观察，如不按以上要求进行，应阐明其合理性。

如以上制剂处方中含有天然药物、有效成分或化学药品，则应当对上述药用物质进行急性毒性的相互作用研究。

3. 改变国内已上市销售药品给药途径（不包括由非注射剂改为注射剂）的制剂。

可仅采用一种动物，比较改变前后两种不同给药途径的毒性反应。

4. 改变国内已上市销售药品剂型或改变工艺但不改变给药途径的中药、天然药物复方制剂。

如制备工艺有质的改变，建议采用一种动物，按拟临床给药途径进行急性毒性的观察。

5. 增加新的适应症或者功能主治的品种。

如需延长用药周期或增加剂量者，应结合原申报资料及处方组成的情况确定是否需进行急性毒性试验、急性毒性试验的内容。

（五）附录

1. 附录Ⅰ 急性毒性试验一般可测定的几个反应剂量

最大给药量：最大给药量指单次或 24 小时内多次（2 ~3 次）给药所采用的最大给药剂量。最大给药量试验是指在合理的给药浓度及合理的给药容量的条件下，以允许的最大剂量给予实验动物，观察动物出现的反应。

最大无毒性反应剂量：最大无毒性反应剂量，是指受试物在一定时间内，按一定方式与机体接触，用灵敏的现代检测方式未发现损害作用的最高剂量。

最大耐受量：最大耐受量是指动物能够耐受的而不引起动物死亡的最高剂量。从获取安全性信息的角度考虑，有时对实验动物的异常反应和病理过程的观察、分析，较以死亡为观察指标更有毒理学意义。

致死量：致死量是指受试物引起动物死亡的剂量，测定的致死量主要有最小致死量、半数致死量。

在测定致死量的同时，应仔细观察动物死亡前的中毒反应情况。

一般情况下，应测定最大无毒性反应剂量和最大耐受量或/和最小致死量或/和半数致死量。

如只能测定最大给药量，可不必进行其他毒性反应剂量的测定。

2. 附录Ⅱ 急性毒性试验的一般观察结果与可能涉及的组织、器官、系统

表 3-3-1 急性毒性试验的一般观察结果与可能涉及的组织、器官、系统

观察		指征	可能涉及的组织、器官、系统
Ⅰ. 鼻孔呼吸阻塞，呼吸频率和深度改变，体表颜色改变	A.	呼吸困难：呼吸困难或费力，喘息，通常呼吸频率减慢塌陷	
		①腹式呼吸：隔膜呼吸，吸气时腹部明显	呼吸中枢，肋间肌麻痹，胆碱能神经麻痹
		②喘息：用力深吸气，有明显的吸气声	呼吸中枢，肺水肿，呼吸道分泌物蓄积，胆碱功能增强
	B.	呼吸暂停：用力呼吸后出现短暂的呼吸停止	呼吸中枢，肺心功能不全
	C.	紫绀：尾部、口和足垫呈现蓝紫色	肺心功能不足，肺水肿
	D.	呼吸急促：呼吸快而浅	呼吸中枢刺激，肺心功能不全
	E.	鼻分泌物：红色或无色	肺水肿，出血

续表

观察		指征	可能涉及的组织、器官、系统
Ⅱ. 运动功能：运动频率和特点的改变	A.	自发活动、探究、梳理毛发、运动增加或减少	躯体运动，CNS
	B.	困倦：动物出现昏睡，但易警醒而恢复正常活动	睡眠中枢
	C.	正常反射消失，翻正反射消失	CNS，感官，神经肌肉
	D.	麻醉：正常反射和疼痛反射消失	CNS，感官
	E.	僵住：保持原姿势不变	CNS，感官，神经肌肉，自主神经
	F.	运动失调：动物活动时运动不协调，但无痉挛、局部麻痹或僵直	CNS，感官，自主神经
	G.	异常运动：痉挛，足尖步态，踏步、忙碌、低伏	CNS，感官，神经肌肉
	H.	俯卧：不移动，腹部贴地	CNS，感官，神经肌肉
	I.	震颤：包括四肢和全身的颤抖和震颤	神经肌肉，CNS
	J.	肌束震颤：背部、肩部、后肢和足部肌肉的运动	神经肌肉，CNS，自主神经
Ⅲ. 惊厥（抽搐）：随意肌明显的无意识收缩或惊厥性收缩	A.	阵挛性抽搐：肌肉收缩和松弛交替性痉挛	CNS，呼吸衰竭，神经肌肉，自主神经
	B.	强直性抽搐：肌肉持续性收缩，后肢僵硬性伸展	CNS，呼吸衰竭，神经肌肉，自主神经
	C.	强直性—阵挛性抽搐：两种类型抽搐交替出现	CNS，呼吸衰竭，神经肌肉，自主神经
	D.	昏厥性抽搐：通常是阵挛性抽搐并伴有喘息和紫绀	CNS，呼吸衰竭，神经肌肉，自主神经
	E.	角弓反张：僵直性发作，背部弓起，头抬起向后	CNS，呼吸衰竭，神经肌肉，自主神经

续表

观察		指征	可能涉及的组织、器官、系统
Ⅳ. 反射	A.	角膜眼睑闭合：接触角膜导致眼睑闭合	感官，神经肌肉
	B.	基本反射：轻轻敲击外耳内侧，导致外耳扭动	感官，神经肌肉
	C.	正位反射：翻正反射	CNS，感官，神经肌肉
	D.	牵张反射：后肢从某一表面边缘掉下时收回的能力	感官，神经肌肉
	E.	对光反射（瞳孔反射）；见光瞳孔收缩	感官，神经肌肉，自主神经
	F.	惊跳反射：对外部刺激（如触摸、噪声）的反应	感官，神经肌肉
Ⅴ. 眼检指征	A.	流泪：眼泪过多，泪液清澈或有色	自主神经
	B.	缩瞳：无论有无光线，瞳孔缩小	自主神经
	C.	散瞳：无论有无光线，瞳孔扩大	自主神经
	D.	眼球突出：眼眶内眼球异常凸出	自主神经
	E.	上睑下垂：上睑下垂，刺激后动物不能恢复正常	自主神经
	F.	血泪：眼泪呈红色	自主神经，出血，感染
	G.	上睑松弛	自主神经
	H.	结膜混浊、虹膜炎、结膜炎	眼睛刺激（激惹）
Ⅵ. 心血管指征	A.	心动过缓：心率减慢	自主神经，肺心功能低下
	B.	心动过速：心率减慢	自主神经，肺心功能低下
	C.	血管扩张：皮肤、尾、舌、耳、足垫、结膜、阴囊发红，体热	
	D.	血管收缩：皮肤苍白，体凉	自主神经、CNS、心输出量降低，环境温度低
	E.	心律不齐：心律异常	CNS、自主神经、肺心功能低下，心肌损伤

续表

观察		指征	可能涉及的组织、器官、系统
Ⅶ. 唾液分泌	A.	唾液分泌过多：口周毛潮湿	自主神经
Ⅷ. 竖毛	A.	毛囊竖毛肌收缩	自主神经
Ⅸ. 痛觉丧失	A.	对痛觉刺激（如热板）反应性降低	感官，CNS
Ⅹ. 肌张力	A.	张力降低：肌张力普遍降低	自主神经
	B.	张力增高：肌张力普遍增	自主神经
Ⅺ. 胃肠指征			
排便（粪）	A.	干硬固体，干燥，量少	自主神经，便秘，胃肠动力
	B.	体液丢失，水样便	自主神经，便秘，胃肠动力
呕吐	A.	呕吐或干呕	感官，CNS，自主神经（大鼠无呕吐）
多尿	A.	红色尿	肾脏损伤
	B.	尿失禁	自主感官
Ⅻ. 皮肤		水肿：液体充盈组织所致肿胀	刺激性，肾脏功能衰竭，组织损伤，长时间静止不动
		红斑：皮肤发红	刺激性，炎症，过敏

三、民族药长期毒性研究技术指导原则

（一）概述

长期毒性试验是重复给药的毒性试验的总称，描述动物重复接受受试物后的毒性特征，它是非临床安全性评价的重要内容。

中华人民共和国卫生部于 1994 年颁发的《中药新药研究指南》和国家药品监督管理局 1999 年颁发的《中药新药药理毒理研究的技术要求》，对于统一、规范中药长期毒性试验，推动我国中药的研究和开发起到了积极的作用。但随着新药研究手段的不断改进，对民族药认识的进一步深入，这些要求越来越表现出它的局限性。

长期毒性试验的主要目的应包括以下五个方面：①预测受试物可能引起的临床不良反应，包括不良反应的性质、程度、剂量—反应和时间—反应关系、可逆性等；②推测受试物重复给药的临床毒性靶器官或靶组织；③预测临床试

验的起始剂量和重复用药的安全剂量范围；④提示临床试验中需重点监测的指标；⑤为临床试验中的解毒或解救措施提供参考信息。

中药在我国已有几千年的应用历史，有丰富的临床应用经验，相对化学药而言多数中药具有毒性较低的特点。但是，中药的低毒和无毒是相对的。当前，各种新技术、新工艺不断应用于中药新药的开发，而且从民族药中提取的有效成分、有效部位及其制剂日益增多，已不完全等同于传统意义上的中药，因此对其非临床安全性评价应给予足够的重视。长期毒性试验周期长，耗资高，工作量大，若因试验设计不合理，或所进行的试验未充分揭示中药的毒性特征，则会造成人力、物力、财力的浪费，也会影响新药的研究速度。充分认识长期毒性试验的重要性，合理、科学地进行长期毒性试验设计，对试验结果进行科学的分析，是新药非临床安全性评价的基本要求。

本指导原则是根据民族药的特点，结合国际上药物安全性评价的要求和我国药物安全性评价研究现状而制订的。

本指导原则适用于民族药的长期毒性试验研究。

（二）基本原则

1. 实验管理

根据《中华人民共和国药品管理法》，长期毒性试验必须执行“药物非临床研究质量管理规范”。

2. 具体问题具体分析

民族药的情况复杂，本文所提及的内容不可能涵盖民族药长期毒性试验的全部实际情况，在进行民族药长期毒性研究时，应遵循“具体问题具体分析”的原则。

3. 整体性

药物的开发是一个连续的、渐进的系统工程，长期毒性试验是药物开发的一个有机组成部分。长期毒性试验不能与药效学、药代动力学和其他毒理学研究割裂，试验设计应充分考虑其他药理毒理研究的试验设计和研究结果。长期毒性试验的结果应该力求与其他药理毒理研究结果互为印证、说明和补充。

4. 试验设计

试验设计应符合随机、对照、重复的原则。

（三）基本内容

1. 受试物

长期毒性试验的受试物应能充分代表临床试验受试物和上市药品，因此受试物应采用制备工艺稳定、符合临床试用质量标准规定的样品，一般用中试样品，并注明受试物的名称、来源、批号、含量（或规格）、保存条件及配制方法等。如不采用中试样品，应有充分的理由。如果由于给药容量或给药方法限制，可采用原料药进行试验。试验中所用溶媒和/或辅料应标明批号、规格及生产厂家。

2. 试验动物

长期毒性试验一般需采用两种动物进行，一种为啮齿类，常用大鼠；另一种为非啮齿类，常用 Beagle 犬或猴。所用动物应符合国家有关药物非临床安全性研究的要求。

长期毒性试验一般选择健康、体重均一的动物，雌性应未孕。必要时，也可选用疾病模型动物进行试验。

原则上，动物应雌雄各半。当临床拟用于单性别时，可采用相应性别的动物。

应根据研究期限的长短和受试物的使用人群范围确定动物的年龄。一般情况下，大鼠为 6 ~9 周龄；Beagle 犬为 6 ~12 月龄。

每组动物的数量应能够满足试验结果的分析和评价的需要。一般大鼠可为雌、雄各 10 ~30 只，犬或者猴可为雌、雄各 3 ~6 只。

3. 给药途径

原则上应与临床拟用药途径相同。如选择其他的给药途径，应说明理由。

4. 给药频率

原则上应每天给药，且每天给药时间相同。试验周期长（3 个月或以上）者，也可采取每周给药 6 天。特殊类型的受试物由于其毒性特点和临床给药方案等原因，应根据具体药物的特点设计给药频率。

5. 给药期限

长期毒性试验给药期限的长短，通常与拟定的临床疗程长短、临床适应症、用药人群相关，应充分考虑预期临床的实际疗程。

临床单次用药的药物，给药期限为 2 周的长期毒性试验通常可支持其进行临床试验和生产。

给药期限为 1 个月的长期毒性试验通常可支持临床疗程不超过 2 周的药物进行临床试验。

临床疗程超过 2 周的药物，可以在临床前一次性进行支持药物进入Ⅲ期临床试验的长期毒性试验。如长期毒性试验拟定给药期限在三个月以上，可先对三个月中期试验报告（应有一般状况观察、血液学指标、血液生化学指标、体温、眼科、尿液、心电图、系统尸解、脏器系数、组织病理学等检查）进行评价，判断是否可进行临床研究。但在进行Ⅲ期临床试验前，必须完成全程长期毒性试验研究资料。

临床疗程超过2周的药物，也可以根据具体情况，以不同给药期限的长期毒性试验来分别支持药物进入Ⅰ期、Ⅱ期或Ⅲ期临床试验。通过给药期限较短的毒性研究获得的信息，可以为给药期限较长的毒性研究设计提供给药剂量、给药频率、检测指标等方面的参考。另外，临床试验中获得的信息有助于给药期限较长的动物毒性研究方案的设计，有利于降低药物开发的风险。

一般药物的长期毒性试验给药期限，可参考附录（一）。

以不同给药期限的长期毒性试验来分别支持药物进入Ⅰ期、Ⅱ期或Ⅲ期临床试验时，不同给药期限的长期毒性试验的内容不应简化。无论采用何种模式，长期毒性试验的内容应完整、规范，对结果的分析评价应科学、合理。

当受试物预期会长期使用，或用于反复发作性疾病等而需经常反复给药时，应进行最长试验期限的长期毒性试验。当功能主治有若干项的，应按照临床最长疗程的功能主治来确定长期毒性试验的给药期限。如临床给药需采用多个疗程，疗程之间间隔时间不足以使受试物可能对机体组织器官造成的损害恢复，则需按多个疗程的时间之和作为参照的临床疗程；如疗程间隔时间基本可判断足以使受试物可能对机体组织器官造成的损害恢复，则可按单个疗程的时间作为参照的临床疗程。

6. 给药剂量

一般情况下，至少应设3个剂量组和溶媒或赋形剂对照组，必要时还需设立空白对照组和/或阳性对照组。低剂量组原则上应高于动物药效学试验的等效剂量或预期的临床治疗剂量的等效剂量。高剂量组原则上应使动物产生明显的毒性反应，甚至可引起少量动物死亡（对于毒性较小的中药，可尽量采用最大给药量）。在高、低剂量之间至少应再设一个中剂量组。

以上仅是剂量设计的一般原则，应根据实际情况进行合理的剂量设计，如出现未预期的毒性反应或不出现毒性反应时，可在设计更长时间的长期毒性试验时适当调整剂量。

若受试物在饮食或饮水中给予时，应能充分保证受试物的均一性、稳定性和定量摄入，提供相关的检测报告，并应根据动物生长和体重的变化情况而调整在饮食或水中的剂量。局部给药时，应尽可能保证给药剂量的准确性及与局部充分接触的时间。

7. 观察指标

原则上，除常规观察指标外，还应根据受试物的特点、在其他试验中已观察到的某些改变，或其他的相关信息（如处方中组成成分有关毒性的文献），增加相应的观测指标，以下仅列出常规需观察的指标。

（1）一般状况观察

在试验期间，应观察动物外观体征、行为活动、腺体分泌、呼吸、粪便、摄食量、体重、给药局部反应。

（2）血液学指标

一般血液学检测指标参见附录（二）1，至少应观察红细胞计数、血红蛋白、白细胞计数及其分类、血小板、网织红细胞计数、凝血酶原时间等。当受试物可能对造血系统有影响时，应进一步进行骨髓的检查。

（3）血液生化学指标

一般血液生化学检测指标参见附录（二）2。

（4）体温、眼科检查、尿液检查、心电图检查

非啮齿类动物还应进行体温、眼科检查、尿液检查、心电图检查等。尿液检查指标参见附录（二）3。

（5）系统尸解和组织病理学检查

①系统尸解

应对所有动物进行尸解，尸解应全面细致，为组织病理学检查提供参考。具体脏器、组织参见附录（二）4。

②脏器系数

应对脏器进行称重，并计算脏器系数。具体脏器、组织参见附录（二）4。

③组织病理学检查

当所用动物为非啮齿类动物时，因动物数较少，应对所有剂量组、所有动物的器官和组织进行组织病理学检查。当所用动物为啮齿类动物时，应对高剂量组和对照组的器官及组织进行组织病理学检查，如果高剂量组出现组织病理学变化时，更低剂量组也应进行组织病理学检查以确定剂量—反应关系。若在尸检时发现器官和组织有肉眼可见的病理变化时，应对此脏器或组织进行详细的组织病理学检查，应注意对脏器和组织的标本取材保存。高剂量组发现有异常病变时，应对保存的更低剂量组的相应脏器、组织标本进行检查。必要时还应增加其他器官组织的检查。如发现有异常变化，应附有相应的组织病理学照片。组织病理学检查报告应经检查者签名和病理检查单位盖章。

有效成分或有效部位制成的制剂所需检查的脏器和组织参考附录（二）4。

民族药复方制剂，成分复杂，靶点多，效应广泛，理论上应尽可能多地进行组织病理学的检查，以寻找可能的毒性作用靶器官、靶组织。但是，由于中

药复方制剂有中医药理论的指导，对其毒性反应有一定的临床认识，天然药物复方制剂的组分也可能有一定的临床认识，如有合理的理由说明所申报的中药、天然药物复方制剂有一定的安全性，所检查的脏器和组织可减少为：心、肝、脾、肺、肾、脑、胃、小肠、大肠、垂体、脊髓、骨髓、淋巴结、膀胱、睾丸、附睾、子宫、卵巢、胸腺、肾上腺及给药局部组织等。此外，根据所含中药的性、味、功效、主治等不同情况，可能需增加相应的组织病理学检查；根据受试物特性和初步试验结果，也可能需要进行更进一步的组织病理学检查。

8. 观察指标的时间和次数

应根据试验期限的长短和受试物的特点而确定试验期间观察指标的时间和次数，原则上应尽早、及时发现出现的毒性反应。

试验前，啮齿类动物至少应进行适应性观察 5 天，非啮齿类至少应驯养观察 1 ~2 周，应对试验动物进行外观体征、行为活动、摄食量和体重检查，非啮齿类动物还至少应进行 2 次体温、心电图、有关血液学和血液生化学指标的检测。此外，试验动物相关指标的历史数据在长期毒性试验中也具有重要的参考意义。

试验期间，一般状况和征状的观察，应每天观察一次，饲料消耗和体重应每周记录一次，大鼠体重应雌雄分开进行计算。试验结束时应进行一次全面的检测。当给药期限较长时，应根据受试物的特点选择合适的时间进行中期阶段性的检测。

长期毒性试验应在给药结束时留存部分动物进行恢复期观察，以了解毒性反应的可逆程度和可能出现的延迟性毒性反应。应根据受试物的代谢动力学特点、靶器官或靶组织的毒性反应和恢复情况确定恢复期的长短。恢复期观察期间除不给受试物外，其他观察内容与给药期间相同。

在试验期间，对濒死或死亡动物应及时检查并分析原因。

9. 结果及分析

试验报告应全面客观反映整个试验过程收集的原始资料和信息，应详细描述毒性的主要表现、大体解剖检查和/或病理组织学检查结果等，并说明数据处理的统计学方法，如用计算机处理数据，应说明所用软件，结果应以清楚、准确的方式来表示。

长期毒性试验的最终目的在于预测人体可能出现的毒性反应。只有通过对研究结果的科学分析和评价才能够清楚描述动物的毒性反应，并推测其与人体的相关性，因此长期毒性试验结果的分析和评价是长期毒性试验的必要组成部分。分析长期毒性试验结果的目的是判断动物是否发生毒性反应，描述毒性反应的性质和程度（包括毒性起始时间、程度、持续时间以及可逆性等）和靶器官，确定安全范围，并探讨可能的毒性作用机制。

应重视对动物中毒或死亡原因的分析，注意观察毒性反应出现的时间和恢复的时间及动物的死亡时间。应对所获取的数据进行全面和科学的分析，对在正常范围以外的各实测值应在试验结果中详细列出，对异常数据予以合理的分析。在分析长期毒性试验结果时，应正确理解均值数据和单个数据的意义，综合考虑数据的统计学意义和生物学意义。正确利用统计学假设检验的结果有助于确定试验结果的生物学意义，但具有统计学意义并不一定代表具有生物学意义。在判断生物学意义时应考虑与该实验室的历史数据相比较。

根据长期毒性试验结果，分析讨论需在临床、质量可控性研究中注意的问题。长期毒性试验结果还应结合其他相关安全性试验及药/毒代动力学的结果进行分析。

10. 综合评价

（1）应结合其他安全性试验的毒性反应情况，判断毒性反应是否存在种属差异，是否需进行进一步的研究。

（2）应结合非临床药效学试验结果和拟临床适应症，判断有效性与毒性反应的关系，判断药物对正常动物和模型动物的生理生化指标的改变是否相同或相似，并注意提示临床研究应注意的问题。

对受试物引起的严重毒性反应，应尽可能查找产生毒性的原因，根据相关文献资料或试验资料，推测可能的毒性成分，提出是否需对处方工艺及处方中的某些药材或某些成分进行特别控制等。

（3）结合临床主治（适应症），权衡利弊，考虑其开发前景。

11. 其他考虑

某些其他安全性试验项目，如一般药理学研究中的心血管系统等指标的观察、注射给药局部刺激性的观察、免疫毒理研究、有依赖倾向受试物的依赖性观察、毒代动力学研究等均可结合长期毒性试验同时进行。在所进行的试验中，尽量获取更多的和所需要的信息，鼓励创新药进行毒代动力学研究。

因有些中药已有一定的临床应用经验，对受试物的长期毒性试验可结合以往的临床应用、文献情况及其他试验结果进行综合评价。

（四）不同情况的民族药长期毒性试验的要求

考虑到民族药各类药物处方来源、立题依据等的不同，在具体进行试验时可参照以下要求进行。但这些要求仅是一般要求，研制者应遵循新药开发的客观规律，具体试验时应根据受试物自身特点、具体情况进行设计，考虑需进行哪些研究。

1. 未在国内上市销售的从中药、天然药物中提取的有效成分及其制剂，未在国内上市销售的来源于植物、动物、矿物等药用物质制成的制剂，未在国内上市销售的中药材新的药用部位制成的制剂，未在国内上市销售的从中药、天然药物中提取的有效部位制成的制剂，未在国内上市销售的由中药、天然药物制成的注射剂。

以上情况，由于其物质基础较传统中药发生了明显改变，或应用经验较少，为全面考察受试物的长期毒性反应情况，应采用两种动物进行长期毒性试验（建议为啮齿类和非啮齿类），并仔细分析产生毒性反应的原因。

2. 未在国内上市销售的由中药、天然药物组成的非注射给药的复方制剂

若处方中各味药材均符合法定标准，无毒性药材，无十八反、十九畏等配伍禁忌，又未经化学处理（水、乙醇粗提除外），急性毒性试验（采用最大给药容量、最大给药浓度）未见明显毒性反应，临床实际用药期为1周以内者，可免做长期毒性试验。

临床用药超过一周，未在国内上市销售的由中药、天然药物组成的非注射给药的复方制剂，可先进行一种动物（啮齿类）的长期毒性试验，当发现明显毒性时，为进一步研究毒性情况，再采用第二种动物（非啮齿类）进行研究。若该类处方中含有毒性药材（见附录Ⅳ）、无法定标准药材或有十八反、十九畏等配伍禁忌时，则应进行两种动物（啮齿类和非啮齿类）的长期毒性试验。

3. 改变国内已上市销售药品给药途径（不包括由非注射剂改为注射剂）的制剂、不改变给药途径的非注射给药改剂型制剂和改工艺制剂，若处方中各味药材均符合法定标准，无毒性药材，无十八反、十九畏等配伍禁忌，又未经化学处理（水、乙醇粗提除外），急毒试验（采用最大给药容量、最大给药浓度）未见明显毒性反应，临床实际用药期为1周以内者，可免做长期毒性试验。

临床用药超过一周，建议增设一个原给药途径、原剂型或原工艺的高剂量对照组，先进行一种动物（啮齿类）的长期毒性试验。如发现与原给药途径、原剂型或原工艺制剂不同的明显毒性反应或更严重的毒性反应，应进行另一种动物（非啮齿类）的长期毒性试验研究。

4. 增加新的适应症或者功能主治的品种

如需延长用药周期或增加剂量者，应结合原品种的申报资料及处方组成的

情况，确定是否需进行长期毒性试验研究及长期毒性试验研究的内容。

附录

（一）长期毒性试验的给药期限

表 3-3-2　长期毒性试验的给药期限

药物临床疗程	长期毒性试验给药期限		可以支持的临床
	啮齿类动物	非啮齿类动物	
单次给药	2 周	2 周	Ⅰ期、Ⅱ期、Ⅲ期
≤2 周	≤1 个月	≤1 个月	Ⅰ期、Ⅰ期、Ⅱ期
>2 周*	1 个月	1 个月	Ⅰ期
≤1 个月	1 个月	1 个月	Ⅱ期
	3 个月	3 个月	Ⅲ期
≤3 个月	3 个月	3 个月	Ⅱ期
	3 个月	3 个月	Ⅲ期
≤6 个月	6 个月	6 个月	Ⅱ期
	6 个月	9 个月	Ⅲ期
>6 个月	6 个月	9 个月	Ⅱ期
	6 个月	9 个月	Ⅲ期

注：表中长期毒性试验给药期限不包括恢复期，应根据具体情况设计不同的恢复期。

＊此处是指临床疗程超过 2 周的药物，可用一个月的长期毒性试验来支持药物进行Ⅰ期临床试验。

（二）长期毒性试验中一般需检测的指标

1. 血液学指标

表 3-3-3　血液学指标

●红细胞计数	●血红蛋白
●红细胞容积	●平均红细胞容积
●平均红细胞血红蛋白	●平均红细胞血红蛋白浓度
●网织红细胞计数	●白细胞计数及其分类
●血小板计数	●凝血酶原时间

2. 血液生化学指标

表 3-3-4 血液生化学指标

●天门冬氨酸转氨酶	●丙氨酸转氨酶
●碱性磷酸酶	●γ-谷氨酰转移酶（非啮齿类动物）
●尿素氮	●肌酐
●总蛋白	●白蛋白
●血糖	●总胆红素
●总胆固醇	●甘油三酯
●钠离子浓度	●钾离子浓度
●氯离子浓度	●肌酸磷酸激

3. 尿液分析指标

表 3-3-5 尿液分析指标（非啮齿类动物）

●尿液外观	●比重
●pH 值	●尿糖
●尿蛋白	●尿胆红素
●尿胆原	●酮体
●潜血	●白细胞

4. 组织病理学检查指标

表 3-3-6 组织病理学检查指标

（长期毒性试验中需称重并计算脏器系数的器官）

●脑	●心脏
●肝脏	●脾脏
●肺脏	●肾脏
●肾上腺	●胸腺
●睾丸	●附睾
●子宫	●卵巢

表 3-3-7　长期毒性试验中需进行组织病理学检查的脏器、组织

●脑（大脑、小脑、脑干）	●脊髓（颈、胸、腰段）
●垂体	●胸腺
●甲状腺	●甲状旁腺
●食管	●唾液腺
●胃	●小肠和大肠
●肝脏	●胆囊 *
●肾脏	●肾上腺
●脾脏	●胰腺
●气管	●肺
●主动脉	●心脏
●附睾	●睾丸
●卵巢	●子宫
●前列腺	●乳腺
●坐骨神经	●膀胱
●眼（眼科检查发现异常时） *	●视神经 *
●给药局部	●骨髓
●淋巴结（包括给药局部淋巴结、肠系膜淋巴结）	

注：*为啮齿类动物可不进行病理组织学检查的组织或器官。

（三）毒性药材

本指导原则中所称毒性药材，系指入国务院《医疗用毒性药品管理办法》的中药品种。即砒石、砒霜、水银、生马钱子、生川乌、生草乌、生白附子、生附子、生半夏、生南星、生巴豆、斑蝥、青娘虫、红娘虫、生甘遂、生狼毒、生藤黄、生千金子、生天仙子、闹羊花、雪上一枝蒿、红升丹、白降丹、蟾酥、洋金花、红粉、轻粉、雄黄。另外，凡在近年来发现的有毒性作用药材（原料）或在复方中含有明显有毒组份的均按毒性药材处理。

四、民族药物刺激性和溶血性研究的技术指导原则

（一）概述

刺激性是指中药、天然药物制剂（包括活性成分和赋形剂）经皮肤、黏

膜、腔道、肌肉、血管等非口服途径给药，经局部吸收或注射后对给药部位以及全身产生的毒性作用，包括血管、肌肉、黏膜等刺激性。溶血性是指中药、天然药物制剂（包括活性成分和赋形剂）产生的溶血或红细胞凝聚等反应。它是临床前安全性评价的组成部分。

民族药制剂，包括活性成分或组分、配伍后产生的新成分、体内代谢物、制备过程中的杂质、辅料及制剂的理化性质（如 pH、渗透压等）等均是可能导致给药部位毒性或溶血性反应产生的因素。因此，为了指导临床合理用药，提示临床应用时可能出现的毒性反应和程度、安全剂量或浓度、安全范围、临床研究监测指标、解毒或解救措施等，应进行民族药制剂局部应用的毒性试验。

本指导原则旨在阐明进行临床前非口服途径给药的毒性研究的目的、意义和重要性，阐明进行中药新药安全性评价的基本原则、相关技术要求及该领域存在的问题，阐明应利用具体问题具体分析的方法，针对药物的自身特点，结合药学、药效学、其他毒理学及临床应用信息，通过合理、客观的试验设计和研究，探索、揭示或发现民族药非口服途径给药的毒性反应，预测临床应用中可能存在的潜在毒性，指导临床用药。

本指导原则适用于非口服给药途径的民族药，包括中药注射剂及局部用药制剂。主要内容包括研究和评价的基本原则、刺激性试验、光毒性试验和溶血性试验的相关内容。

（二）基本内容

1. 基本原则

根据《中华人民共和国药品管理法》，药物的免疫毒性试验必须执行“药物非临床研究质量管理规范”。

实验设计应符合随机、对照、重复的原则。

应在遵循安全性评价普遍规律的基础上，运用具体问题具体分析的方法，结合受试物的自身特点，充分考虑和结合药学、药效学、其他毒理学（长毒、急毒）及拟临床应用情况等信息，体现整体性、综合性的原则，在阐明其研究方法或手段科学、合理的前提下进行规范性试验，对试验结果应进行全面分析，对药物的安全性做出综合评价。

2. 刺激性试验

刺激性是指非口服给药制剂给药后对给药部位产生的可逆性炎症反应，若给药部位产生了不可逆性的组织损伤则称为腐蚀性。刺激性试验是考察动物的血管、肌肉、皮肤、黏膜等部位接触受试物后是否引起红肿、充血、渗出、变性或坏死等局部反应。

（1）受试物

受试物应同临床应用制剂相一致，即采用中试或中试以上规模的、制备工艺稳定、符合临床试用质量标准规定的样品。否则，应有充分的理由。同时，应注明受试物的名称、来源、批号、含量（或规格）、保存条件及配制方法等。试验中所用辅料、溶剂或赋形剂等应标明批号、规格和生产厂家，并符合试验要求。

（2）对照

可用溶媒和/或赋形剂和/或基质作为阴性对照，必要时可设阳性对照。因局部刺激性与受试物制剂密切相关，相同活性成分不同制剂的受试物局部刺激性可能明显不同，若出现毒性反应，应与已上市品种进行比较性研究，以保证药物临床应用的安全性。

（3）动物

应选择与人类皮肤、黏膜反应比较相近的动物，如家兔、豚鼠和小型猪等。动物种属依据要观察的指标和模型的合理性进行选择。通常一个试验类型选择一种动物进行评价。动物应符合国家有关规定的等级要求，来源、遗传背景清楚，并具有试验动物质量合格证。

刺激性试验结果从动物外推到人的可靠性有限，若用两种动物进行试验得到类似结果，则会增加从动物外推到人的可靠性。

（4）剂量

可选择几种不同浓度的制剂进行试验，其中包括拟用于临床研究的浓度，为临床研究的安全性提供选择依据。可以通过改变给药频次进行剂量的调整。对于局部用膏状制剂，在给药面积不变的情况下，不应通过增加厚度来满足增加给药量的目的。

（5）给药途径

一般应与临床用药途径一致，否则应加以说明。

（6）给药部位

一般应选择与临床应用相似的部位。并注意对可能接触到受试物的周围组织的影响。设计剂量和给药频次时，应考虑受试动物给药部位的解剖和生理特点，保证受试物在给药部位的有效暴露时间。

（7）给药频率和时间

给药频率和时间应依据拟定临床用药方案来决定，多次给药一般不超过4周。

（8）观察指标

①肉眼观察　应详细描述动物局部反应，包括红斑、水肿、充血程度及范围，并以计分的方式表示。同时观察动物的一般状态、行为、体征等。

②组织病理学检查　组织病理学检查应详细描述给药部位的病理变化，并进行半定量分析、判断，提供相应的组织病理学照片。

③可逆性观察　若出现刺激性反应，应进行停药后的恢复期观察，以明确毒性反应的恢复情况。

（9）试验方法

具体试验方法可参照附录（一）。附录中所列方法仅为推荐的方法，若有新的、更灵敏或适合的方法，可结合不同试验进行选择。

3. 光毒性（光刺激性）试验

光敏反应是用药后皮肤对光线产生的不良反应，包括光毒性反应和光过敏反应两类，均由受试物所含的感光物质引起，但两者机制不同，实验方法、临床表现及意义亦不同。

光毒性是由光诱导的非免疫性的皮肤对光的反应，是指药物吸收的紫外光能量在皮肤中释放导致皮肤损伤的作用，可通过直接作用或通过血循环间接作用，即皮肤或全身接触或应用药物后，继而暴露于紫外线照射下所引起的一种皮肤毒性反应。光毒性反应是光敏反应中最常见的一种反应。

具有剂量依赖性，其临床表现与晒伤相似，表现为红斑、水肿、皮肤瘙痒和色素沉着。严重者可产生局部坏死、溃烂或表皮脱落。

光毒性可由局部给药和系统给药诱发，并不仅限于局部给药。因此，原则上所有给药途径的药物，只要有皮肤分布，则均应进行光毒性检测。若受试物的化学结构或某些组成（包括药物和赋形剂）文献报道有光毒性作用者，或其化学结构与已知光敏剂相似者，或曾有报道具有光毒性作用或可疑具有光毒性作用的中药制剂，建议做皮肤光毒性试验。

本试验的目的是观察受试物接触皮肤或应用后遇光照射是否有光毒性反应。

试验方法可参见附录。

4. 溶血性试验

溶血性试验是观察受试物是否引起溶血和红细胞凝聚等反应。

药物制剂引起的溶血反应又可分为免疫性溶血和非免疫性溶血两类。免疫性溶血是药物通过免疫反应产生抗体而引起的溶血，为Ⅱ型和Ⅲ型过敏反应；非免疫性溶血包括药物为诱发因素导致的氧化性溶血和药物制剂引起血液稳态的改变而出现的溶血和红细胞凝聚等。

某些中药注射剂，由于含有溶血成分或物理、化学及生物等方面的原因，在直接注入血管后可产生溶血作用；也有些注射剂中因含有杂质等成分，注入血管后可产生血细胞凝聚，引起血液循环功能障碍等不良反应；另外，因中药制剂的成分复杂，也存在因免疫反应引起的免疫性溶血。因此，凡是注射剂和可能引起免疫性溶血或非免疫性溶血反应的其他药物制剂均应进行溶血性试验。

因造成溶血反应的机制复杂，目前尚无全面的临床前溶血试验方法。中药注射剂溶血性的测定，许多年来一直采用常规的体外溶血试验，即试管观察法（见附录）。它是通过肉眼来观察溶血情况，而有色泽中药注射剂对结果判断的影响较大，难以评价溶血程度。

为了精确检查中药注射剂的溶血性，建议在常规方法的基础上，结合以下或其他方法进行试验，如分光光度法、体外红细胞计数法、体内红细胞计数及分析法。这些方法与常规法比较，尽管前两者的操作相对复杂，影响因素较多，但当采用常规法测定的结果有疑问或必要时，采用计数法和分光光度法作为一种辅助方法，可帮助更精确地判断注射剂的溶血性。

在进行长期毒性试验中，应注意溶血性指标的观察（如红细胞数量及网织红细胞数的变化、胆红素、尿蛋白、肾炎、脾脏淤血及骨髓象等）。

当受试物出现体外溶血阳性结果时，应进行体内溶血性试验，不但可以判断是否存在药物诱发溶血性的可能，而且可以通过对其他指标的测定提供更多的信息，如网织红细胞是否增高、是否有血红蛋白尿、球形红细胞是否增多，以及骨髓检查是否有溶血性贫血现象等。

具体试验方法可参照以下附录（二）。附录中所列方法仅为推荐的方法，若有新的、更灵敏或适合的方法，可进行选择。

5. 结果分析及评价

对上述刺激性、溶血性等试验进行评价时应注意下列问题：

（1）应详细论述试验方法，说明试验分组、试验步骤、给药剂量和次数、动物数等。应详细描述试验结果，如中毒表现、毒性反应持续时间、恢复情况及时间，提供组织病理学检查报告及照片，以利于对结果的分析和判断。

（2）应根据试验结果，按评分方式对不同剂量（或浓度）下某种反应发生情况及严重程度进行表述，分析毒性反应的量效关系和可能的时效关系及其可逆性，判断数据变化是否与受试物有关，确定中毒剂量、安全剂量及安全范围等。分析试验结果时应注意将给药的机械效应或受试物纯粹的理化作用与其毒性或药效作用区别开，正确理解试验结果的意义。

（3）根据局部用药部位的毒性反应、病理检查及全身毒性观察结果，判断毒性靶器官或毒性可能涉及的器官组织等。

（4）在溶血性试验中，若出现红细胞凝聚现象，应进一步判定是真凝聚还是假凝聚。若体外出现可疑溶血现象，应采用其他方法进一步试验，以确定或排除受试物的溶血作用。

（5）重视组织病理学检查及结果的量化：特别应重视刺激性试验中局部组织的病理检查，其病理变化可用半定量的方法表示。

（6）结合药效学及其他毒理学试验结果进行综合分析和评价。注意不能将动物试验结果不加分析就外推到人，也不能忽略甚至故意舍掉个别出现毒性反应的动物，应实事求是地反映受试物的毒性，根据试验结果获得受试物在临床应用的意义及注意事项等提示。

6. 常见问题及处理

（1）给药浓度及有效暴露时间

中药局部给药制剂种类繁多，如贴膏剂（橡胶膏剂、巴布膏剂、贴剂）、膏药（黑膏药、白膏药）、凝胶剂、软膏剂（乳膏剂、糊剂）、露剂、搽剂、气雾剂或喷雾剂（呼吸道吸入，皮肤、黏膜或腔道给药）、洗剂（皮肤、腔道涂抹或冲洗剂）、涂膜剂、鼻用制剂（滴鼻剂、喷鼻剂、洗鼻剂、涂鼻膏剂、鼻用散剂）、眼用制剂（滴眼剂、眼膏剂、眼用散剂）等。在进行局部刺激性试验时，其给药浓度的保证、给药后在局部的有效暴露时间的确定等问题是应该引起重视的问题，它们均是正确评价其安全性的重要条件。

中药注射剂的给药浓度、速度及次数与药物的血管刺激性密切有关。因此，试验中应关注受试物的浓度、给药速度和次数的选择，建议根据受试物的性质、临床用药情况，采用最可能暴露毒性的方法进行评价，尽量最大可能地暴露其毒性。可通过适当增加浓度，或通过增加给药次数的方法来实现对血管刺激性的更合理评价。建议在犬静脉注射给药的长期毒性试验中同时观察受试物对犬的血管刺激性，进行肉眼观察和组织病理学检查，对试验结果进行详细报告，并提供相应的组织病理照片。

（2）溶媒及附加剂的影响

随着新技术的不断应用，中药外用制剂及注射剂中更多地加入了溶媒及附加剂，如透皮促进剂、增溶剂、抗氧剂、乳化剂、助悬剂、pH 值调节剂、渗透压调节剂等；此外，因制剂种类的不同，加入了不同的基质等。因此，在进行刺激性试验时，应尽量排除这些附加剂及基质等对局部的影响作用，若发现这些附加剂或基质等本身就具有明显的局部刺激性，则应做进一步的研究，重新或合理选择附加剂或基质，以使得中药制剂的局部用药安全性增加。另外，对含有毒性药材又加入了透皮促进剂的中药外用制剂，应更加关注其对局部及全身的毒性反应。

（3）溶血性结果的评价

根据临床前和临床研究的结果，发现目前临床前体外溶血试验绝大多数为阴性结果，但临床应用过程中却有许多阳性结果的相关报道，即存在临床前和临床应用结果不一致的问题。因此，建议临床前研究中，在利用常规方法的同时，考虑结合其他的试验方法，特别是在长期毒性试验（静脉给药）中增加或关注相关指标的检查，以综合评价中药注射剂的溶血性，增加与临床人用结果相关性的认识。

（4）多批次溶血性试验

有些中药注射剂上市后，同一厂家的同一药物，不同批号的产品，溶血度即有很大差异，其原因可能与生产中注射液的杂质去除程度、加入的附加剂的量、某些中药在水中的溶解度较低，且不同产地、生长季节及成分含量差异较大等因素有关。因此，在进行临床前溶血性试验时，建议至少进行3批制剂样品的溶血性试验。

（5）溶血试验中的相关问题

利用分光光度法进行溶血性试验操作时，应注意离心的速度及温度对试验结果的影响。可能有些药物分子及附加剂在离心时与红细胞发生碰撞的力量较大，若离心速度较快，易导致非药物溶血现象的出现。此外，因不同的中药注射剂颜色及深浅不同，若其色泽对血红素的最大吸收有干扰，则应注意排除非药物因素的影响。

7. 不同剂型的中药、天然药物试验项目的选择

（1）静脉注射剂：应进行血管刺激性试验、肌肉刺激性试验及溶血性试验。

（2）肌肉注射剂：应进行血管刺激性试验、肌肉刺激性试验及溶血性试验。

（3）皮肤给药制剂：应进行皮肤刺激性试验，必要时应进行眼刺激性试验和光毒性试验。

（4）滴鼻剂：应进行鼻粘膜刺激性试验。

（5）口腔用制剂：应进行口腔黏膜或鼻黏膜刺激性试验（如喷雾剂）。

（6）眼用制剂：应进行眼刺激性试验。

（7）直肠、阴道用制剂：应进行相关腔道黏膜刺激试验。

（8）根据药物的特性，可选择其他合适的试验项目。需考察免疫毒性（如过敏反应）的制剂，应参照中药、天然药物免疫毒性研究技术指导原则进行。

附录

（一）刺激性试验方法

1. 血管刺激性试验

（1）实验动物

首选家兔，动物数每组不少于3只。应设生理盐水或溶媒对照，可采用同体左右侧自身对比法。给药部位可选用耳缘静脉。

（2）给药方法

为最大可能地暴露毒性，应根据受试物的特点采用最可能暴露毒性的给药方法。一般而言，按临床用药方案给予受试物，给药容积和速率应根据动物情况进行相应的调整。给药期限应根据受试物拟用于临床应用的情况来决定，多次给药一般不超过7天。

（3）结果观察

应根据受试物的特点和刺激性反应情况来选择适当的观察时间。通常单次给药刺激性试验，在给药后48～96小时对动物和注射部位进行肉眼观察；多次给药刺激性试验，每天给药前以及最后一次给药后48～96小时对动物和注射部位进行肉眼观察。观察期结束时应对部分动物进行给药部位组织病理学检查，并提供病理照片。病理检查取材时间的确定，应根据受试物的特点考虑选择适当的观察点。应根据受试物的特点和刺激性反应情况，继续观察14～21天再进行组织病理学检查，以了解刺激性反应的可逆程度。

（4）结果评价

根据肉眼观察和组织病理学检查的结果进行综合判断。

2. 肌肉刺激性试验

试验动物首选家兔，也可选用大鼠。试验中设置生理盐水或溶媒作为阴性对照。分别在其左右两侧股四头肌内以无菌操作法各注入一定量的受试物，观察给药后不同时间注射局部肌肉反应情况，如充血、红肿、变性、坏死等。注射后48小时处死动物，解剖取出股四头肌，纵向切开，观察注射部位肌肉的刺激反应，按表1计算相应的反应级，并进行局部组织病理学检查，提供病理照片。

表 1 肌肉刺激反应分级标准

刺激反应	反应级
无明显变化	0
轻度充血，范围在 0.5cm×1.0cm 以下	1
中度充血，范围在 0.5cm×1.0cm 以上	2
重度充血，伴有肌肉变性	3
出现坏死，有褐色变性	4
出现广泛性坏死	5

根据表计算出 4 块股四头肌反应级的总和。若各股四头肌反应级的最高与最低之差大于 2 时，应另取 2 只动物重新试验。

3. 皮肤刺激性试验

（1）实验动物

首选家兔，每组动物数 4～8 只，一般雌、雄各半，也可选用小型猪或其他种属的动物，但应阐明合理性。应设赋形剂或溶媒对照，采用同体左右侧自身对比法。试验前 24 小时对给药区（通常在背部）进行脱毛处理（可剪、剃或用适宜的脱毛剂）。去毛范围左、右各 3cm×3cm。给药前应检查去毛皮肤是否因去毛而受损伤，有损伤的皮肤不宜进行试验。进行破损皮肤的刺激性研究时，在用药部位用砂纸磨或画“井”字并以渗血为度。

（2）给药方法

取受试物 0.5ml 直接涂布于一侧已去毛的皮肤上，然后用二层纱布（2.5cm×2.5cm）和一层玻璃纸或类似物覆盖，再用无刺激性胶布和绷带加以固定；另一侧涂布赋形剂或溶媒做对照。贴敷时间至少 4 小时。贴敷结束后，除去受试物并用温水或无刺激性溶剂清洁给药部位。多次给药皮肤刺激性试验应连续在同一部位给药，每次给药时间相同，贴敷期限一般不超过 4 周。

（3）结果观察

在自然光线或全光谱灯光下观察皮肤反应。按表 2 给出的评分标准对皮肤红斑和水肿进行评分。

单次给药皮肤刺激性试验，在去除药物后 30～60 分钟，24、48、72 小时肉眼观察并记录涂敷部位有无红斑和水肿等情况。如存在持久性损伤，有必要延长观察期限以评价上述变化的恢复情况和时间。但延长期一般不超过 14 天。对出现中度及以中度上皮肤刺激性的动物应在观察期结束时对给药局部进行病理组织学检查，并提供病理照片。

多次给药皮肤刺激性试验，在每次去除药物后1小时以及再次贴敷前观察及记录红斑及水肿、涂敷部位是否有色素沉着、出血点、皮肤粗糙或皮肤菲薄情况及其发生时间及消退时间，并对红斑及水肿进行评分。末次贴敷后，在去除药物后30~60分钟，24、48、72小时肉眼观察并记录涂敷部位有无红斑和水肿等情况。如存在持久性损伤，有必要延长观察期限以评价上述变化的恢复情况和时间。但延长期一般不超过14天。对出现中度及中度以上皮肤刺激性的动物应在观察期结束时对给药局部进行组织病理学检查，并提供病理照片。

（4）结果评价

单次给药皮肤刺激性试验，计算每一观察时间点各组受试物及赋形剂或溶媒皮肤反应积分的平均分值，按表2进行刺激强度评价。多次给药皮肤刺激性试验，首先计算每一观察时间点各组积分均值，然后计算观察期限内每天每只动物刺激积分均值，按表3进行刺激强度评价。

表2　皮肤刺激反应评分标准

刺激反应		分值
红斑	无红斑	0
	轻度红斑（勉强可见）	1
	中度红斑（明显可见）	2
	重度红斑	3
	紫红色红斑到轻度焦痂形成	4
水肿	无水肿	0
	轻度水肿（勉强可见）	1
	中度水肿（明显隆起）	2
	重度水肿（皮肤隆起1mm，轮廓清楚）	3
	严重水肿（皮肤隆起1mm以上并有扩大）	4
最高总分值		8

表3　皮肤刺激强度评价标准

分　值	评　价
0~0.49	无刺激性
0.5~2.99	轻度刺激性
3.0~5.99	中度刺激性
6.0~8.00	重度刺激

4. 黏膜刺激试验

（1）眼刺激性试验

①实验动物

首选家兔，动物数每组不少于3只。应设置生理盐水对照组，可采用同体左右侧自身对比法。试验前24小时内对每只动物的双眼进行检查（包括使用荧光素钠检查）。有眼睛刺激症状、角膜缺陷和结膜损伤的动物不能用于试验。

②给药方法

每只眼睛滴入0.05~0.1ml或涂敷0.1g受试物，然后轻合眼睑约10秒。一般不需冲洗眼睛。给药期限应根据受试物拟用于临床应用的情况来决定，多次给药时每天给受试物的次数应与临床用药频率相同，连续给受试物2~4周，一般不超过4周。

③结果观察

应根据受试物的特点和刺激性反应情况来选择适当的观察时间。通常单次给药眼刺激试验，在给药后1、2、4、24、48、72小时对眼部进行检查，也可根据受试物的特点适当调整观察时间；多次给药眼刺激试验，每天给药前以及最后一次给药后1、2、4、24、48、72小时对眼部进行检查，也可根据受试物的特点适当调整观察时间。如果在72小时未见任何刺激症状，试验则可结束。如存在持久性损伤，有必要延长观察期限，但一般不超过21天。

一般采用裂隙灯（或手持裂隙灯）进行眼刺激反应检查，也可根据刺激性反应情况采用其他的合适器械（如放大镜、生物显微镜等）。在整个观察过程中应进行荧光素钠染色检查。每次检查，都应记录眼部反应的分值（见表4）。除了观察所列出的结膜、角膜和虹膜损伤外，其他所观察到的损伤也应记录和报告。

④结果评价

按表4的要求，将每一个观察时间、每一动物的眼角膜、虹膜和结膜的刺激反应分值相加得总积分，将一组的积分总和除以动物数，即得最后分值。按表5判断其刺激程度。

观察上述结果时，也可按表6的方法（该方法对眼部不同部位的刺激性分值进行了权重）记录眼部反应的分值（见表6），再按照表7的要求，根据总积分值判断受试物的刺激程度。

表4 眼刺激反应分值标准－1

<table>
<tr><th colspan="3">眼刺激反应</th><th>分值</th></tr>
<tr><td colspan="2" rowspan="5">角膜</td><td>无混浊</td><td>0</td></tr>
<tr><td>散在或弥漫性混浊，虹膜清晰可见</td><td>1</td></tr>
<tr><td>半透明区易分辨，虹膜模糊不清</td><td>2</td></tr>
<tr><td>出现灰白色半透明区，虹膜细节不清，瞳孔大小勉强可见</td><td>3</td></tr>
<tr><td>角膜不透明，虹膜无法辨认</td><td>4</td></tr>
<tr><td colspan="2" rowspan="3">虹膜</td><td>正常</td><td>0</td></tr>
<tr><td>皱褶明显加深、充血、肿胀，角膜周围轻度充血，瞳孔对光仍有反应</td><td>1</td></tr>
<tr><td>出血/肉眼可见坏死/对光无反应（或其中一种）</td><td>2</td></tr>
<tr><td rowspan="13">结膜</td><td rowspan="4">充血（指睑结膜和球结膜）</td><td>血管正常</td><td>0</td></tr>
<tr><td>血管充血呈鲜红色</td><td>1</td></tr>
<tr><td>血管充血呈深红色，血管不易分辨</td><td>2</td></tr>
<tr><td>弥漫性充血呈紫红色</td><td>3</td></tr>
<tr><td rowspan="5">水肿</td><td>无水肿</td><td>0</td></tr>
<tr><td>轻微水肿（含眼睑）</td><td>1</td></tr>
<tr><td>明显水肿伴部分眼睑外翻</td><td>2</td></tr>
<tr><td>水肿至眼睑近半闭合</td><td>3</td></tr>
<tr><td>水肿至眼睑超过半闭合</td><td>4</td></tr>
<tr><td rowspan="4">分泌物</td><td>无分泌物</td><td>0</td></tr>
<tr><td>少量分泌物</td><td>1</td></tr>
<tr><td>分泌物使眼睑和睫毛潮湿或黏着</td><td>2</td></tr>
<tr><td>分泌物使整个眼区潮湿或黏着</td><td>3</td></tr>
<tr><td colspan="2">最大总积分</td><td></td><td>16</td></tr>
</table>

表5 眼刺激性评价标准－1

分 值	评 价
0～3	无刺激性
4～8	轻度刺激性

续表

分　值	评　价
9～12	中度刺激性
13～16	强度刺激

表 6　眼刺激反应分值标准－2

眼刺激反应			分值
Ⅰ：角膜	混浊（以最致密部位为准）（A）	无混浊	0
		散在或弥漫性混浊，虹膜清晰可见	1
		半透明区易分辨，虹膜模糊不清	2
		出现灰白色半透明区，虹膜细节不清，瞳孔大小勉强可见	3
		角膜不透明，虹膜无法辨认	4
	角膜受损范围（B）	<1/4	1
		1/4～<1/2	2
		3/4～1	3
		A×B×5	理论最大值 80
Ⅱ：虹膜（A）		正常	0
		皱褶明显加深、充血、肿胀，角膜周围轻度充血，瞳孔对光仍有反应	1
		出血/肉眼可见坏死/对光无反应（或其中一种）	2
		A×5	理论最大值 10
Ⅲ：结膜	充血（指睑结膜和球结膜）（A）	血管正常	0
		血管充血呈鲜红色	1
		血管充血呈深红色，血管不易分辨	2
		弥漫性充血呈紫红色	3
	水肿（B）	无水肿	0
		轻微水肿（含眼睑）	1
		明显水肿伴部分眼睑外翻	2
		水肿至眼睑近半闭合	3
		水肿至眼睑超过半闭合	4

续表

眼刺激反应			分值
Ⅲ：结膜	分泌物（C）	无分泌物	0
		少量分泌物	1
		分泌物使眼睑和睫毛潮湿或黏着	2
		分泌物使整个眼区潮湿或黏着	3
		（A+B+C）×2	理论最大值20

角膜、虹膜和结膜反应累加积分=Ⅰ+Ⅱ+Ⅲ=110（最大评分）。

表7　眼刺激性评价标准-2

分值	评价	Kay and Calanda 评价
0~0.5	无刺激性	Nonirritating
0.5~2.5	轻度刺激性	Practically nonirritating
2.5~15	轻度刺激性	Minimally irritating
15~25	中度刺激性	Mildly irritating
25~50	中度刺激性	Moderately irritating
50~80	重度刺激性	Severely irritating
80~100	重度刺激性	Extremely irritating
100~110	重度刺激性	Maximally irritating

（2）直肠刺激性试验

通常选用兔或狗。给药容积可参考拟订的人体治疗容积或不同动物种属最大的可给药量，给药频率根据临床应用情况而定，通常每天1~2次，至少7天，每次给药与黏膜接触至少2~4小时，必要时肛门可封闭一定时间。观察内容：包括肛门区域和肛门括约肌，给药后临床表现（如疼痛症状）和粪便（如血、黏液），给药后动物的死亡和尸检情况，局部组织有无充血、水肿等现象，并进行肛周黏膜的病理组织学检查等。

（3）阴道刺激性试验

通常选用大鼠、兔或狗，给药容积可参考拟订的人体治疗容积或不同动物种属最大给药量。给药频率根据临床应用情况，通常每天1~2次，至少7天，每次给药与黏膜接触至少4小时。观察内容：包括阴道部位、临床表现（如疼痛症状）和阴道分泌物（如血、黏液）等，给药后动物死亡和尸检情况，局部组织有无充血、水肿等现象，并进行阴道和生殖系统病理组织学检查等。

（4）滴鼻剂和吸入剂刺激性试验

可选用家兔、豚鼠或大鼠，将受试物滴入或喷雾于动物，使受试物与黏膜接触至少4小时，给药后观察动物全身状况（如呼吸、循环、中枢神经系统）及局部刺激症状（如哮喘、咳嗽、呕吐、窒息等症状）等变化。单次给药24小时后或多次给药停药后24小时处死动物，观察呼吸道局部（鼻、喉、气管、支气管）黏膜组织有无充血、红肿等现象，并进行病理组织学检查。

（5）口腔用药、滴耳剂等刺激性试验

可参照上述试验，给药途径改为口腔给药或外耳道给药，观察对口腔和喉粘膜，以及对外耳道和鼓膜等的影响。口腔用药建议用金黄仓鼠，观察受试物对颊黏膜的刺激性。

（二）光毒性（光刺激性）试验方法

1. 动物

成年白色豚鼠，雌雄各半，也可选用小鼠或家兔等。

2. 分组

应设阴性、阳性对照组和受试物不同剂量组。阴性对照组应给予赋形剂或溶剂，阳性对照组给予8－甲氧基补骨脂素，受试物低剂量组给予临床用药浓度，高剂量组给予不引起皮肤刺激反应的浓度。正式试验的每组动物至少6只。

3. UV光源

（1）UV光源：波长为320～400nm的UVA，如含有UVB，其剂量不得超过0.1J/cm^2。

（2）强度的测定：用前需用辐射计量仪在实验动物背部照射区设6个点测定光强度（mW/cm^2），以平均值计。

（3）照射时间的计算：照射剂量为10J/cm^2，按下式计算照射时间。

照射时间（秒）＝照射剂量（10000mJ/cm^2）/光强度（mJ/cm^2·sec）

说明：1mW/cm^2＝1mJ/cm^2·sec

4. 试验步骤

（1）进行正式光毒性试验前18～24小时，将动物脊柱两侧皮肤去毛，试验部位皮肤需完好，无损伤及异常。备四块去毛区，每块去毛面积约为2cm×2cm。

（2）将动物固定，按表8所示，在动物去毛1和2区涂敷0.2ml（g）受试物或阳性对照药，3和4区涂敷适量赋形剂或溶媒。给药30分钟后，左侧用铝箔覆盖，胶带固定，右侧用UVA进行照射。

（3）UVA照射结束后分别于1、24、48和72h观察皮肤反应，根据表9判定每只动物皮肤反应评分。

表8　动物去毛区的试验安排

去毛区编号	试验处理
1（左上区）	涂受试物或阳性对照药，不照射
2（右上区）	涂受试物或阳性对照药，照射
3（左下区）	涂赋形剂或溶剂，不照射
4（右下区）	涂赋形剂或溶剂，照射

表9　皮肤反应的评分标准

红斑和焦痂形成	分值	水肿形成	分值
无红斑	0	无水肿	0
非常轻的红斑，勉强可见	1	非常轻度水肿，勉强可见	1
明显的红斑	2	轻度水肿（边缘清晰）	2
中度至重度的红斑	3	中度水肿（皮肤隆起约1mm）	3
重度红斑（鲜红色）至轻度焦痂形成（深层损伤）	4	重度水肿（皮肤隆起大于1mm，并超过涂受试物的区域）	4

5. 结果评价

单纯涂受试物而未经照射区域未出现皮肤反应，而涂受试物后经照射的区域出现皮肤反应分值之和为2或2以上的动物数为1只或1只以上时，判为受试物具有光毒性。

（三）溶血试验方法

1. 常规体外试管法（肉眼观察法）

（1）血细胞悬液的配制

取兔血（或羊血）数毫升，放入含玻璃珠的三角烧瓶中振摇10分钟，或用玻璃棒搅动血液，除去纤维蛋白原，使之成为脱纤血液。加入0.9%氯化钠溶液约10倍量，摇匀，1000～1500转/分钟离心15分钟，除去上清液，沉淀的红细胞再用0.9%氯化钠溶液按上述方法洗涤2～3次，至上清液不显红色为止。将所得红细胞用0.9%氯化钠溶液配成2%的混悬液，供试验用。

（2）受试物的制备

除另有规定外，临床用于非血管内途径给药的注射剂，以各受试物临床使用浓度，用0.9%氯化钠溶液1∶3稀释后作为供试品溶液；用于血管内给药的注射剂以受试物临床使用浓度作为供试品溶液。

（3）试验方法

取洁净试管7只，进行编号，1～5号管为供试品管，6号管为阴性对照管，7号管为阳性对照管。按表10所示依次加入2%红细胞悬液、0.9%氯化钠溶液或蒸馏水、受试物，混匀后，立即置37±0.5℃的恒温箱中进行温育，开始每隔15分钟观察1次，1小时后，每隔1小时观察1次，一般观察3小时。

表10　体外溶血试验

试管编号	1	2	3	4	5	6	7
2%红细胞悬液（ml）	2.5	2.5	2.5	2.5	2.5	2.5	2.5
生理盐水（ml）	2.0	2.1	2.2	2.3	2.4	2.5	
蒸馏水（ml）							2.5
受试物（ml）	0.5	0.4	0.3	0.2	0.1		

（4）结果观察

若试验中的溶液呈澄明红色，管底无细胞残留或有少量红细胞残留，表明有溶血发生；如红细胞全部下沉，上清液体无色澄明，表明无溶血发生。

若溶液中有棕红色或红棕色絮状沉淀，振摇后不分散，表明有红细胞凝聚发生。如有红细胞凝聚的现象，可按下法进一步判定是真凝聚还是假凝聚。若凝聚物在试管振荡后又能均匀分散，或将凝聚物放在载玻片上，在盖玻片边缘滴加2滴0.9%氯化钠溶液，置显微镜下观察，凝聚红细胞能被冲散者为假凝聚，若凝聚物不被摇散或在玻片上不被冲散者为真凝聚。

（5）结果判断

当阴性对照管无溶血和凝聚发生，阳性对照管有溶血发生时，若受试物管中的溶液在3小时内不发生溶血和凝聚，则受试物可以注射使用；若受试物管中的溶液在3小时内发生溶血和（或）凝聚，则受试物不宜注射使用。

考虑到该试验本身与临床实际应用存在一定的差异，故建议应根据受试物适应症的选择和受试物的特性等诸多因素进行综合分析和判断。

2. 改进的体外溶血性试验法（分光光度法）

根据红细胞破裂释放出来的血红素在可见光波长段具有最大吸收的原理，

采用分光光度法测定中药注射剂的溶血程度，具有操作简便，稳定性好，能消除常规试管观察法带来的主观误差等缺点，对临床安全用药有重要指导意义。

试验方法：同上述体外试管法试验。

结果观察：按表10将温育了不同时间点的各管溶液离心，取上清，在分光光度计上，545nm处，以蒸馏水为空白读取各管的OD值。

结果判断：用下式计算各试验管的溶血率%。

溶血率（%）＝（ODt－ODnc）/（ODpc－ODnc）×100%

式中，ODt：试验管吸光度；ODnc：阴性对照管吸光度；ODpc：阳性对照管吸光度。

参考评价标准：溶血率>5%表明有溶血发生，并进行统计学处理。

3. 体外红细胞计数法

采用显微镜直接计数红细胞的量，计算溶血百分率，重复2~3次，求其均值。

溶血率（%）＝［（空白对照管红细胞数－受试物管红细胞数）/空白对照管红细胞数］×100%

4. 体内溶血试验法（红细胞计数法）

必要时，可用动物做体内试验或结合长期毒性试验进行。采用显微镜直接计数给药前和给药后红细胞的数量变化，计算出中药注射剂的溶血百分率。该方法能够较精确测定出任何浓度下溶解红细胞的具体数值。

五、民族药药物免疫毒性（过敏性、光过敏反应）研究技术指导原则

（一）概述

免疫毒理学是毒理学中一门重要的分支学科，其目的是探讨外源性化合物对机体（人和实验动物）免疫系统产生的不良影响及机理。免疫毒性是指外源性化合物对机体免疫系统的损伤作用，包括两类，一类是免疫抑制，即免疫系统的广泛抑制，可致机体对感染的易感性增加及肿瘤发生率增高；另一类是免疫增强，即免疫系统反应性过度增强，可能包括免疫性产生，过敏反应（超敏反应或变态反应）、自身免疫反应以及不良免疫刺激等。

过敏反应指变态反应，又称超敏反应，是指机体受同一抗原再次刺激后产生的一种异常或病理性免疫反应。按抗原与抗体或细胞反应的方式和补体是否参加等，将过敏反应分为Ⅰ、Ⅱ、Ⅲ、Ⅳ四型。其中Ⅰ型过敏反应是了解得最多的一种过敏反应，目前采用的过敏试验方法多数是根据Ⅰ型过敏反应发病机制的不同环节而设计建立的。

光过敏反应为Ⅳ型过敏反应的特殊类型，是局部给药和全身给药后，分布在皮肤的药物中所含的感光物质与光线产生复合作用使得用药后皮肤对光线产生的不良反应。

民族药为一种外源性物质，也可能作为过敏原引发机体产生过敏反应。

由于免疫系统是增生活跃的系统，因此对外源性物质非常敏感，但每一种化学物质都有其特定的靶器官，因此不必盲目地对所有受试物进行免疫毒性监测，而是选择性地对某些受试物特别是以免疫系统为靶器官的毒物进行研究。用于某些适应症的药物，因其作用机制的特殊性，对人体免疫系统可能产生影响；另外，当受试物是已知的免疫调节剂的情况，或在安全性评价过程中初步发现对免疫系统有明显影响的药物也应进行免疫毒性的评价。若需要进行其他免疫毒性评价的药物，建议可在其长期毒性试验中，增加免疫系统损伤的评价指标。

因人群免疫毒理学研究存在下述困难：在人群中观察到免疫功能损伤需要的时间较长，且人群接触的剂量较低，也难以观察到剂量—反应关系。人群免疫毒理学研究中缺乏特异性指标，缺乏非损伤性方法。对免疫功能检测结果评定时缺乏正常值或参考值。因此，认为动物免疫毒理学评价对估测人群的免疫毒性具有一定的意义。

该技术指导原则适用于拟用于人和/或已上市的民族药的免疫毒性研究。主要内容包括免疫毒性评价中的过敏反应试验和光过敏试验。

（二）基本内容

1. 基本原则

根据《中华人民共和国药品管理法》，药物的免疫毒性试验必须执行“药物非临床研究质量管理规范”。

实验设计应符合随机、对照、重复的原则。

应在遵循安全性评价普遍规律的基础上，运用具体问题具体分析的方法，结合受试物的自身特点，充分考虑和结合药学、药效学、其他毒理学（长毒、急毒）及拟临床应用情况等信息，体现整体性、综合性的原则，在阐明其研究方法或手段科学、合理的前提下进行规范性试验，对试验结果应进行全面分析和综合评价，以达到免疫毒性研究的目的。

2. 过敏反应试验

（1）试验中应考虑的问题

①方法

民族药应进行何种过敏反应研究，可根据药物自身特点、临床适应症和给药方式确定。

通常局部给药发挥全身作用的药物（如注射剂和透皮吸收剂等）需考察Ⅰ型过敏反应，如注射剂需进行主动全身过敏试验和被动皮肤过敏试验，透皮吸收剂需进行主动皮肤过敏试验等。

Ⅱ和Ⅲ型过敏反应可在进行长期毒性试验中选择相关指标进行观察，如观察动物的体征、一般表现及免疫系统损伤的评价指标等。

经皮给药制剂（包括经皮给药发挥全身作用或局部作用的药物）应进行Ⅳ型过敏反应试验。

具体试验方法的选择应根据给药途径、过敏反应发生机制、影响因素和临床意义等为基础进行选择，如主动皮肤过敏试验、主动全身过敏试验、被动皮肤过敏试验、Buehler 分析法（BT）、豚鼠最大值法（Guinea－Pig Maximization Test，GPMT）等，也可采用其他的检测方法，但需阐明其合理性并说明具体方法及操作流程。

②受试物

过敏试验中的受试物应同临床应用制剂相一致，即采用中试或中试以上规模的、制备工艺稳定、符合临床试用质量标准规定的样品。否则，应有充分的理由。同时，注明受试物的名称、来源、批号、含量（或规格）、保存条件及配制方法等。试验中所用辅料、溶剂或赋形剂等应标明批号、规格和生产厂家，并符合试验要求。

③对照

过敏试验均应设立阳性对照和阴性对照。

④剂量

可选择多个剂量进行试验，尽可能找出无过敏反应的剂量，以提示临床进行脱敏处理的起始剂量；也可避免因剂量过低而出现假阴性结果；另外，可帮助判断阳性结果是否因强刺激反应而引起。

⑤给药途径

皮肤给药：经皮给药的受试物应保证在局部的有效暴露时间。

静脉给药：应注意给药剂量和给药速度对动物过敏反应产生的影响，排除类过敏反应。静脉注射进行激发试验中应保证足量、一次性快速地将受试物注射入动物体内。

（2）Ⅰ型过敏反应试验

Ⅰ型过敏反应又称速发型过敏反应或超敏反应，药物分子本身为过敏原，进入机体刺激免疫系统产生相应的 IgE 抗体，IgE 抗体附着在肥大细胞及嗜碱性细胞上使之致敏，当同一抗原再次进入机体后，即与肥大细胞及嗜碱性细胞表面的 IgE 抗体发生抗原抗体反应，导致肥大细胞及嗜碱性细胞脱颗粒并释放生物活性介质，作用于不同的组织和器官，产生不同的病理生理反应。临床表现为过敏性休克、支气管哮喘、变应原鼻炎、胃肠道与皮肤过敏反应等。

Ⅰ型过敏反应通常用主动皮肤过敏试验（ACA）、主动全身过敏试验（ASA）和被动皮肤过敏试验（PCA）等考察，对于吸入途径药物常采用呼吸道敏感性检测。

①主动皮肤过敏试验（Active Cutaneous Anaphylaxis，ACA）。皮肤过敏是一种受试物产生免疫学传递的皮肤反应。当动物初始接触受试物后至少 1 周，再进行受试物的激发接触，有可能导致过敏状态。

本试验的目的是观察受试物经皮肤重复接触受试物后，机体免疫系统反映在皮肤上的表现，即有无过敏反应及过敏强度如何。

②主动全身过敏试验（Active Systemic Anaphylaxis，ASA）。当药物作为抗原或半抗原初次进入体内，刺激机体产生相应的抗体（IgE）。当同样药物再次进入机体，抗原与抗体结合形成的抗原抗体复合物，刺激肥大细胞及嗜碱性细胞释放活性介质，从而引起局部水肿、抓鼻、竖毛、呼吸困难、窒息、痉挛，甚至休克死亡。

本试验的目的是观察受试物给药后对动物引起的过敏反应。

③被动皮肤过敏试验（Passive Cutaneous Anaphylaxis，PCA）。被动皮肤过敏试验是一种较敏感的测试特异抗体滴度的方法。将受试物致敏动物的血清（含丰富的 IgE 抗体）给正常动物皮内注射，IgE 的 Fc 端与皮肤的肥大细胞表面的特异受体结合，形成 IgE 的复合物，使肥大细胞致敏。当抗原攻击时，抗原与肥大细胞表面上 IgE 的 Fab 端结合，导致 IgE 分子结构的改变，引起肥大细胞脱颗粒，释放过敏介质如组胺、慢反应物质等，使皮肤局部血管的通透性增加，使静脉注射抗原的同时注入的伊文思蓝染料在该皮肤处渗出着色。根据局部皮肤蓝染范围或程度，可判定血管通透性变化的大小，继而判定皮肤过敏反应的程度。

上述三种试验方法可参见附录。

（3）Ⅱ型和Ⅲ型过敏反应试验

Ⅱ型过敏反应又称细胞毒或溶细胞型。药物分子进入机体后附着在细胞膜（通常是血细胞）上，并刺激免疫系统产生相应抗体，参与的抗体主要是 IgG 和 IgM，特点是由抗体直接与靶细胞膜上的抗原结合而导致细胞溶解。临床可表现为药物性溶血性贫血、粒细胞减少和血小板减少性紫癜等。

Ⅲ型过敏反应又称免疫复合物型或血管炎型。药物分子进入机体刺激免疫系统产生相应抗体（IgG，IgM），当抗原抗体两者呈一定比例时形成免疫复合物，沉积于组织的血管基底膜上，导致血管壁的损伤及炎症反应。常见反应如血清病、变应性肾小球肾炎、全身性红斑狼疮样反应等。

上述两种过敏反应尚无标准的临床前试验进行预测。

当药理学和毒理学试验结果提示有潜在的Ⅱ型和Ⅲ型过敏反应时，建议可进行进一步的相关试验研究。

（4）Ⅳ型过敏反应试验

Ⅳ型过敏反应又称迟发型。药物直接作用于T淋巴细胞使之致敏，当同一药物再次接触已致敏的淋巴细胞，则激发致敏淋巴细胞释放介质而导致组织损伤。此类反应无抗体参与，发生较慢，一般在再次接触相同抗原48～72小时后才出现临床表现。主要表现为药疹、接触性皮炎、剥脱性皮炎等。

试验方法可参见附录。

3. 光过敏反应（光变态反应）试验

光敏反应是用药后皮肤受光线刺激而产生的不良反应，包括光毒反应和光变态反应或光过敏反应两类，均由受试物所含的感光物质引起，但两者机制不同，实验方法、临床表现及意义亦不同。

光过敏反应（光变态反应）是获得性的免疫性介导的由光激活的皮肤对光的反应，系光感物质经皮吸收或通过循环到达皮肤后与吸收的光线在表皮细胞层发生的反应。即药物吸收光能后成激活状态，并以半抗原形式与皮肤中的蛋白结合成为药物－蛋白质结合物（全抗原），经表皮的郎罕氏细胞（Langerhans）传递给免疫活性细胞，引起过敏反应的作用。光过敏反应属Ⅳ型（迟发型）过敏反应。其发生时间相对较长，且有一定的潜伏期。通常5～10天的连续用药和光照射可诱导免疫系统产生光过敏反应。再次给药时，药物和日照作用24～48小时之内即会有光过敏反应发生。

光过敏反应可由局部给药和系统给药诱发，并不仅限于局部给药。因此，原则上所有给药途径的药物，只要有皮肤分布，则均应进行光敏检测。若受试物的化学结构或某些组成（包括药物和赋形剂）文献报道有光过敏作用者，或其化学结构与已知光敏剂相似者，曾有报道具有光过敏作用或可疑具有光过敏作用的中药制剂，建议做光过敏试验。

本试验的目的是观察受试物接触皮肤或应用后遇光照射是否有光过敏反应。

试验方法可参见附录。

4. 结果分析及评价

（1）应详细论述实验方法，说明分组、给药剂量、动物数、用药次数等；应详细描述过敏反应的表现、反应持续时间、恢复情况及时间、死亡动物数，以利于对结果的分析和判断。在主动全身过敏反应试验中出现动物死亡时，应进行解剖，若有明显病变则应进行组织病理学检查，并提供相应的照片。

（2）应根据试验结果，按评分方式对不同剂量（或浓度）下反应发生情况及严重程度进行表述，分析过敏反应的量效关系和时效关系及其可逆性，判断数据变化是否与受试物有关，确定过敏反应剂量、安全剂量及安全范围等。

（3）结合药效学及其他毒理学试验结果进行综合分析，整体评价，注意不能将动物结果不加分析外推到人，也不能忽略甚至故意舍掉个别出现毒性反应的动物，应实事求是地反映受试物的毒性，根据试验结果得到受试物在临床应用的意义及注意事项等提示。

（4）引起机体免疫系统的免疫应答过程是一个十分复杂并需要不断认知的过程。因此，观察中药对机体可能存在的免疫毒性作用的研究工作应尽可能全面、深入。试验者不能以个别或少数实验结果来整体评价受试药物的免疫毒性作用，应根据免疫应答的类型、特点，结合不同实验动物的生理特性，选择合适的动物进行相关试验，以获取较为全面、客观的试验数据。应结合其他毒理学研究结果进行综合评判，方可对中药新药是否具有免疫毒性做出合理正确的结论。

（5）在任何临床前毒理研究期间（如急性毒性试验、长期毒性试验、致畸试验、致癌试验等）发现的免疫毒性作用，都应予以评估。

5. 常见问题及处理

（1）中药注射剂临床应用中发生不良反应的类型较多，如诱发变态反应的类型包括：Ⅰ型过敏反应（如过敏性休克、支气管哮喘、过敏性鼻炎、胃肠道与皮肤过敏反应）、Ⅱ型过敏反应，（如溶血性贫血、粒细胞减少和血小板减少性紫癜）、Ⅲ型过敏反应（如血清病、链球菌感染后肾小球肾炎、系统性红斑狼疮）及Ⅳ型过敏反应（如接触性皮炎、湿疹型反应、移植排斥反应）。因此应根据需要，除进行Ⅰ型过敏反应试验外，应结合长期毒性试验结果分析，必要时进行Ⅱ～Ⅳ型过敏反应试验，或进一步地深入研究。

（2）在免疫毒性评价中，应重视给药剂量和给药速度对动物过敏反应产生的影响等。应区分伪变态反应，也称为类变态反应的概念，其表现有速发反应的特点，但其发生与免疫机制无关，是没有抗原抗体参与的非免疫机制所致。中药注射剂用药浓度过高和给药速度过快时易发生此种情况，应引起足够的重视。

（3）不同类型的中药制剂均可引起不良反应。注射给药，包括静脉内注射与肌肉内注射皆易引发过敏反应。外用中药也易引发过敏反应，如接触性皮炎，药疹或其他类型反应等。因此，不但应重视中药注射剂的免疫毒性，对其他类型的中药制剂同样应予以重视。

（4）试验动物的选择：临床前注射剂安全性评价过敏反应的高阴性率与临床出现大量不良反应结果的不一致性使我们有必要思考临床前过敏性试验的地位和价值的评估。建议进行探索性研究，摸索能充分反映注射剂安全性的评价方法。以往过敏试验常选用认为对致敏物质比较敏感的豚鼠，建议在进行中药注射剂犬长期毒性试验时密切关注相关的致敏反应出现情况。

（5）鉴于中药注射剂与其他药物相互作用的复杂性，若临床拟与其他药物联合应用，应有充分的联合用药的制剂安全性试验资料证明其安全性。

（6）应重视中药间的相互作用及交叉过敏的试验研究。当出现严重的过敏反应时，应加强对重要中药成分体内代谢的研究，了解其代谢物及代谢产物的抗原性，为严重过敏反应的体外检测打下基础。

6. 不同剂型的中药、天然药物试验项目的选择

（1）静脉注射剂：应进行主动全身过敏性试验、被动皮肤过敏试验，必要时进行Ⅱ、Ⅲ、Ⅳ型过敏反应试验。

（2）肌肉注射剂：应进行主动全身过敏性试验，被动皮肤过敏试验。

（3）皮肤（及其他外用）给药制剂：应进行主动皮肤过敏性试验。

（4）根据中药制剂作用特点，必要时进行光过敏性试验。

（5）民族药过敏反应与制剂种类密切相关，相同成分不同中药制剂的过敏性等可能明显不同，特别是对过敏研究预试验结果提示有一定过敏作用的受试物，应与相同给药途径的上市制剂进行比较性研究，以保证药物临床应用的安全有效性。

（6）根据药物的特性，可选择其他合适的试验项目。需考察刺激性和溶血性试验的制剂，应参照局部刺激性和溶血性指导原则进行。

附录

以下试验方法为推荐的试验方法，若有新的、更灵敏、准确、科学的方法，可结合不同受试物进行选择。

(一) 主动皮肤过敏试验 (ACA)

1. 动物

一般选用豚鼠，给药前背部两侧脱毛，脱毛区应不小于 $3\times3cm^2$。

2. 受试物

受试物应与用于人体的制剂一致，应为含活性成分和赋形剂或含透皮促进剂的混合制剂。受试物应采用制备工艺稳定的样品，应明确受试物提供的单位、批号、含量（或浓度）、配制方法等。若受试物为膏剂或液体，则一般不稀释；若受试物为固体粉末，则需与适量水或赋形剂混匀，以保证受试物与皮肤的良好接触。当使用赋形剂时，应考虑其对受试物透皮吸收的影响。

3. 对照

应设置阳性对照药组和阴性或赋形剂对照组，阳性药可选择 2，4－二硝基氯代苯（1%的致敏浓度和 0.1%的激发浓度）。

4. 给药范围及暴露时间

在受试物的致敏接触阶段，应充分保证其在皮肤上的停留时间（6 小时）和接触皮肤的范围。

5. 致敏

在第 0 天、第 7 天和第 14 天，以同样的方法局部给药。末次给受试物致敏后 14 天，在激发接触阶段，再次将受试物涂于脱毛区，6 小时左右后，观察 72 小时内皮肤过敏反应情况，并按皮肤过敏反应评分标准进行评分。

6. 结果评价

应详细叙述实验方法，按表 1 记录各组各时间的平均分值，同时应密切观察动物是否有哮喘、站立不稳或休克等严重的全身性过敏反应出现。

根据试验组和对照组动物皮肤反应的差别，判断受试物对皮肤过敏反应的性质，并根据表 2 计算致敏发生率，即将出现皮肤红斑、水肿或全身过敏反应的动物例数（不论程度轻重）除以受试物总数。

表 1　皮肤过敏反应程度的评分标准

皮肤过敏反应		分值
红斑	无红斑	0
	轻度红斑，勉强可见	1
	中度红斑，明显可见	2
	重度红斑	3
	紫红色红斑到轻度焦痂形成	4

续表

皮肤过敏反应		分值
水肿	无水肿	0
	轻度水肿，勉强可见	1
	中度水肿，明显可见（边缘高出周围皮肤）	2
	重度水肿，皮肤隆起1mm，轮廓清楚	3
	严重水肿，皮肤隆起1mm以上或有水疱或破溃	4
最高总分值		8

表2　皮肤致敏性评价标准

致敏发生率（%）	皮肤致敏性评价
0～10	无致敏性
11～30	轻度致敏性
31～60	中度致敏性
61～80	高度致敏性
81～100	极度致敏性

（二）主动全身过敏试验（ASA）

1. 动物

通常选用体重为300～400克的豚鼠。

2. 分组

应设立阴性、阳性对照组和受试物不同剂量组。阴性对照组应给予同体积的溶媒，阳性对照组给予1～5mg/只牛血清白蛋白或卵白蛋白或已知致敏阳性物质，受试物低剂量组给予临床最大剂量，受试物高剂量组给予低剂量的数倍量。每组动物数至少6只。

3. 致敏

选择容易产生抗体的给药方法，如静脉、腹腔或皮下注射等，隔日一次，共3～5次。

4. 激发

（1）激发途径：一次快速静脉内给药。

（2）激发次数：末次注射后第10～14日一次激发。

（3）激发剂量：一般为致敏剂量的2～5倍量，给药容积1～2ml。

5. 观察指标

（1）致敏期间：每日观察每只动物的症状。初次，最后一次致敏和激发当日测定每组每只动物的体重。

（2）激发及激发后：静脉注射激发后立刻至30分钟，按表3症状详细观察每只动物的反应，症状的出现及消失时间，一般应观察3小时。

6. 结果评价

可按表4判断过敏反应发生程度。计算过敏反应发生率。根据过敏反应发生率和发生程度进行综合判断。

若出现过敏反应，必要时可进行过敏的剂量效应关系研究，争取找出无过敏反应的剂量，以提示临床进行脱敏处理的起始剂量。

激发注射后，若发现有过敏反应症状时，可取健康未致敏豚鼠2只，自静脉注射攻击剂量的受试物，观察有无由于受试物作用引起的类似过敏反应症状，以供结果判断时参考。

表3　过敏反应症状

0	正常	7	呼吸急促	14	步态不稳
1	不安宁	8	排尿	15	跳跃
2	竖毛	9	排粪	16	喘息
3	发抖	10	流泪	17	痉挛
4	搔鼻	11	呼吸困难	18	旋转
5	喷嚏	12	哮鸣音	19	潮式呼吸
6	咳嗽	13	紫癜	20	死亡

表4　全身致敏性评价标准

0	－	过敏反应阴性
1～4症状	+	过敏反应弱阳性
5～10症状	++	过敏反应阳性
11～19症状	+++	过敏反应强阳性
20	++++	过敏反应极强阳性

（三）被动皮肤过敏试验（PCA）

1. 动物

PCA反应常用的动物是大鼠，亦用小鼠，有时根据试验需要用豚鼠，选择动物时应考虑 IgE 的出现时间。

2. 分组

应设立阴性、阳性对照组和受试物不同剂量组。阴性对照组应给予同体积的溶媒，阳性对照组给予 1 ~5mg/只牛血清白蛋白或卵白蛋白或已知致敏阳性物质，受试物低剂量组给予临床最大剂量，受试物高剂量组给予低剂量的数倍量，每组动物至少 6 只。

3. 抗血清制备

选择容易产生抗体的给药方法，如静脉、腹腔或皮下注射等，隔日一次，共 3 ~5 次。末次致敏后 10 ~14 天左右采血，2000 转/分离心 10 分钟，分离血清，-20℃保存，2 周内备用。

4. 被动致敏和激发

上述各组抗血清一般用生理盐水稀释成 1:2、1:8、1:32 或合适的稀释度。在动物背部预先脱毛 $3 \times 4cm^2$ 的皮内注射各对应组的抗血清 0.1mL。经 24 小时或 48 小时后，各组静脉注射与致敏剂量相同的激发抗原加等量的 0.5% ~1% 伊文思兰染料共 1mL。

5. 结果观察

激发注射 30 分钟后麻醉处死各组动物，剪取背部皮肤，进行蓝斑的测定，并提供蓝斑照片。

蓝斑的测定可采用直接测定法或比色测定法。直接测定法是指取对照组和用药组两组的蓝色斑直径的平均值，计算出变化百分率。比色测定法是将蓝色斑片剪下，剪碎后加入丙酮 - 生理盐水（7:3）混合液 5 ~6ml，浸泡后次日离心，在 610nm 波长处测定其吸收度。取两组的吸收度平均值，计算出变化百分率。

6. 结果评价

可用不同的评价方法。一种是以呈阳性反应的最高稀释倍数的抗体效价为指标。另一种是固定血清稀释倍数后，以蓝斑的大小或光密度值为指标。蓝斑直径在 5mm 以上者判定为阳性。

（四）豚鼠最大化试验（GPMT）和 Buehler 试验（BT）

1. 动物

选择成年豚鼠，雌雄不拘。受试物组不少于 20 只、对照组不少于 10 只。

2. 对照

应设立阴性对照组和阳性对照组。推荐的阳性对照物有巯基苯并噻唑，苯佐卡因、二硝基氯苯、331 环氧树脂等，也可以使用其他的阳性对照物，但轻－中度的致敏剂在加佐剂的试验中至少30%和不加佐剂试验中至少15%应有反应。

3. 剂量

取决于所选择的方法，在Buehler试验中，致敏剂量应当足够高，以产生轻微的刺激性，激发剂量为不产生刺激性的最高剂量。在GPMT试验中，致敏剂量应足够高以产生轻－中度的皮肤刺激性且能很好地全身耐受，激发剂量为不产生刺激性的最高剂量。

4. 试验步骤

（1）Buehler试验在第0天、6～8天和13～15天用封闭片局部给药以诱导，在第27～28天在未给药的肋腹部贴6小时以局部激发。去除封闭片24小时和48小时后读取结果。如果结果难以判定，一周后再次激发，可采用原来的对照组或新的对照组。可采用剪、刮或脱毛的手段去除给药部位的毛发，去除受试物建议采用水或适当溶剂，以不改变已经存在的皮肤反应和表皮的完整性为宜。

（2）GMPT试验采用皮内注射给药，使用或者不使用佐剂进行诱导，局部诱导5～8天后，第20～22天给予激发剂量24小时，在去除激发剂量24和48小时后读取结果。同Buehler试验一样，如果结果难以判定，一周后再次激发。

5. 观察指标

（1）一般在致敏后1小时和24小时及激发后24和48小时观察皮肤红斑、水肿和其他异常反应，参照表5进行皮肤反应评分，根据表刺激反应的评分标准对红斑和水肿进行评分，可根据毒性反应情况适当调整观察时间。

（2）测定开始和结束时的动物体重。

6. 结果评价

计算过敏反应发生率，按表判断过敏反应强度。

表5 皮肤反应评分标准

皮肤反应强度		积分
（1）红斑形成	无红斑	0
	轻微可见红斑	1
	中度红斑	2
	重度红斑	3
	水肿性红斑	4

续表

皮肤反应强度		积分
（2）水肿形成	无水肿	0
	轻度水肿	1
	中度水肿	2
	重度水肿	3
总积分		7

表6　致敏强度

致敏率（%）	分级	致敏强度
0～8	Ⅰ	弱致敏
9～28	Ⅱ	轻度致敏
29～64	Ⅲ	中度致敏
65～80	Ⅳ	强致敏
81～100	Ⅴ	极强致敏

（五）皮肤光过敏反应试验

1. 动物

原则上使用健康白色豚鼠，每组不少于5只。

2. 分组

应设阳性对照药组、阴性对照组和受试物组。

3. 方法

（1）Adjuvant and Strip法：本法是先皮内注射FCA，用透明胶带擦伤皮肤角质层，涂敷受试物，照射紫外线，以上操作反复5次进行致敏，2周后再次涂敷受试物，照射紫外线激发。

（2）Harber法：涂敷受试物，照射紫外线，此操作隔日进行一次共3次致敏。3周后再次涂敷受试物的稀释液，30分钟后照射紫外线激发。

（3）Horio法：涂敷20%的月桂醇硫酸钠，再涂敷受试物，立即照射紫外线，此操作每日一次共3次致敏。14天后再次涂敷受试物，照射紫外线激发。

（4）Jordan法：本法是用尼龙刷子擦伤皮肤后，涂敷受试物，1小时后照射紫外线，此操作每周5次，连续3周进行致敏，2周后再涂敷受试物，6小时后照射紫外线，此操作连续2日进行激发。

（5）Maurer法：涂敷受试物，1小时后照射紫外线及可见光线进行致敏。

6周和9周后，各3日连续涂敷受试物，30分钟后照射紫外线进行激发。

（6）Morikawa法：本法是Harber改良法，涂敷受试物，30分钟后照射紫外线，本操作每周连续5天，共2周进行致敏，致敏2周后，涂敷受试物，30分钟后照射紫外线进行激发。

（7）Vinson法：涂敷受试物，照射紫外线，本操作每日一次，连续5次进行致敏，7～10天后，再次涂敷受试物，照射紫外线进行激发。

4. 结果评价

皮肤光敏性试验是根据比较对照组和给药组的反应进行评价的。在分析结果时，必须遵守各试验方法所记载的判定标准，对受试物的皮肤光敏性反应进行评价。阳性结果时，应追加试验，如与已知阳性物质的比较试验及用其他方法（不合并使用佐剂）进行试验，其中非擦伤性试验方法，有利于光敏性反应评价。另外，光敏性是光毒性和光敏性两类混合难分的反应。必要时，应追加研究光毒性试验。

第四节　民族药物的临床研究技术指导原则

一、临床试验的分期和各期要求

《药品注册管理办法》第三十条和第三十一条规定，药物的临床试验（包括生物等效性试验），必须经过国家食品药品监督管理局批准，且必须执行《药物临床试验质量管理规范》。申请新药注册，应当进行临床试验。仿制药申请和补充申请，根据本办法附件规定进行临床试验。临床试验分为Ⅰ、Ⅱ、Ⅲ、Ⅳ期。

Ⅰ期临床试验：初步的临床药理学及人体安全性评价试验。观察人体对于新药的耐受程度和药代动力学，为制定给药方案提供依据。Ⅰ期临床试验一般要求最低病例数为20～30例。

Ⅱ期临床试验：治疗作用初步评价阶段。其目的是初步评价药物对目标适应症患者的治疗作用和安全性，也包括为Ⅲ期临床试验研究设计和给药剂量方案的确定提供依据。此阶段的研究设计可以根据具体的研究目的，采用多种形式，包括随机盲法对照临床试验，Ⅱ期临床试验一般要求最低病例数为100例。

Ⅲ期临床试验：治疗作用确证阶段。其目的是进一步验证药物对目标适应症患者的治疗作用和安全性，评价利益与风险关系，最终为药物注册申请的审查提供充分的依据。试验一般应为具有足够样本量的随机盲法对照试验。Ⅲ期临床试验一般要求最低病例数为300例。

Ⅳ期临床试验：新药上市后应用研究阶段。其目的是考察在广泛使用条件下的药物的疗效和不良反应，评价在普通或者特殊人群中使用的利益与风险关系以及改进给药剂量等，Ⅳ期临床试验一般要求最低病例数为2000例。

生物等效性试验，是指用生物利用度研究的方法，以药代动力学参数为指标，比较同一种药物的相同或者不同剂型的制剂，在相同的试验条件下，其活性成分吸收程度和速度有无统计学差异的人体试验，一般为18~24例。

二、药物Ⅰ期临床试验管理指导原则

第一章　总则

第一条　为加强药物Ⅰ期临床试验（以下简称Ⅰ期试验）的管理，有效地保障受试者的权益与安全，提高Ⅰ期试验的研究质量与管理水平，根据《中华人民共和国药品管理法》、《药品注册管理办法》、《药物临床试验质量管理规范》等相关规定，参照国际通行规范，制定本指导原则。

第二条　本指导原则适用于Ⅰ期试验，旨在为Ⅰ期试验的组织管理和实施提供指导。人体生物利用度或生物等效性试验应参照本指导原则。

第二章　职责要求

第三条　申办者应建立评价药物临床试验机构的程序和标准，选择、委托获得资格认定的Ⅰ期试验研究室进行Ⅰ期试验。

第四条　申办者应建立质量保证体系，对Ⅰ期试验的全过程进行监查和稽查，确保临床试验的质量，保障受试者的权益与安全。

第五条　申办者可以委托合同研究组织（CRO）执行Ⅰ期试验中的某些工作和任务。委托前对合同研究组织的研究条件、能力、经验以及相应的质量管理体系进行评价。当合同研究组织接受了委托，则本指导原则中规定的由申办者履行的责任，合同研究组织应同样履行。申办者对临床试验的真实性及质量负最终责任。

第六条　Ⅰ期试验研究室负责Ⅰ期试验的实施。研究者应遵循临床试验相关法律法规、规范性文件和技术指导原则，执行临床试验方案，保护受试者的权益与安全，保证临床试验结果的真实可靠。

第七条　药物临床试验生物样本分析应在符合《药物临床试验生物样本分析实验室管理指南》（以下简称《实验室管理指南》）的实验室进行。从事药物临床试验生物样本分析的实验室均应接受药品监督管理部门的监督检查。

第八条　伦理委员会应针对Ⅰ期试验的特点，加强对受试者权益与安全的保护，重点关注：试验风险的管理与控制，试验方案设计和知情同意书的内容，研究团队的人员组成、资质、经验，受试者的来源、招募方式，实施过程中发生的意外情况等。

第三章　实施条件

第九条　Ⅰ期试验研究室应设有足够的试验病房，也可以设有临床试验生物样本分析实验室（以下简称实验室）。试验病房应符合本指导原则的要求，实验室应符合《实验室管理指南》的要求。均应具备相应的组织管理体系、质量管理体系及能满足Ⅰ期试验需要的场所和设施设备等。

第十条　Ⅰ期试验研究室应配备研究室负责人、主要研究者、研究医生、药师、研究护士及其他工作人员。所有人员应具备与承担工作相适应的专业特长、资质和能力。实验室人员应符合《实验室管理指南》的要求。

（一）研究室负责人。研究室负责人总体负责Ⅰ期试验的管理工作，保障受试者的权益与安全。研究室负责人应具备医学或药学本科以上学历并具有高级职称，具有5年以上药物临床试验实践和管理经验，组织过多项Ⅰ期试验。

（二）主要研究者。研究室负责人和主要研究者可以是同一人。主要研究者负责Ⅰ期试验的全过程管理，熟悉与临床试验有关的资料与文献，确保试验顺利进行。主要研究者应具备医学或药学本科或以上学历、高级技术职称，具有系统的临床药理专业知识，至少5年以上药物临床试验经验，有负责过多项Ⅰ期试验的经历。

（三）研究医生。研究医生协助主要研究者进行医学观察和不良事件的监测与处置。研究医生应具备执业医师资格，具有医学本科或以上学历，有参与药物临床试验的经历，具备急诊和急救等方面的能力。

（四）药师。药师负责临床试验用药品的管理等工作。药师应具备药学本科或以上学历，具有临床药理学相关专业知识和技能。

（五）研究护士。研究护士负责Ⅰ期试验中的护理工作，进行不良事件的监测。研究护士应具备执业护士资格，具有相关的临床试验能力和经验。试验病房至少有一名具有重症护理或急救护理经历的专职护士。

（六）其他人员。主要包括：项目管理人员、数据管理人员、统计人员、质控人员、研究助理等，均应具备相应的资质和能力。

第十一条　Ⅰ期试验研究室应有相应的人员培训和考核管理制度。培训内容包括临床试验相关的法律法规、规范性文件和相关的技术指导原则，专业知识和技能，管理制度、技术规范、标准操作规程，临床试验方案等，确保参与临床试验的人员都有与其所承担的工作相适应的资质和能力。

第十二条　I期试验研究室应建立保障健康与安全的管理制度，包括工作场所安全、饮食安全、污染控制、职业暴露防护、有害物质控制等措施，以确保研究人员和受试者的健康、安全。

第十三条　I期试验研究室应有满足I期试验需要的场所和设施。I期试验的试验病房需达到如下要求，并不断完善，为受试者、工作人员和申办者提供良好的试验条件。

（一）试验场所。试验病房应具有开展I期试验所需的空间，具有相对独立的、安全性良好的病房区域，保障受试者的安全性及私密性。应设有档案室、药物储存和准备室、配餐室、监查员办公室。除医护人员工作区以外，还应设有专门的受试者接待室、活动室、寄物柜。试验区、办公区、餐饮区和活动区应各自独立，具有安全良好的网络和通讯设施。

（二）抢救要求。试验病房应具有原地抢救以及迅速转诊的能力，配备抢救室，具有必要的抢救、监护仪器设备和常用的急救药品、紧急呼叫系统等，确保受试者得到及时抢救。

第十四条　I期试验研究室应根据工作需要配备相应的仪器设备，并进行有效的管理，确保仪器设备准确可靠。

（一）试验病房应配备具有生命体征监测与支持功能的设备，如心电监护仪、心电图机、除颤仪和呼吸机等，并具有供氧和负压吸引装置。具有可移动抢救车，且配有抢救药品和简易抢救设备，确保抢救设备状态良好，能备应急使用。

（二）仪器设备管理。仪器设备管理应由专人负责；仪器设备操作者应具有适当资质并经过操作培训，应根据相应用途使用设备；仪器设备应有清晰的标签标明其生产日期和运行状态，并进行维护、检测和校准；仪器设备具有可操作的标准操作规程，并保留所有使用和维护的记录文档；确保专人适时对试验设施设备进行质量控制检查，对仪器资料进行归档管理；确保试验病房的仪器设备符合国家的相关要求。

第十五条　实验室的人员和设施设备与场所要求应符合《实验室管理指南》。

第四章　管理制度与标准操作规程

第十六条　I期试验研究室应制订相应的管理制度和标准操作规程(SOP)，并及时更新和完善。

第十七条　管理制度至少包括：合同管理、人员管理、文档管理、试验用药品管理、试验场所和设施管理、仪器和设备管理等。

第十八条　Ⅰ期试验的SOP至少包括以下几大类：试验设计、试验实施过程、试验用药品管理、不良事件处置、数据管理、试验总结报告、文档管理、质量控制等。

第十九条　管理制度和SOP的制订、审核和批准、实施以及修订与废止。

（一）制定。应制定管理制度和SOP，保证所有管理制度与SOP有统一格式和编码，内容符合相关的法律法规，管理制度与SOP均应标明现行版本号码及生效日期，并及时更新。

（二）审核和批准。管理制度与SOP起草后，应对SOP草稿进行审阅和讨论，保证文件简练、易懂、完整和清晰，具有逻辑性和可行性，与已生效的其他文件具有兼容性。审核后确定的文件，应规定生效日期，并由研究室负责人签署批准。

（三）实施。管理制度与SOP生效后应立即执行，所有工作人员必须接受管理制度与相关SOP的培训，更新管理制度与SOP时，需进行针对性的培训。

（四）修订与废止。根据需要对管理制度和SOP进行定期和不定期修订与废止。将相关信息记录在案，并及时更新版本和版本序列号。需撤销的管理制度与SOP需归档保管并有作废标记。保证现行所用的管理制度与SOP为最新版本，并保留最新版本的管理制度与SOP清单。

第五章　质量保证

第二十条　Ⅰ期试验研究室应建立或被纳入相对独立的、完整的质量保证体系，由不直接涉及该临床试验的人员实施，所有观察结果和发现都应及时核实并记录。质量控制人员应由研究室负责人指派。

第二十一条　应根据试验项目制订内部质量控制计划，对试验进行的每个阶段和程序进行核查，在数据处理的每一个阶段和程序进行质量控制，确保试验过程符合试验方案和SOP的要求；申办者应按监查计划定期对试验项目进行核查，保证数据完整、准确、真实、可靠。核查的频率和性质应根据试验的实际情况而定。如实记录核查过程中发现的问题，督促试验人员解决问题；对发现的问题提出改进措施，确保试验人员正确执行。

第六章　风险管理

第二十二条　风险管理是Ⅰ期试验的重要内容，申办者、主要研究者和实验室负责人、伦理委员会等各相关方应保持及时沟通与交流。试验开始前必须对风险要素进行评估，并制订风险控制计划；试验过程中应采取有效的风险控制措施，及时收集和分析试验用药品的新发现或信息，适时修改试验方案、暂停或终止临床试验，以及通过监查和稽查保障风险控制措施有效执行等。

第二十三条　风险评估和风险控制计划应具有科学性和可行性，风险评估内容至少应包括以下因素：

（一）试验设计中的风险要素；

（二）试验用药品本身存在的风险要素；

（三）受试者自身存在的风险要素；

（四）试验操作中的风险要素。

第二十四条　申办者在风险控制中的职责：

（一）申办者在临床试验前应对试验过程中可能存在的风险进行评估，提供预期的风险信息，并与研究者达成共识；

（二）申办者应熟悉试验药物的临床前相关研究数据和资料，充分评估临床试验风险，制订临床试验方案；

（三）申办者应建立与试验病房和实验室研究者间的沟通机制，及时妥善处理不良事件，并制订数据和安全监查计划，监控并管理可能发生的不良事件；

（四）申办者应向研究者和伦理委员会及时提供与试验相关的重要新信息（尤其是关于药物安全使用和药物不良反应的新信息）。

第二十五条　研究者在风险管理中的职责：

（一）研究者应在临床试验开始前与申办者商讨制订风险控制措施，并在临床试验过程中认真执行。

（二）主要研究者应在试验开始前，建立与临床试验相关的试验病房和实验室研究者之间的有效沟通渠道，尤其要明确实验室超出规定范围的实验数值的报告方式；如果是多中心试验，需要对各研究室之间的交流程序作出规定。

（三）在分析实验过程中发现任何不正常或超出规定范围的数值时，应及时报告给主要研究者。

第二十六条　伦理委员会在风险管理中的职责：

伦理委员会应审查风险控制措施，并监督其实施；审查临床试验的暂停和终止，保障受试者权益；可以要求申办者或研究者提供药物临床试验的不良事件相关信息、处置方式及结果，并有权力暂停或终止临床试验。

第七章　合同和协议

第二十七条　试验之前，申办者和研究方应签署具有中国法律约束力的委托合同。在合同中明确试验内容和进度、双方责任和义务、委托研究经费额度，此外还应关注保密原则、受试者保险、受试者补偿或赔偿原则、试验暂停和终止的原则和责任归属、知识产权界定、发表论文方式等。

第二十八条 研究室或实验室不可将试验工作转包；如果不能完成部分工作，应事先由申办者与其他相关机构签署相关委托合同。

第二十九条 研究室或实验室不应擅自增加试验内容和改变试验方法。申办者如要求进行附加服务，双方应于相关工作开始之前签署附加协议，并承诺额外的工作不与临床试验方案相冲突、不损害受试者的权益与安全。

第八章 试验方案

第三十条 Ⅰ期试验开始前应制订试验方案，该方案由申办者与研究者达成共识并签署确认，报伦理委员会审查批准后实施。

第三十一条 Ⅰ期试验方案应在符合科学性和保障受试者权益的基础上，参照相关技术指导原则制定。

第三十二条 试验过程中，Ⅰ期试验方案如需要修改，修改后的试验方案必须经伦理委员会审批或备案。如试验中发生紧急医学事件或严重不良事件，研究者可以采取临床试验方案以外的必要紧急措施，以确保受试者安全。

第九章 受试者管理

第三十三条 Ⅰ期试验必须保障受试者的权益与安全，受试者招募方式应经伦理委员会审查。

第三十四条 Ⅰ期试验受试者多为健康成人，如需选择特殊人群，如儿童、老年人、孕期妇女、患者或其他弱势群体等进行研究，应有合理的理由，并采取相应保障措施。

第三十五条 试验开始前，应使受试者充分知情并签署知情同意书；试验实施中，应保持与受试者良好沟通，以提高受试者的依从性，及时发现不良事件。试验过程中，知情同意书如需要修改，修改后的知情同意书必须经伦理委员会审批，并再次获得受试者的知情同意。

第三十六条 在Ⅰ期试验中，受试者通常未获得治疗利益，申办者应给予受试者合理的经济补偿，对因参加试验而受到损害的受试者，申办者应承担相应的治疗费用和合理补偿。

第十章 试验用药品管理

第三十七条 申办者负责提供试验用药品，并对其质量负责。

第三十八条 药物临床试验机构应设临床试验药房，具备合格的试验用药品储存设施和设备。

第三十九条 试验用药品应有专人管理，按照试验用药品管理制度和SOP

进行试验用药品接收、保存、发放、使用、回收、返还，并保留相关记录。试验用药品的准备要符合方案的规定。如需对试验用药品称重、稀释、无菌条件下的配制等，均要符合相关规定。

第四十条　试验用药品的使用由研究者负责，研究者应按试验方案和随机表使用试验用药品，确保受试者按时按量用药，并做好记录。

第四十一条　试验用药品不得他用、销售或变相销售。

第十一章　生物样本管理和分析

第四十二条　按照临床试验方案和SOP采集、处理和保存临床试验生物样本。样本容器的标识应有足够的信息量，易于识别和具有唯一性。

第四十三条　生物样本转运和保存应符合试验方案和相关SOP的要求，保证其完整性和活性不受影响，并做好记录。

第四十四条　在试验过程中，应保证生物样本的标识性和可溯源性，建立样本标识、移交和保存等相关记录和样本的储存档案。

第四十五条　在分析工作开始之前，应根据试验方案要求，制订生物样本分析详细的实验方案，并由实验室负责人、项目负责人及申办者签署后生效。

第十二章　数据管理和统计分析

第四十六条　Ⅰ期试验的原始数据（包括电子数据）是试验过程中采集的第一手资料，应保证其真实性、准确性和完整性。产生数据的仪器设备与方法需经过验证。

第四十七条　计算机系统指直接或间接用于数据接收、采集、处理、报告和存储的信息系统，或是整合在自动化设备中的系统，包括一个或多个硬件单元和相关软件。用于临床试验数据管理和统计分析的计算机系统应经过验证，并具有系统自动生成的稽查踪迹，对数据的所有修改都自动保留更改痕迹；计算机系统升级时应及时保存原有数据，防止数据丢失或更改。计算机系统的使用应有严格的登录权限和密码管理制度。

第四十八条　数据录入应有核查措施（比如双份录入、系统自动的逻辑检查等）以避免数据录入错误。核查与锁定数据的过程应有详细记录，数据改动应有相应的文档支持。

第四十九条　统计分析人员在试验方案确定后制订统计分析计划，在数据锁定前加以细化和确认；统计分析必须采用公认的统计学软件和合适的统计学方法；统计分析过程必须程序化，程序源代码应具有可读性，以便核查；统计分析的结果表达应专业、客观、规范。

第五十条　Ⅰ期试验的统计分析应重点关注剂量对安全性指标、药代动力学参数、药效学指标的影响及其变化规律。

第十三章　总结报告

第五十一条　I期试验结束后，综合临床试验的所有数据，撰写I期试验总结报告（以下简称总结报告）。总结报告须经申办者和主要研究者签署确认，并由申办者和药物临床试验机构盖章。生物样本分析报告应由实验室负责人签署，并由其机构盖章。

第五十二条　总结报告的结构和内容可参考有关技术指导原则，并体现I期试验的特点。

第十四章　附　则

第五十三条　本指导原则由国家食品药品监督管理局负责解释。

第五十四条　本指导原则自发布之日起施行。

附件：

《药物I期临床试验管理指导原则（试行）》起草说明

为加强对药物I期临床试验（以下简称I期试验）管理的指导，有效地保障受试者的权益与安全，确保试验结果科学可靠，进一步提高药物临床试验质量，根据《药物临床试验质量管理规范》（GCP），国家食品药品监督管理局组织起草了《药物I期临床试验管理指导原则（试行）》（以下简称《指导原则》）。现将有关情况说明如下：

1. 背景与必要性

我国自GCP实施以来，药物临床试验的总体水平和监管能力有了很大提升，但I期试验与国际先进水平还有一定差距，亟待规范与提高。

（1）I期试验质量管理的需要。I期试验，特别是首次人体试验，存在很大的不确定性，风险很高，而其受试者多为健康人群。为保证I期试验结果真实可靠，保护受试者权益与安全，亟须制订针对I期试验特点的管理指导原则。

（2）新药研发快速发展的需要。近年来，我国创新药研发申报量逐年增加。I期试验，特别是创新药I期试验数量快速增长，对我国I期试验的总体能力和管理水平提出更高的要求。针对新药I期试验设计与实施的复杂性与创新性，应制订相应的指导原则，以提高I期试验设计的科学性、伦理的合理性、实施的规范性，引导新药研发又好又快地发展。

（3）我国药物研发国际化的需要。由于I期试验的特殊性和复杂性，发达国家纷纷出台了针对I期试验的指导原则。如英国制药行业协会于1988年颁布了《I期临床试验指南》，欧洲药品管理局于2007年颁布了《新药首次运用于人体试验的指导原则》。我国自1998年开始实施GCP，但尚未制定针对Ⅰ期试验的管理指导原则。在新药研发全球化的背景下，为使我国药物研发走向国际，有必要针对Ⅰ期试验，制定专门的管理指导原则。

2. 起草目的

借鉴国际先进经验，制订适合我国国情的Ⅰ期试验管理指导原则，为Ⅰ期试验研究室的建设、运行和管理以及Ⅰ期试验的管理提供指导意见，以规范Ⅰ期试验，保护受试者权益与安全，促进国内药物临床试验质量的提高。

3. 起草过程

国家局于2009年1月组织有关专家就《指导原则》框架进行研讨，并于6月组织起草了《指导原则》（讨论稿）。2010年先后多次组织部分省局、国家局药品审评中心和药品认证管理中心以及药物临床试验机构、药品研发企业人员召开座谈会，经过数次专题研讨修改，形成征求意见稿（第一版），并于2011年1~2月期间向部分省局、药物临床试验机构、药品研发企业征求意见，初步收集汇总反馈意见后进一步修改，于2011年3月形成征求意见稿（第二版）并在国家局网站向社会公开征求意见。2011年6月前收到来自各级药品监督管理部门、药物临床试验机构、药品研发企业和个人反馈意见和建议80余条，通过汇总整理和再次修订，完成修订稿。2011年7月，国家局召集药品审评中心、药品认证管理中心和有关专家逐一审议各条款内容，并达成一致意见，形成《指导原则》（试行稿）。

4. 主要内容与说明

《指导原则》是在我国GCP的基础上，立足国内现状，参照国际有关规范制定的，共14章54条。

第一章“总则”，说明了《指导原则》的制定目的、依据以及适用范围。

第二章至第六章是对Ⅰ期试验研究室管理的整体要求。第二章“职责要求”，明确了Ⅰ期试验所涉及的申办者、研究室/研究者及伦理委员会的职责要求，并对生物样本分析工作提出指导性要求；第三章“实施条件”，提出了对Ⅰ期试验研究室人员组成、管理制度、场所与设施设备等的要求；第四章“管理制度和标准操作规程”，提出了管理制度与标准操作规程的内容范围、管理要求；第五章“质量保证”，突出了质量保证工作的独立性与完整性；第六章“风险管理”，强调了风险管理的重要性，并对风险评估的主要内容、各相关方在风险控制中的主要职责等加以要求。

第七章至第十三章针对Ⅰ期试验全过程的各环节提出了管理指导的原则性要求，分别为合同和协议、试验方案、受试者管理、试验用药品管理、生物样本管理和分析、数据管理与统计分析、总结报告。

第十四章为附则。

三、民族药申请临床研究的医学理论及文献资料撰写原则

（一）概述

本撰写原则主要是民族药注册中申请临床研究时撰写医学理论及文献资料的基本要求。

民族药与化学合成药物的新药研究与开发有很大的不同，一般而言，在进行药学、药理和临床等试验研究前，大多在安全性和有效性方面已经具有一定的研究基础，而这些支持药物安全性和有效性的研究基础是影响药物研究与开发前景、开发风险的重要因素，也是药品审评中比较关注的问题。认真研究、总结和分析已有的研究基础，是民族药研发工作的重要研究内容，也是药品审评机构结合药物临床前药学、药理研究结果综合判断药物能否进入临床研究的重要依据之一，因此，有必要明确民族药医学理论及文献资料撰写的基本要求。

（二）撰写的基本要求

撰写医学理论及文献资料的目的在于说明已有研究基础对研制药物拟主治病证（适应症）的安全性、有效性的支持程度，应反映其研究基础、研究目的、研究思路和研究过程。应该突出中医药特色，强调中医药理论的指导作用和中医临床应用经验的支持作用。

根据《药品注册管理办法》附件一“中药、天然药物注册分类及申报资料技术要求”，这部分内容主要是注册申报资料3的“立题目的与依据”。包括处方来源和选题依据，有关传统中医理论、古籍文献、国内外研究现状或生产、使用情况的资料综述，以及对该品种创新性、可行性等的分析，包括和已有国家标准的同类品种的比较。

1. 处方组成，功能、主治病证（适应症）

应规范表述处方组成、各药味剂量，功能、主治（适应症），拟定的用法用量。中药制剂应根据本品的组方特点和中医药组方理论，确定其合理的功能、主治，用中医术语表述。

天然药物制剂可以根据现代药理研究结论拟定。

拟定的主治病证（适应症）一般应注意对中西医疾病、病情、分期、分型、中医证候等方面的合理限定。

2. 立题目的

应明确该品种的研发目的，其论述应该明确、具体。拟定的主治病证

（适应症）或适用的人群，应考虑新药研究的可操作性，并符合临床实际。

应提供所拟定的适应病证的流行病学资料，目前的治疗现状存在的问题，本品拟解决的问题、作用特点和本立题的意义。

3. 立题依据

（1）处方来源

应详细说明处方来源、应用、筛选或演变过程及筛选的依据等情况。来源于古方的应该详细说明其具体出处、演变情况，现在的认识及其依据。已有临床应用经验的应该根据实际应用情况提供有效性和安全性方面的信息，根据不同的申报类别和品种可应用动物或/和人体的药效、毒理和临床的文献资料或正式新药研究前的处方筛选中的试验研究资料来说明。

（2）对主治病证病因病机、治法与处方的论述

中药制剂应用中医药理论对主治病证的病因病机、治法进行论述，并对处方的基本配伍原则（如君、臣、佐、使等）及组成药物或成分加以分析，以说明组方的合理性。

天然药物制剂应结合已有的研究资料对拟定适应症提供依据并加以阐述。注意药物作用特点应与适应症的病情、分期、分型等方面相适应，说明拟定适应症的合理性，并反映其下一步临床研究的思路。

（3）文献综述

应围绕制剂的研究目的，从主治病证（适应症）、处方用药等方面进行古今文献综述，以进一步说明立题依据的科学性。应注意引用文献资料的真实性及针对性，并注明出处，注意文献的可信度和资料的可靠性。

申报中药材、新的药用部位制成的制剂、中药材代用品、天然药物等应重点围绕立题依据提供其古今文献综述。

4. 对申报品种创新性、可行性分析

（1）国内外相关品种研究、生产、使用现状的分析

应提供国内外与本品主治病证（适应症）相同或相近品种的研究、生产、使用现状的分析资料，以及与本品的处方组成相近药物的国内外研究、生产、使用现状的分析资料，以说明其创新性。

（2）和已有国家标准的同类品种的比较

应提供和已有国家标准的同类品种的比较资料，以说明其特点和开发意义。

（3）可行性分析

应从本项研究理论依据的科学性、处方组成的合理性、进一步研究的可操

作性以及市场前景的预测等方面加以论述。

四、民族药临床试验报告的撰写原则

（一）概述

药物临床试验报告是反映药物临床试验研究设计、实施过程，并对试验结果作出分析、评价的总结性文件，是正确评价药物是否具有临床实用价值（有效性和安全性）的重要依据，是药品注册所需的重要技术资料。报告撰写者负有职业道义和法律责任。

临床试验报告不仅要对试验结果进行分析，还需重视对临床试验设计、试验管理、试验过程进行完整表达，以阐明试验结论的科学基础，这样才能对药物的临床效应作出合理评价。一个设计科学、管理规范的试验只有通过科学、清晰的表达，它的结论才易于被接受。药物临床试验报告的撰写表达方法、方式直接影响着受试药品的安全性、有效性评价。研究试验报告的撰写方法和方式十分重要。

真实、完整地描述事实，科学、准确地分析数据，客观、全面地评价结局是撰写试验报告的基本准则。只有可靠真实的试验结论才能经得起重复检验，而经得起重复检验是科学品格的基本特征。

本指导原则适用于中药和天然药物的临床试验报告的撰写。中药的药物临床试验报告应该分析和重视描述受试药品在适应症、适用人群、使用方法等方面的中医中药特色。

新药研发的目的在于维护人类的生命健康，临床试验必须遵循伦理学要求，这体现了对生命的尊重。临床试验报告中关于伦理学方面的说明必须给予充分重视。

本指导原则力图为民族药临床试验报告的撰写提供表达方法并在规范上起指导作用，以利于写出内容完整、表述清晰、易于评价的临床试验报告。

本指导原则仅对一般临床试验报告的结构框架和内容要点进行了说明。由于临床试验的复杂性，报告结构和内容需根据研究的具体情况进行适当的调整，而且随着临床试验研究水平的不断提高，临床试验报告撰写的方法也将不断改进与完善。

（二）临床试验报告的结构与内容

1. 报告封面

参照国家食品药品监督管理局有关药品注册申报资料的形式要求。

2. 签名页

（1）报告题目。

（2）主要研究者对研究试验报告的声明。申明已阅读了该报告，确认该报告准确描述了试验过程和结果。

（3）主要研究者签名和日期。

（4）统计负责人签名和日期。

（5）执笔者签名和日期。

3. 报告目录

每个章节、附件、附表的页码。

4. 缩略语

正文中首次出现的缩略语应规范拼写，并在括号内注明中文全称。应以列表形式提供在报告中所使用的缩略语、特殊或不常用的术语定义或度量单位。

5. 伦理学声明

（1）确认试验实施符合赫尔辛基宣言及伦理学原则。

（2）提供伦理委员会组成、伦理委员会讨论纪要及批准临床试验方案的情况说明。

（3）描述如何及何时获得与受试者入选相关的知情同意书。

6. 报告摘要

报告摘要应当简洁、清晰地说明以下要点，通常不超过1500字。

（1）试验题目。

（2）临床批件文号。

（3）主要研究者和临床试验单位。

（4）试验的起止日期（第一例受试者第一次访视至最后一名受试者最后一次访视日期）。

（5）试验目的及观察指标。

（6）对研究药物功能主治的描述。

（7）对试验设计作简短描述，包括试验设计类型（平行、交叉、成组序贯等）、设盲水平（双盲、单盲或非盲）、随机分组方法、对照的形式（安慰剂、阳性药对照、剂量对照等）、疗程。

（8）试验人群。

（9）给药方案（包括对照组）。

（10）概要说明评价标准（有效性和安全性评价指标）。

（11）统计分析方法或模型（包括基线评价、组间比较、协变量分析、综合比较等)。

(12) 简述基线可比性分析结果。

(13) 各组疗效结果（主要和次要疗效指标)。

(14) 各组安全性结果（不良事件及严重不良事件)。

(15) 结论（有效性和安全性结论)。

7. 报告正文

(1) 试验题目

(2) 前言

一般包括：受试药品研究背景；研究单位和研究者；目标适应症和受试人群、治疗措施；受试者样本量；试验的起止日期；国家食品药品监督管理局批准临床试验的文号；制定试验方案时所遵循的原则、设计依据；申办者与临床试验单位之间有关特定试验的协议或会议等应予以说明或描述，简要说明临床试验经过及结果。

(3) 试验目的

应提供对具体试验目的的陈述（包括主要、次要目的)。具体说明本项试验的受试因素、受试对象、研究效应，明确试验要回答的主要问题。

(4) 试验方法

①试验设计

概括描述总体研究设计和方案。如试验过程中方案有修正，应说明原因、更改内容及依据。

对试验总体设计的依据、合理性进行适当讨论，具体内容应视设计特点进行有针对性的阐述。如采用单盲或非盲设计，应说明理由。

提供样本含量的具体计算方法、计算过程以及计算过程中所用到的统计量的估计值及其来源依据，描述期中分析计划。

②随机化设计

详细描述随机化分组的方法和操作，包括随机分配方案如何随机隐藏，并说明分组方法，如中心分配法，各试验单位内部分配法等。

③设盲水平

需明确说明盲法水平（双盲、单盲、非盲)，并说明选择依据。描述盲法的具体操作方法。说明个例破盲的规定和操作程序。如果试验过程中需要非盲研究者（如允许他们调整用药)，则应说明使其他研究人员维持盲态的手段。用于数据稽查或期中分析时保持盲态的程序应加以说明。说明试验结束时揭盲的规定和操作程序。

此外，在难以设盲的试验中，需描述为减少偏倚、可靠判定受试药品临床疗效所采取的措施，以及如何使进行终点评价的人员对那些可能揭示治疗分组的信息保持盲态的措施。

④研究对象

应描述受试者的选择标准，包括所使用的诊断标准及其依据，所采用的纳入标准和排除标准、剔除标准。注意描述方案规定的疾病特定条件，如达到一定严重程度或持续时间的疾病；描述特定检验、分级或体格检查结果；描述临床病史的具体特征，如既往治疗的失败或成功等；选择研究对象还应考虑其他潜在的预后因素和年龄、性别或种族因素。应对受试者是否适合试验目的加以讨论。

中药新药以西医疾病与中医证结合的方式进行研究的，既要明确疾病诊断标准，又要列出中医证的诊断标准。若所选主治的疾病有不同分型（或分期、分度、分级），则要分别列出其标准。

关于受试者退出试验条件等的说明，则需根据具体品种和适应症的具体情况加以描述。

⑤对照方法及其依据

应描述对照的类型和对照的方法，并说明合理性。

对照药物包括阳性对照药和安慰剂。在说明阳性对照药的选择依据时，应注意说明受试药物与对照药在功能和适应症方面的可比性。

⑥治疗过程

应描述受试药物和对照药物的名称、来源、规格、批号、包装和标签。提供阳性对照药的说明书。

具体说明用药方法（给药途经、剂量、给药次数和用药持续时间、间隔时间），应说明确定使用剂量的依据。描述对试验期间合并用药、伴随治疗所作出的规定。

⑦疗效评价指标与方法

应明确主要疗效指标和次要疗效指标。对于主要指标，应注意说明选择的依据，应如实反映主要指标确定的时间。应描述需进行的实验室检查项目、时间表（测定日，测定时间，时间窗及其与用药、用餐的关系）及测定方法。描述为使实验室检查和其他临床检测标准化或使其结果具有可比性所采用的技术措施。

如果采用替代指标（不能直接反映临床受益的实验室检查、体格检查或体征）作为研究终点，应作出特殊说明。中药研究应注意描述中医证的疗效的评价方法和标准。

陈述随访方案，包括随访目的、随访对象、随访指标、治疗规定、随访周期、观测访视时点等。

⑧安全性评价指标与方法

应明确用以评价安全性的指标，包括症状、体征、实验室检查项目及其时间表（测定日、测定时间、时间窗及其与用药、用餐的关系）、测定方法、评价标准。

明确预期的不良反应；描述临床试验对不良反应观察、记录、处理、报告的规定。说明对试验用药与不良事件因果关系、不良事件严重程度的判定方法和标准。

⑨质量控制与保证

临床试验必须有全过程的质量控制，实施 GCP 的各项规定是实现质量控制的基本保证，应就质量控制体系和方法作出简要描述。在不同的试验中，易发生偏倚、误差的环节与因素可能各不相同，应重点陈述针对上述环节与因素所采取的质控措施。

⑩数据管理

临床试验报告必须明确说明为保证数据质量所采取的措施，或者是数据的质量控制系统，包括采集、核查、录入、盲态审核、数据锁定过程和具体措施。

⑪统计学分析

描述统计分析计划和获得最终结果的统计方法。

应明确列出统计分析集（按意向性治疗原则确定的全分析集、符合方案集、安全性数据集）的定义，主要指标和次要指标的统计分析方法（公认的方法和软件）、疗效及安全性评价方法等。

重点阐述如何分析、比较和统计检验以及离群值和缺失值的处理，包括描述性分析、参数估计（点估计、区间估计）、假设检验以及协变量分析（包括多中心研究时中心间效应的处理）。应当说明要检验的假设和待估计的处理效应、统计分析方法以及所涉及的统计模型。处理效应的估计应同时给出可信区间，并说明计算方法。假设检验应明确说明所采用的是单侧检验还是双侧检验，如果采用单侧检验，应说明理由。

对研究中任何统计方案的修订须进行说明。

（5）试验结果

①受试人群分析

使用图表表述所有进入试验的受试者的总人数，提供进入试验不同组别的受试者人数、进入和完成试验每一阶段的受试者人数、剔除或脱落的受试者人数。

分析人口统计学和其他基线特征的均衡性。以主要人口学指标和基线特征数据进行可比性分析，一般包括全数据集的分析和符合方案数据集的分析，或以依从性、合并症、基线特征等分类的数据集的分析。分析时的主要指标包括年龄、性别和种族等人口学指标和目标疾病、入选指标、证的指标、病程、严重度、临床特征症状及实验室检查、重要预后指标、合并疾病、既往病史、其他的试验影响因素如体重、吸烟、饮酒、特殊饮食和月经状况等。

分析依从性。应说明依从性分析的方法和结果，说明依从性状况对试验结局的影响。

分析和说明合并用药、伴随治疗情况。

分析受试者被剔除或脱落的原因（可采用列表方式表述）。

②疗效评价

疗效分析

建议采用全数据集和符合方案数据集分别进行疗效分析。对使用过受试药物但未归入有效性分析数据集的受试者情况应加以详细说明。应对所有重要的疗效指标（分主要和次要疗效指标、证的指标等）进行治疗前后的组内比较，以及试验组与对照组之间的比较。基于连续变量（如平均血压或抑郁评分）和分类变量（如感染的治愈）的分析是同样可行的，如果这两种分析均已计划且均可使用，则两者均应描述。

中药应进行证的疗效分析。在疗效确定试验中，一般应取得试验方案中所计划的所有分析的结果，并且包含全部有治疗后数据的患者的分析结果。这些分析应显示不同治疗组间差异的大小及相关的可信区间和假设检验的结果，并作出统计分析结论和专业结论的分析。应分析合并用药、伴随治疗对试验结局的影响，应注意随访结果分析。

多中心研究的各中心应提供多中心临床试验的各中心小结表。该中心小结表由该中心的主要研究者负责，须有该单位的盖章及填写人的签名。内容应包括该中心受试者的入选情况、试验过程管理情况、发生的严重和重要不良事件的情况及处理、各中心主要研究者对所参加的临床试验的真实性的承诺等。临床试验报告需要进行中心效应分析。

有效性小结

应根据主要和次要指标、预定的和可供选择的统计学方法以及探索性分析的结果，对有关疗效的重要结论作出简明扼要的说明。

③安全性分析

在试验中任何使用至少一次受试药品的受试者均作为受试药品安全性分析的对象，列入安全性分析集。安全性分析包括三个层次：首先，应说明受试者用药的程度（试验药物的剂量、用药持续时间、受试者人数）。其次，应描述较为常见的不良事件和实验室指标改变，对其进行合理的分类及组间比较，以合适的统计分析比较各组间的差异，分析影响不良反应/事件发生频率的可能因素（如时间依赖性、剂量或浓度、人口学特征等）。最后，应描述严重的不良事件和其他重要的不良事件。应注意描述因不良事件（不论其是否被否定与药物有关）而提前退出研究的受试者或死亡患者的情况。

用药程度

用药时间以药物使用时间的平均数或中位数来表示，可以采用某特定时程有多少受试者数来表示，同时应按年龄、性别、疾病等列出各亚组的数目。

用药剂量以中位数或平均数来表示，可以表示成每日平均剂量下有多少受试者数。可以将用药剂量和用药时间结合起来表示，如用药至少一个月，某剂量组的受试者有多少，同时应按年龄、性别、疾病等列出各亚组的数目。

不良事件分析

应对试验过程中所出现的不良事件作总体上的简要描述。对受试药品和对照药的所有不良事件均应进行分析，并以图表方式直观表示，所列图表应显示不良事件的发生频度、严重程度和各系统情况以及与用药的因果关系。

分析时比较受试组和对照组的不良事件的发生率，最好结合事件的严重度及因果判断分类进行，需要时，尚应分析其与给药剂量、给药时间、基线特征及人口学特征的相关性。

严重不良事件和主要研究者认为需要报告的重要不良事件应单列开进行总结和分析。应提供每个发生严重不良事件和重要不良事件的受试者的病例报告，内容包括病例编号、人口学特征、发生的不良事件情况（发生时间、持续时间、严重度、处理措施、结局）和因果关系判断等。

在合并用药情况下，判断受试药品的安全性需要陈述所作结论的合理性。

因不良事件中止试验，应提供相应报告。

与安全性有关的实验室检查

根据专业判断，在排除无意义的与安全性无关的异常外，对有意义的实验室检查异常应加以分析说明，提供相应的异常项目一览表、受试组和对照组分析统计表，对其改变的临床意义及与受试药品的关系进行讨论。

临床实验室安全性检查结果包括每项实验室检查治疗前后发生异常改变频

数表（包括治疗前正常治疗后变为异常以及治疗前异常治疗后异常加重两种情况），个例具有临床意义的异常改变治疗前后测定值列表以及随访检测、处理和转归情况。

安全性小结

对受试药品的总体安全性进行小结，分析不良反应的严重程度和反应类型。特别注意以下内容：导致给药剂量改变或需给予治疗的不良事件；程度严重的不良事件；导致出组的不良事件；导致死亡的不良事件。分析受试药品的可能的高风险人群。阐述安全性问题对受试药品临床广泛应用的可能影响。

（6）讨论

在对试验方法、试验质量控制、统计分析方法进行评价的基础上，综合试验结果的统计学意义和临床意义。对受试药物的疗效和安全性结果以及风险和受益之间的关系作出讨论和评价。其内容既不应该是结果的简单重复，也不应该引入新的结果。讨论和结论应清楚地阐明新的或非预期的发现，评论其意义，并讨论所有潜在的问题，例如有关检测之间的不一致性、受试药物临床使用应当注意的问题、受试药物疗效分析中可能存在的局限性等。结果的临床相关性和重要性也应根据已有的其他资料加以讨论。还应明确说明个别受试者或风险患者群的受益或特殊预防措施，及其对进行更深一步研究的指导意义。围绕药品的治疗特点，提出可能的结论、开发价值，讨论试验过程中存在的问题及对试验结果的影响。中药研究可探讨中医药理论对临床疗效和安全用药的指导作用，提倡进行证的疗效和疾病疗效的相关性分析。

（7）结论

说明本临床试验的最终结论，重点在于安全性、有效性最终的综合评价，明确是否推荐继续研究或申报注册。

（8）参考文献

列出有关的参考文献目录。

8. 附件

（1）国家食品药品监督管理局的临床研究批件。

（2）最终的病例报告表（样张）。

（3）药品随机编码（如果是双盲试验应提供编盲记录）。

（4）独立伦理委员会批件、知情同意书样稿。

（5）阳性对照药的说明书、质量标准，受试药品（如为已上市药品）的说明书。

（6）盲态核查报告及揭盲和紧急破盲记录。

（7）统计计划书和统计分析报告。

（8）临床监查员的最终监查报告。

（9）严重不良事件及主要研究者认为需要报告的重要不良事件的病例报告。

（10）临床试验的流程图。

（11）多中心临床试验的各中心小结表。

多中心临床试验的各中心小结表

临床试验题目					
临床试验批件号				批准日期	
药品注册申请人					
临床试验机构及专业名称					
本中心试验负责人姓名				职务/职称	
参加试验人员（可提供附表）	提供姓名、职称、所在科室、研究中分工等信息				
伦理委员会名称		伦理委员会批准日期			
第一个受试者入组日期		最后一个受试者结束随访日期			
试验计划入组受试者数	筛选人数		入组（随机化）人数		
试验计划入组受试者数		未完成试验人数			
受试者入选情况一览表（可提供附表）	需提供所有签署知情同意书的受试者编号（或姓名缩写）、知情同意日期、筛选失败原因、入组日期、药物编号、未完成试验者的中止原因与日期。				
主要数据的来源情况	说明与临床疗效、安全性相关的主要指标的设定依据。说明采集数据的仪器、检测方法、实验室和正常值范围。				
试验期间盲态保持情况	试验盲态：□双盲　□单盲　□非盲 如果是双盲试验，有无紧急揭盲？□无　□有 如有，提供紧急揭盲受试者详细情况				
严重和重要不良事件发生情况	严重不良事件：□无　□有 重要不良事件：□无　□有 如有，提供发生严重和重要不良事件受试者情况及与试验药物的关系判断。				
临床试验监查情况	委派临床试验监查员单位：□申请人　□CRO　监查次数：　　监查质量评价：				

续表

临床试验题目	
主要研究者的评论	本中心主要研究者对本项临床试验的质量控制和试验情况作出评论，并对试验结果的真实性作出声明。 本中心主要研究者签名：　　　　日期：
本中心临床试验机构管理部门审核意见	盖章：　　　　日期：

备注：临床试验题目应明确临床试验的分期和项目。

第五节　民族药物注册申报资料撰写技术指导原则

为规范和指导民族药研究工作，保证研发质量，2007 年 4 月 15 日，国家食品药品监督管理局以国食药监注〔2007〕213 号颁布了《中药、天然药物综述资料撰写的格式和内容的技术指导原则——对主要研究结果的总结及评价》、《中药、天然药物综述资料撰写的格式和内容的技术指导原则——药学研究资料综述》、《中药、天然药物综述资料撰写的格式和内容的技术指导原则——药理毒理研究资料综述》、《中药、天然药物综述资料撰写的格式和内容的技术指导原则——临床试验资料综述》，提出了中药、天然药物综述资料的撰写格式和内容的技术要求。

一、民族药主要研究成果的总结及评价综述资料撰写技术指导原则

（一）概述

《民族药综述资料撰写的格式和内容的技术指导原则——对主要研究结果的总结及评价》（简称指导原则），是根据《药品注册管理办法》等相关要求而制订。

本指导原则针对民族药研发立题目的与依据、主要研究结果的总结、综合分析与评价等方面，对申报资料格式与内容进行规范并做出一般性的要求。该资料是对药学、药理毒理和临床研究综述资料的进一步总结和提炼，强调对各项研究结果及其相互联系的综合分析与评价。注册申请人需在“安全、有效、

质量可控”这一药物研究和技术评价共同遵守的原则指导下，对申报品种进行综合分析与评价，以期得出科学、客观的结论。

不同注册分类的药品资料的撰写可参照本指导原则的一般要求，并结合品种的特点，在具体内容上有所侧重或取舍。

本指导原则分为民族药新药申请和已有国家标准的中成药和天然药物制剂的申请两部分。民族药新药申请部分又分为申请临床和申请生产两部分。

（二）撰写格式和内容

1. 民族药新药申请

（1）申请临床试验

①品种概况

简述基本情况，包括：药品名称和注册分类。如有附加申请，需进行说明。处方（组成、剂量）、剂型、辅料组成、制成总量及规格。处方中是否含有毒性药材及十八反、十九畏配伍禁忌。毒性药材的主要毒性及日用量是否符合法定用量要求。以新的有效部位或有效成分制成的制剂，应说明有效部位或有效成分及其临床拟用剂量确定的依据。原料药、辅料的质量标准出处。是否有贵细药材、濒危药材，是否对原料来源进行过调研。处方来源，申报的功能主治（适应症），用法用量及折合原料药量［临床拟用量，按60kg体重计算的g（mg）/kg或g（mg）原药材/kg］、用药特点，拟定疗程。

如为改变给药途径、改变剂型的品种，则需简要说明拟改剂型、给药途径的合理性依据，说明原标准出处，比较现标准与原标准的功能主治、日用原料药量是否一致。是否有临床应用史，有无不良反应报道，相关的研究进展情况。简述研发背景和研发过程，包括知识产权方面内容。申报单位、全部试验单位（分别描述药学、药理毒理及临床试验单位）。

②主要研究结果总结主要包括药学、药理毒理、临床三方面

药学：简述制法及工艺参数、中试研究结果和质量检测结果。若为改剂型的品种，说明现工艺和原工艺的异同及参数的变化情况。简述质量标准中列入的鉴别和检查项目、方法和结果。阐述对毒性成分等的控制方法。说明含量测定指标、方法及含量限度。简述稳定性考察方法及结果，说明直接接触药品的包装材料和容器。

药理毒理：简述药效学试验结果，重点说明支持功能主治（适应症）的试验结果。简述一般药理学的试验结果。简述急性毒性试验的主要结果，重点描述毒性反应，提供半数致死量（LD50）、最大耐受量（MTD）或最大给药量。简述长期毒性试验的主要结果，包括受试动物、剂量组别、给药途径、给

药周期、安全剂量、中毒剂量、毒性作用靶器官以及毒性反应可逆程度等。简述致突变、生殖毒性、致癌试验结果。简述过敏性、溶血性、刺激性及依赖性试验结果。简述动物药代动力学（吸收、分布、代谢与排泄）的特征，提供主要的药代动力学参数。

临床：简述处方来源、应用、筛选或演变过程，说明处方合理性的依据。如按中医理论组方，应简述处方中君、臣、佐、使及各自功用，如有相关的临床应用经验，还应简述原临床适应病症、用法、用量、疗程、疗效及特点和安全性情况。简述拟选择适应病症的病因、病机、治疗等研究现状及存在的主要问题；申请注册药物的特点和拟临床定位。简述临床试验计划。若有不同期或阶段的临床试验，需要考虑不同试验的联系和区别，可围绕拟选适应病症，结合受试药物的特点，分析试验设计的合理性。如申请减或免临床研究，需说明理由。

③综合分析与评价

根据研究结果，结合立题依据，对质量可控性、安全性、有效性及研究工作的科学性、规范性和完整性进行综合分析与评价。在完整地了解药品研究结果的基础上，整体把握申报品种对拟选适应病症的有效性和临床应用的安全性。综合分析药学、药理毒理和临床研究结果之间的相互关联，权衡临床研究的风险/受益情况，为是否或如何进行临床研究提供支持和依据。

质量可控性：根据处方组成、既往的临床应用经验和/或处方各组成药物临床应用背景以及现代研究进展，结合所拟定的适应病症，评价剂型选择、制备工艺及质量标准的合理性，分析工艺研究、质量标准研究与药品安全、有效的相关性，综合评价质量可控性。

安全性：根据中医理论、既往的临床应用经验、处方中各组成药物临床应用背景、现代研究进展以及拟选适应病症，结合药效学、毒理学及药代动力学等试验结果，对其安全性进行综合分析和判断。根据药效学、毒理学及药代动力学等试验结果，明确安全剂量、中毒剂量、毒性靶器官及毒性反应可逆程度，分析药效学有效剂量与毒理学安全剂量的关系，以及与临床拟用剂量的倍数关系，判断安全范围，提示临床可能的不良反应和应关注的监测指标（包括安全性指标和药代动力学参数），综合评价安全性。处方中含有毒性药材或毒性成分时，应结合工艺、质量标准研究情况，分析药学研究与毒理学研究的相关性，综合评价安全性。当毒理学研究出现了与处方组成药物特点不相符合、难以解释的毒性反应时，应结合药学研究等情况和文献资料，分析其毒性产生的可能原因，综合评价安全性。

有效性：从中医理论、既往的临床应用经验、处方各组成药物临床应用背景、现代研究进展，药效学试验结果与临床拟选择适应病症的关系等方面，对申报品种的有效性进行综合分析和判断。根据药效学试验结果说明有效剂量和/或起效剂量，为拟定临床试验剂量提供参考。如有药代动力学试验结果，应结合药效学试验结果，为拟定临床试验剂量与用药间隔提供参考。综合评估申报品种对拟选适用人群的可能受益情况，评估可能存在的问题或风险以及预防措施。经过科学、合理的分析，做出其能否进行临床试验的评价。

（2）申请生产

①品种概况

简要介绍申报品种的基本情况，包括：药品名称和注册分类。如有附加申请，需进行说明。处方（组成、剂量）、剂型、辅料组成、制成总量及规格。明确处方中是否含有十八反、十九畏及毒性药材。毒性药材的主要毒性及日用量是否符合法定用量要求。原药材、辅料的质量标准出处。处方来源，功能主治（适应症）。处方中君、臣、佐、使及各自功用（如非按照中医理论组方，可略）。用法用量、用药特点。适应病症的病因、病机、治疗等研究现状及存在的主要问题；简述与国内外已上市同类品种的比较，申请注册药物的特点和临床定位。

如为改变给药途径、改变剂型的品种，则需简要说明所改剂型、给药途径的合理性依据，说明原标准出处，比较现标准与原标准的功能主治、日用原料药量是否一致。是否有临床应用史，有无不良反应报道。临床批件情况（获批件号和批准时间，批件中“审批结论”具体内容及完成情况）。临床试验时间、临床试验病症、病例数。临床试验负责单位，临床试验参加单位数目。

②主要研究结果总结

药学：简述临床研究期间补充完善的药学研究结果。明确临床研究前、后制备工艺的一致性。对于改剂型品种，说明现工艺和原工艺的异同。简述质量标准内容及拟定的含量限度。说明非法定来源的对照品是否提供了法定部门的标定结果。简述稳定性研究方法及结果，拟定有效期。

药理毒理：简述临床研究期间补充完成的药理毒理研究结果。根据药效学、毒理学和药代动力学试验结果，简述其药理毒理作用和药代动力学过程。简述安全性试验得出的对临床试验安全性观察具有参考价值的结论。

临床：简述试验主要目的，随机、对照、盲法的设计与实施，诊断标准、纳入标准和排除标准关键内容，观察指标，疗效标准和评价方法；给药途径、剂量、给药次数、疗程和有关合并用药的规定；质量控制、数据管理及统计分析评价。影响疗效评价主要因素的组间均衡性分析。简述临床试验有效性结果。应综合考虑以下因素：受试人群特征，包括人口统计学特征，疾病分级、其他潜在的重要变异，排除人群，特殊人群，讨论受试人群和上市后可能用药人群的区别；病例入选情况，研究观察周期，研究终点的选择是否合理；研究结果的临床价值/意义。描述临床试验安全性结果。特别注意非预期的不良反应及不能肯定与试验药物无关的不良事件及其程度和转归。简述试验过程中存在的问题及对试验结果的影响。

若有不同期或阶段的临床试验，需要考虑不同试验的联系和区别，可围绕适应症结合受试药物的特点，分析试验设计的合理性与试验结果的可靠性。

③综合分析与评价

应将研究过程中的思路、方法、体会更多地体现在综合评价中，以突出申报品种的特点。根据研究结果，结合立题依据，对其的质量可控性、安全性、有效性及研究工作的科学性、规范性和完整性进行综合分析与评价。在完整地了解药品研究结果的基础上，整体把握对所选适应人群的有效性和安全性。综合分析药品研发过程中药学、药理毒理和临床研究结果之间的相互关联性。在临床试验的合法性、设计的合理性评价的基础上，对所选适用人群的受益情况及临床应用后可能存在的问题或风险作出综合评估。

质量可控性：从质量可控的角度出发，分析质量标准的质控指标及限度与原料药、工艺及稳定性之间的关系，评价质量标准与安全性及有效性的联系。若毒理或临床研究中出现明显的毒性或不良反应，应进一步分析原因，说明相应的解决方法。

安全性：以临床试验结果为依据，结合受试人群特征及药理毒理试验结果，综合评价申报品种的安全性，归纳不良反应、注意事项和禁忌、特殊人群以及药物相互作用，分析可能的高风险人群。分析安全性问题对申报品种临床广泛应用的可能影响。说明非预期的安全性问题并予以分析，同时还应说明是否对临床试验中出现的非预期不良反应进行了进一步的非临床安全性研究。当临床研究出现不良反应或者出现无法确定与申报品种因果关系的不良事件时，要回溯药理毒理试验结果，并结合中医理论、既往的临床应用经验、处方组成药物临床应用背景、现代研究进展，对其安全性进行综合分析和判断，为临床安全用药提供参考。

有效性：以临床试验结果为依据，针对临床试验所选受试人群的特点，分析申报品种的疗效及特点。明确功能主治（适应症）。评价整个试验过程中存在的问题及对试验结果的影响。综合评估对所选适用人群的受益情况，评估广泛临床应用后可能存在的问题或风险以及预防措施。

2. 已有国家标准的民族药的申请

（1）品种概况

简要介绍申报品种的基本情况，包括：药品名称、国家标准的出处，申报品种的处方（组成、剂量）、剂型、辅料、制成总量及规格。处方中是否含有毒性药材及十八反、十九畏配伍禁忌。毒性药材的主要毒性及日用量是否符合法定用量要求。说明处方、日用原料药量与已有国家标准药品的一致性。是否附加申请非处方药。申报单位。

（2）主要研究结果总结

①药学　说明生产工艺与原工艺的一致性。简述中试研究结果和质量检测结果。说明原料、辅料法定标准出处。简述质量标准中列入的鉴别和检查项目、方法和结果，说明含量测定指标、方法及含量限度。对新增或修订的内容应予说明。简述稳定性考察方法及结果，说明直接接触药品的包装材料和容器、贮藏条件及拟定的有效期。

②药理毒理　根据需要提供相关研究结果。

③临床　质量标准及说明书中处方、功能主治、用法用量、不良反应、禁忌、注意事项是否与已有国家标准药品一致，如有修改之处，需说明理由。简述原药品不良反应报道。【成分】或【主要成分】中药味是否按照国家食品药品监督管理局公布的顺序排列。如附加申请非处方药，提供的说明书是否按照国家食品药品监督管理局批准的非处方药说明书格式和内容修订。如需要进行临床研究，参考新药的格式和要求。

（3）综合分析与评价

围绕药学、药理毒理以及临床等方面研究结果与已有国家标准药品进行比较、分析，评价与已有国家标准药品日用原料药量、工艺等方面的一致性，如有修改，应说明理由。同时，说明质量标准的完善情况。

二、民族药药学研究综述资料撰写技术指导原则

（一）概述

民族药药学研究资料综述撰写格式和内容的技术指导原则（简称指导原则），是根据《药品注册管理办法》等相关要求而制订。

本指导原则的制订旨在指导申请人规范对药学研究综述资料的撰写，引导

申请人对药学研究结果及药学与药理毒理、临床等相关研究之间的相互联系进行分析与评价，关注药品研究的科学性和系统性，从而提高药品研究开发的水平。

药学研究内容包括原料药［包括药材（含饮片）、提取物（含有效部位、有效成分）、化学药等］的鉴定与前处理、剂型选择、制备工艺研究、中试研究、质量研究及质量标准的制订、稳定性研究（包括直接接触药品的包装材料或容器的选择）等。药学研究资料综述则是申请人对所进行的药学研究结果的总结、分析与评价。

本指导原则主要内容包括：新药申请和已有国家标准的民族药的申请；新药申请又包括申请临床研究和申请生产。

（二）撰写格式和内容

1. 民族药新药申请

（1）申请临床试验

①主要研究结果总结

剂型选择及规格的确定依据：根据试验研究结果和/或文献，简述剂型选择及规格确定的依据。

制备工艺的研究：简述制剂处方和制法。若为改变剂型品种，还需简述现工艺和原工艺的异同及有关参数的变化情况。简述制备工艺参数及确定依据，如提取、分离、纯化、浓缩、干燥、成型工艺的试验方法、考察指标、辅料种类和用量等。简述中试研究结果和质量检测结果，包括批次、投料量、辅料量、中间体得量（率）、成品量（率）。说明成品中含量测定成分的实际转移率。评价工艺的合理性，分析工艺的可行性。

质量研究及质量标准：原料药、辅料的质量标准：说明原料药、辅料法定标准出处。简述原料药新建立的质量控制方法及含量限度。无法定标准的原料药或辅料，说明是否按照相关技术要求进行了研究及申报，简述结果。说明是否建立了中间体的相关质量控制方法，简述检测结果。

成品质量标准：鉴别：简述质量标准中列入的鉴别项目、方法及结果，包括所采用的鉴别方法、鉴别药味、对照药材和/或对照品、阴性对照结果、方法是否具有专属性。对未列入质量标准的药味说明不列入质量标准（草案）正文的原因。说明对照品和/或对照药材的来源。检查：说明检查项目、检查依据、检查方法及结果，并简述与安全性有关的指标是否建立了质量控制方法和限度，如重金属及有害元素、有机溶剂残留量、农药残留量、黄曲霉毒素、大孔树脂残留物等。浸出物测定：说明是否建立了浸出物测定方法，简述检测结果。含量测定：说明含测指标的确定依据、方法学研究结果、样品测定的批次、含量限度制定的依据、对照品的来源及纯度等。

说明非法定来源的对照品是否按照相关技术要求进行了研究，简述研究结果，简述样品的自检结果。评价所制定质量标准的合理性和可控性。

稳定性研究：述稳定性考察结果，包括考察样品的批次、时间、方法、考察指标与结果、直接接触药品的包装材料和容器等。需要进行影响因素考察的，还需简述影响因素的考察结果。评价样品的稳定性。

（2）分析与评价

①对剂型选择、工艺研究、质量控制研究、稳定性考察的结果进行总结，分析各项研究结果之间的联系。结合临床应用背景、药理毒理研究结果及相关文献等，分析药学研究结果与药品的安全性、有效性之间的相关性。评价工艺合理性、质量可控性，初步判断稳定性。

2. 申请生产

①主要研究结果总结

临床批件情况：简述临床批件内容，包括：批件号、批准时间、要求完成的内容等。简述针对批件要求所进行的研究结果。

生产工艺：明确临床研究前、后制备工艺的一致性。若确需改变，说明改变的时间、内容及合理性，是否按照有关法规进行了申报。

简述中试样品的批次、规模、质量检查结果等，说明工艺是否稳定、合理、可行。

质量研究及质量标准：简述质量标准较临床前是否有完善和/或提高，并说明其内容及依据，简述质量标准的主要内容，说明含量测定的批次、拟定的含量限度及确定依据，说明对照品的来源及纯度等，说明非法定来源的对照品是否提供了法定部门的标定结果。

稳定性研究：简述稳定性研究结果，包括考察样品的批次、时间、方法、考察指标与结果、直接接触药品的包装材料和容器等。评价样品的稳定性，拟定有效期及贮藏条件。

说明书、包装、标签：明确直接接触药品的包装材料和容器，说明是否提供了其注册证和质量标准。简述说明书、包装、标签中【成分】、【性状】、【规格】、【贮藏】、【包装】、【有效期】等内容。

②分析与评价

对制备工艺、质量控制、稳定性研究的结果进行总结，分析各项研究结果之间的联系。结合临床研究结果等，分析药学研究结果与药品的安全性、有效性之间的相关性。评价工艺可行性、质量可控性和药品稳定性。

2. 已有国家标准的民族药的申请

（1）主要研究结果总结

①生产工艺

简述生产工艺与原工艺的一致性。说明其工艺参数及确定依据。简述中试生产样品的批次、规模、中间体得量（率）、成品量（率）等。

②质量研究及质量标准

参照新药申请要求。简述质量标准的主要内容，说明质量标准较原标准是否有完善和/或提高，对新增或修订的内容予以说明。

③稳定性研究

简述稳定性研究结果，包括考察样品的批次、时间、方法、考察指标与结果、直接接触药品的包装材料和容器等。评价药品的稳定性，拟定有效期及贮藏条件。

④说明书、包装、标签

明确直接接触药品的包装材料和容器，说明是否提供了其注册证和质量标准。简述说明书、包装、标签中【成分】、【性状】、【规格】、【贮藏】、【包装】、【有效期】等内容。

（2）分析与评价

与已有国家标准药品比较，说明日用原料药量、工艺的一致性，说明质量标准的完善情况。评价质量可控性和药品稳定性。

三、民族药药理毒理研究综述资料撰写技术指导原则

（一）概述

《民族药综述资料撰写的格式和内容的技术指导原则—药理毒理研究资料综述》（简称指导原则），是根据《药品注册管理办法》等相关要求，结合我国民族药研发的实际情况而制订。

本指导原则旨在规范民族药药理毒理综述资料的格式和内容，引导和提高药品注册申请人对新药研发过程及结果的综合分析能力和自我评价意识。

本指导原则根据民族药注册分类不同类别及药理毒理申报资料的要求，对申报临床的药理毒理综述资料统一进行规范。撰写时可按《药品注册管理办法》附件一中申报项目的不同要求撰写相应的内容。

本指导原则主要内容包括主要研究结果的综述以及分析与评价两大部分。

（二）撰写格式和内容

1. 主要研究结果总结

对主要研究结果的总结建议按以下内容进行全面、简要的描述，建议对药效学和毒理学研究结果以列表的形式进行归纳总结，不宜对试验结果进行简单罗列，不必列出具体试验数据等。

（1）研发背景

简要说明文献情况。如果有临床应用史，需描述有无不良反应报道及相关的研究进展情况。简要说明前期是否进行过基础研究或筛选研究（主要指药效学筛选研究，如配伍或配比筛选等）。若有相关研究，简述主要研究结果。简要说明是否有相关研究成果（奖项、论文、专利等）。

（2）主要药效学试验

①试验方法和结果总结　简要说明所选择的实验模型及其用于评价受试物功能主治的依据，重点描述主要药效学试验结果。可按照先主要、后次要，先体内、后体外的顺序描述，主要包括：动物、剂量组别（给药途径、剂量、频次、时间，与临床拟用量的倍数关系等）、对照组设立及主要试验结果等。建议将试验结果以列表方式表示（参见表1），也可自行设计表格。

表1　主要药效学试验总结

试验目的	模型/方法	给药情况 途径　剂量/浓度 频次/时间　起效剂量	与临床拟用量的关系	主要实验结果 （有明确作用的结果）
1				
2				
3				
……				

②作用机制的研究　若对受试物进行了有关作用机制的研究，简述其主要研究结果。若有相应的国内、外文献报道，简要描述主要文献结果。

（3）一般药理学试验

简要描述动物、剂量组别（给药途径、剂量、频次、时间，相当于药效学剂量或临床拟用量的关系）及主要试验结果等。建议将试验结果以列表方式表示（参见表），也可自行设计表格。

表2　一般药理学试验总结

试验项目	动物选择	给药情况 途径　剂量　频次/时间	与药效学起效剂量/临床拟用量的关系	主要实验结果
精神神经系统				
一般行为				
自主活动				
功能协调				
催眠协同				
其他				
心血管系统				
呼吸系统				
其他				

（4）急性毒性试验

简要描述不同种属动物及不同给药途径的急性毒性试验，包括动物、给药途径和给药剂量（与临床拟用剂量的倍数关系）。对试验结果的描述应包括：毒性反应（毒性反应类型及程度，出现时间、持续时间及恢复时间，出现毒性的最低剂量及剂量—毒性关系）；死亡情况（濒死动物症状、死亡时间、解剖及病理检查）；观察期结束时的肉眼或病理（肉眼观察有变化时）检查情况；半数致死量（LD50）或最大耐受量（MTD）等。尽量描述性别差异及毒性靶器官，并分析可能的致死原因。

（5）长期毒性试验

简要描述不同种属动物（如啮齿类及非啮齿类）的长期毒性试验，包括动物种属、给药途径、剂量组别（与药效学剂量及临床拟用量的倍数关系）、给药周期及恢复期长短、主要观察指标及主要试验结果，如一般表现、体重、进食量、心电图、血液学、尿常规、血生化、骨髓象、脏器重量或系数、组织病理学检查；动物死亡情况，包括濒死症状、死亡动物检测结果，及其他检查结果等。明确无毒剂量、中毒剂量及毒性靶器官，剂量—毒性及时间—毒性关系。如果进行了毒代动力学研究，则应描述相应的试验方法和结果。

（6）过敏性、溶血性、局部刺激性和依赖性试验

①过敏性试验（全身主动/被动皮肤过敏试验）

简要描述试验方法，包括动物、剂量组别及对照组（包括阴性及阳性对照）、致敏方式（途径、剂量/浓度、频次、抗血清制备等）、激发方式（途

径、剂量/浓度）。简要描述试验结果，包括全身过敏反应的发生率和严重程度、持续及恢复时间、死亡率等，以及被动皮肤过敏反应的抗体稀释度等。

②溶血性试验

简要描述体外和/或体内试验方法、受试物（是否为临床拟用制剂，批次）、对照组的设立、试验结果（如溶血发生的时间及试管号）。

③局部刺激性试验

血管及肌肉刺激性试验：简要描述试验动物、剂量组别、给药方式（途径、浓度、速度、频次）、观察时间及试验结果（如给药局部的肉眼观察、评分情况及组织病理学检查结果等）。

皮肤刺激性试验：简要描述完整及破损皮肤的制备方法、剂量组别及对照组别、给药方式（部位、面积、固定方法、剂量或浓度、给药频次）及试验结果（肉眼观察、评分、组织病理学检查结果，是否有全身毒性表现，毒性发生时间及消退时间等）。

④依赖性试验：简要描述身体依赖性试验方法及试验结果，包括自然戒断试验、替代试验、催促试验、诱导试验等。简要描述精神依赖性试验方法及试验结果，包括自身给药试验等。

（7）致突变试验

①微生物回复突变试验

简要描述菌株、剂量组别（包括空白对照、溶媒对照、阳性对照、加 S9 或不加 S9 及受试物组）、试验方法及试验结果等。

②染色体畸变试验

简要描述细胞、剂量组别（包括空白对照、溶媒对照、阳性对照、加 S9 或不加 S9 及受试物组）、试验方法及试验结果等。

③微核试验

简要描述动物、剂量组别（包括空白对照、溶媒对照、阳性对照）、给药途径、试验方法（如骨髓采样等）及试验结果等。

（8）生殖毒性试验

①一般生殖毒性试验

简要描述动物、剂量组别（与药效学剂量及临床拟用量的倍数关系）、给药途径、给药时间（如雌雄交配前连续给药时间及交配后继续给药时间）、观察指标及试验结果等。

②致畸敏感期毒性试验

简要描述动物、剂量组别（与药效学剂量及临床拟用量的倍数关系）、给药途径及时期、观察指标及试验结果等。

③围产期毒性试验

简要描述动物、剂量组别（与药效学剂量及临床拟用量的倍数关系）、给药途径及时期、观察指标及试验结果等。

（9）致癌试验

①短期致癌试验

简要描述不同的试验项目（如哺乳动物培养细胞恶性转化试验、小鼠肺肿瘤诱发短期试验）的细胞或动物、剂量组别、对照组（包括空白对照、溶媒对照、阳性对照）、给药方式（与细胞接触时间及培养时间，给药途径及时间）及试验结果等。

②长期致癌试验

简要描述动物、剂量组别、对照组（包括溶媒或赋形剂对照，空白对照）、给药途径、给药时间及试验结果等。对上述毒理学研究结果，建议将试验结果以列表形式表示（参见表3），也可自行设计表格。

表3　毒理学研究总结

试验项目	动物选择	给药情况 途径　剂量　频次/时间	与药效学起效剂量/临床拟用量的关系	主要实验结果
急性毒性试验				
长期毒性试验				
特殊安全性试验				
刺激性				
血管刺激性				
肌肉刺激性				
皮肤刺激性				
……				
溶血性				
过敏性				
全身主动				
皮肤被动				
依赖性试验				
致突变试验				

续表

试验项目	动物选择	给药情况 途径　剂量　频次/时间	与药效学起效剂量/临床拟用量的关系	主要实验结果
回复突变				
染色体畸变				
微核试验				
致畸试验				
一般生殖毒				
致畸敏感期				
围生期				
致癌试验				
短期致癌				
长期致癌				

注：根据所进行的试验项目对表中内容进行填写，未进行的试验不必列出。

（10）动物药代动力学试验

简要描述在不同种属动物（如啮齿类及非啮齿类）所进行的药代动力学试验，包括动物、剂量组别、给药途径、动物受试状态（麻醉或清醒）、生物样本测定方法、方法学确证（特异性、灵敏度、精密度、准确度、稳定性等，标准曲线、方法学质控情况等）。简要描述受试物和/或活性代谢物的药代动力学主要结果：吸收（生物利用度）、分布（血浆蛋白结合率、主要分布的组织或脏器）、代谢（主要代谢产物，原形药排泄率<50%的受试物的代谢研究情况）、排泄（主要途径、排泄率、排泄量及各排泄途径的总排泄量）及是否为线性动力学过程，并提供以下主要药代动力学参数：消除半衰期（T1/2）、表观分布容积（Vd）、血药峰浓度（Cmax）、血药达峰时间（Tmax）、血药浓度曲线下面积（AUC）、清除率（CL）等。简要描述缓、控释制剂中主要活性成分的药代动力学的缓、控释特性。对需要进行药代动力学研究的复方制剂，应简要描述其药物代谢动力学的相互作用结果。

2. 分析与评价

（1）有效性分析及评价

重点分析主要药效学试验的量效关系（如起效剂量、有效剂量范围等）及时效关系（如起效时间、药效持续时间或最佳作用时间等），并对药理作用特点及其与功能主治的相关性进行综合评价。

(2) 安全性分析及评价

结合一般药理学试验结果，重点分析急性毒性和长期毒性试验中的毒性剂量反应关系（中毒及/或致死剂量、安全剂量或安全范围）、时间反应关系（毒性反应出现时间、持续时间、恢复时间）、中毒靶器官及毒性反应的可逆程度，或最大耐受量等。

受试物在试验浓度和/或剂量下是否具有溶血性、过敏性、局部刺激性及依赖性。

分析致突变、生殖毒性及致癌试验中出现的阳性结果的剂量反应关系，明确其毒性作用特点。

综合分析及评价各项安全性试验结果之间的相关性，种属和性别的差异性。如急性毒性试验之间长期毒性试验之间、以及急性与长期毒性试验之间的毒性反应和靶器官的相关性；静脉注射的长期毒性试验与过敏性、溶血性及局部刺激性试验结果的相关性；体外试验与体内试验结果的相关性；啮齿类和非啮齿类动物毒性反应的差异性等。

(3) 药代动力学特征分析及评价

重点分析受试物和/或活性代谢物的药代动力学特征，如吸收速率和程度、药物分布的主要脏器、消除的主要途径、与血浆蛋白的结合程度等。评价受试物剂量与药代动力学参数的关系（是否为线性动力学过程）。

分析与评价缓、控释制剂中主要活性成分的药代动力学的缓、控释特性，以及复方制剂的药代动力学相互作用特性。

(4) 药理毒理综合分析及评价

分析主要药效学起效剂量与毒理学安全剂量的倍数关系，与临床拟用量的倍数关系，初步判断其安全范围。

分析药效学、毒理学与药代动力学结果之间的相关性。如药效作用部位、毒性靶器官及受试物分布和/或消除途径之间的关系，吸收速率与起效时间的关系，作用维持时间与药物消除速率的关系。

若试验结果之间、试验结果与文献报道之间相互矛盾，应分析其可能原因。

(5) 药理毒理与其他专业间的相关性分析

①与药学研究的相关性分析

综合分析有效性和安全性与处方、工艺及质量标准之间的关系。当毒理学研究出现了与处方中药材特点不相符合而又难以解释的毒性反应时，应结合制备工艺，分析其毒性产生的可能原因，并阐明工艺的合理性。总之，应结合药效学和毒理学研究结果，对所有可能影响有效性或引起安全性方面担忧的药学方面的因素加以考虑和分析。

②与临床研究的相关性分析

分析药效学试验结果与拟定的功能主治的关系，主要药效学有效剂量或起效剂量与拟定的临床试验剂量的关系。分析毒理学安全剂量与Ⅰ期临床初始剂量的关系，提示供临床参考的毒性反应、毒性靶器官、中毒剂量和临床研究期间需监测的指标等，分析动物药代动力学研究结果对临床人体药代动力学研究的参考意义。

四、民族药临床试验综述资料撰写技术指导原则

（一）概述本指导原则是根据《药品注册管理办法》的有关要求，结合我国民族药研发的实际情况而制订。本指导原则旨在通过对民族药临床试验资料综述的格式和内容等方面的要求，进一步规范申报资料，并加强药品注册申请人对新药研发临床研究过程及结果的分析和自我评价。本指导原则提供了不同注册申请中可能涉及的内容，但并不一定完全适用于任何一种类别的注册申请，注册申请人可以按照不同注册申请类别的要求，结合所申报品种的具体特点，有针对性地进行取舍，把握重点，合理确定各自所需要提供的资料和临床研究内容，在此基础上，科学、客观、规范地撰写临床试验资料综述。应力求文字简练，逻辑合理，重点突出。临床试验资料综述应包括“主要研究内容”、“分析与评价”两部分。本指导原则按照申请临床试验、申请生产两种情况分别进行阐述。

（二）撰写格式和内容

1. 申请临床试验

本部分内容为支持进入临床试验的所有与临床有关的理论与试验研究资料的简要介绍。应注意围绕适应病症，对处方合理性、创新性及临床试验的科学性、可行性进行简明扼要的论述。

（1）主要研究内容总结

①命名依据

简述药品命名依据。

②立题目的与依据

简述拟选择适应病症的病因、病机、治疗等研究现状及存在的主要问题；如涉及西医疾病，还应简述现代医学对发病原因、发病机理的认识以及治疗现状及存在的主要问题。简述与国内外已上市同类品种比较，申请注册药物的特

点和拟临床定位。简述处方来源、应用、筛选或演变过程，说明处方合理性依据。如按照中医理论组方，应简述处方中君、臣、佐、使及各自功用。如处方中含有毒性药材及十八反、十九畏等配伍禁忌，应明确。如有相关的临床应用经验，还应简述原临床适应病症、用法、用量、疗程、疗效特点、安全性情况。

如为改变给药途径、改变剂型的品种，则只需简要说明拟选择新的剂型或新的给药途径的合理性依据，并比较二者功能主治、日用原料药量是否一致。

③临床试验计划与方案

临床试验计划应反映临床试验的整体思路及实施方法。药物临床试验是一个有逻辑、有步骤的过程，早期试验结果应用于指导后期临床试验设计。本资料应明确拟进行的临床试验各期的试验目的，概述试验方案要点，以反映临床试验的整体思路。以下提供了Ⅰ期人体耐受性试验和Ⅱ期临床试验方案综述格式和内容撰写要求，如需进行Ⅰ期人体药代动力学试验，试验方案综述格式和内容可参照本指导原则撰写。

Ⅰ期人体耐受性试验方案要点：简述试验目的，受试者选择，主要试验方法，明确单次给药初始剂量、最大剂量、剂量梯度及确定依据，多次给药组组别设置、剂量、给药方法、给药时间确定的原则和方法，说明终止指标、观测指标、观测时点，预计可能出现的不良反应。

Ⅱ期临床试验方案要点：根据试验目的和试验具体内容撰写。如存在多个适应病症，应分别撰写；对于同一适应病症，如存在针对不同试验目的设计的多个试验，也应分别撰写。简述试验目的，纳入标准和排除标准的关键内容，诊断标准出处或依据，临床试验设计方法（如假设检验类别、随机化方法、盲法水平、样本含量确定方法、对照药物及选择依据、进行剂量研究应说明不同剂量设置依据等），数据管理与统计学分析的原则，试验药物和对照药物的给药途径、剂量、给药次数、疗程和有关合并用药的规定，明确是否进行随访及相关规定，明确主要疗效指标和次要疗效指标，安全性指标，可能出现的不良反应，疗效评价方法及依据。

（2）分析与评价

以处方和适应病症为关注重点，从立题目的、立题依据、临床试验方案的合理性和可行性等方面对申请注册药物进行客观的综合分析与评价。应特别关注与已上市用于相同适应病症的品种比较，本品的临床定位、优点、特点及开发意义和价值。注意处方组成与拟选择适应病症病因、病机、治法之间的对应关系。所述结论应来源于文献资料和前期已有的研究结果，应具体、客观、具有逻辑性。关注临床试验方案的科学性，是否参考了药学、药效学、毒理学试验结果及先期临床研究结果，是否符合法规要求。

2. 申请生产

本部分内容为支持新药生产上市的所有临床试验资料的概要式总结。临床试验报告应作为重点内容。需要提供临床试验设计、试验过程、试验结果的重要内容，还需在此基础上，对受试药物的疗效和安全性以及风险和受益之间的关系做出评价。

临床试验一览表

试验编号	试验目的	设盲水平	对照情况	疗程	主要指标	完成例数（试验组/对照组）
试验一						
试验二						
试验三						
……						

（1）主要研究内容总结

①Ⅰ期临床试验概要

人体耐受性试验概要：简述受试者选择标准。简述试验设计方法、试验例数。

单次给药组：起始剂量、最大剂量、剂量梯度及确定依据；给药方法；终止指标、观测指标、观测时点；给药后各项指标观察结果，出现的不良反应、异常检测结果及原因分析。

多次给药组：剂量设置、给药方法、疗程及确定依据；终止指标、观测指标、观测时点；给药后各项指标观察结果，出现的不良反应、异常检测结果及原因分析。

人体耐受性试验结论：安全剂量；未发生不良反应（包括异常检测结果）的剂量；发生轻度不良反应（包括异常检测结果）的剂量；发生中度、重度不良反应（包括异常检测结果）的剂量；不良反应（包括异常检测结果）的性质、危害程度、发生时间、持续时间、有无前期征兆等；推荐Ⅱ期临床试验的剂量和理由。

人体药代动力学试验概要：如进行了该项试验，综述格式和内容可参照本指导原则撰写。

②Ⅱ期临床试验概要、Ⅲ期临床试验概要

Ⅱ期临床试验概要、Ⅲ期临床试验概要分别撰写。同一期临床试验如存在多个适应病症，也应分别撰写；针对同一适应病症的多个试验，也应分别撰写。每个临床试验撰写内容和格式如下：

试验目的：具体说明本项试验的受试对象、干预因素、主要效应指标，明确试验要回答的主要问题，明确药品在相关适应病症治疗中的定位。

病例选择：诊断标准及来源；和/或中医辨证依据；疾病分型（或分期、分度、分级）标准及来源；纳入病例标准；排除病例标准。

试验方法：简述临床试验总体设计类型和方法（例如，说明对照选择依据，随机化分组方法，设盲水平及选择依据，样本含量的计算方法以及计算过程中所用到的统计量的估计值及其来源、依据，如进行剂量研究，应说明不同剂量设置依据等）。

简述临床试验用药物（包括对照药）的给药途径、方法、剂量。说明临床试验用药物（包括对照药）来源、生产企业及批号。扼要说明疗程及确定依据。简述合并用药规定。阐述疗效指标，明确主要疗效指标。阐述疗效评价方法及依据。明确是否进行随访，简述随访规定（包括随访目的、随访对象、随访指标、随访周期等）。简述统计分析计划、获得最终结果的统计方法及确定依据。简述针对易发生偏倚、误差的环节与因素所采取的质控措施。Ⅲ期临床试验过程中，如有对方案的修订，说明并简述理由。

试验结果：说明试验的入组、剔除、脱落病例情况（包括剔除、脱落的具体原因）以及统计分析中处理方法；有效性、安全性评价相关数据集。基线特征数据的组间均衡性分析结果。依从性分析结果，说明依从性状况对试验结局的影响。合并用药、伴随治疗情况。

有效性方面：主要疗效指标评定结果。次要疗效指标评定结果。应提供所有重要疗效指标治疗前后的组内比较，以及试验组与对照组之间的比较。随访结果分析。中心效应分析结果。可能对疗效结果产生影响的相关因素分析（如病情、病程、合并症、合并用药、年龄等）。

安全性方面：对试验过程中所出现的不良事件进行描述，包括人口学特征，不良事件发生时间、持续时间、严重度、处理措施、结局，并进行因果关系分析和判断。提供与安全性有关的实验室检查结果，包括：每项实验室检查病例数，治疗前后发生异常改变频数表（包括治疗前正常治疗后变为异常以及治疗前后均异常两种情况）。有意义的异常检测结果、随访结果、处理和转归情况。根据专业知识，对异常改变加以分析，对其改变的临床意义及与受试药物的关系进行讨论。

结论　Ⅱ期临床试验结论：应以Ⅱ期临床试验结果为依据，对有关疗效、安全性的重要结论进行简明扼要的说明，对本品适应病症及效应特点进行初步总结和分析，明确对Ⅲ期临床试验的建议。Ⅲ期临床试验结论：应以Ⅲ期临床试验结果为依据，对有关疗效、安全性的重要结论进行简明扼要的说明。应对本品疗效、不良事件特点进行概括、总结。应清楚地阐明预期或非预期的不良反应，明确所有潜在的问题，如有关检测之间的不一致性、受试药物临床使用应当注意的问题、受试药物疗效分析中可能存在的局限性等。说明试验结果的临床意义。分析影响不良反应/事件发生频率的可能因素（如时间依赖性、剂量或浓度、人口学特征等）。还应明确说明个别受试者或风险患者群的受益或特殊预防措施，及其对更进一步研究的指导意义。围绕受试药物的治疗特点，提出可能的结论及临床应用价值。

（2）分析与评价

综合所进行的各期临床试验，对试验方法、结果以及受试药物疗效、安全性特点进行分析和评价。

以临床试验结果为依据，对试验药物有效性进行深入分析及评价，应综合考虑以下因素：受试人群特征，包括人口统计学特征，疾病分级、其他潜在的重要变异，排除人群，特殊人群，讨论受试人群和拟用人群的区别；病例入选情况，研究观察周期，研究终点的选择是否合理；研究结果的临床价值/意义。

以临床试验结果为依据，对试验药物安全性进行分析及评价，特别注意不能肯定与试验药物无关的不良事件及其程度和转归。分析受试药物的可能的高风险人群。阐述安全性问题对受试药物临床广泛应用的可能影响。

综合以上所有资料，对试验药物进行受益/风险分析和权衡，应阐明个体受试者和风险患者群可能的受益，讨论可能发生的危险和潜在的问题，并尽可能明确可能有益的预防措施。

简述试验设计以及试验过程中存在的问题及对试验结果的影响。

根据以上综合分析与评价结果，归纳出功能主治（适应症）、用法用量、不良反应、禁忌、注意事项等内容。

五、药品注册申报资料的体例与整理规范

为加强药品注册纸质申报资料的规范管理，特制定本规范。当申报资料同时进行 CTD 格式提交时，纸质申报资料的体例设置必须与 CTD 申报格式电子

文档相一致。

1. 申报资料的体例要求

（1）字体、字号、字体颜色、行间距离及页边距离

①字体

中文：宋体；英文：Times New Roman。

②字号

中文：不小于小4号字，表格不小于5号字；申报资料封面加粗4号；申报资料目录小4号，脚注5号字。

英文：不小于12号字。

③字体颜色

黑色

④行间距离及页边距离

行间距离：单倍。

纵向页面：左边距离不小于2.5厘米、上边距离不小于2厘米、其他边距不小于1厘米。

横向页面：上边距离不小于2.5厘米、右边距离不小于2厘米、其他边距不小于1厘米。

页眉和页脚：信息在上述页边距内显示，保证文本在打印或装订中不丢失信息。

（2）纸张规格

申报资料使用国际标准A4型（297mm×210mm）规格、纸张重量80g，纸张全套双面或全套单面打印，内容应完整、清楚，不得涂改。

（3）纸张性能

申报资料文件材料的载体和书写材料应符合耐久性要求。

（4）加盖印章

①除《药品注册申请表》、相关受理文件及检验机构出具的检验报告外，申报资料应逐个封面加盖申请人印章（多个申请人联合申报的，应加盖所有申请人印章），封面与骑缝处加盖临床研究基地有效公章，封面印章应加盖在文字处。

②加盖的印章应符合国家有关用章规定，并具法律效力。

2. 申报资料的整理要求

（1）申报资料封面

①申报资料袋封面

档案袋封面注明：申请分类、注册分类、药品名称、本袋所属第×套第×

袋每套共×袋、原件/复印件 联系人、联系电话、申请单位名称。

申报资料袋封面（档案袋）应采用国家局统一格式（条码信息）的封面。

多规格的品种为同一册申报资料时，申报资料袋封面，需显示多规格的条形码的受理号（同一封面）。

②申报资料项目封面

每项资料加“封面”，每项资料封面上注明：药品名称、资料项目编号、项目名称、申请机构、联系人姓名、电话、地址。

右上角注明资料项目编号，左上角注明注册分类。

各项资料之间应当使用明显的区分标志。

（2）申报资料目录

申报资料首页为申报资料项目目录（见附件1），目录中申报资料项目按《药品注册管理办法》中“附件”顺序排列。

（3）申报资料内容

①总体要求

每套资料装入申请表、省级食品药品监督管理局的审查意见表、受理通知单、现场考察报告意见、药品补充申请所需检验部门复核的检验报告书，并应当是相应的原件。

复印件应当与原件完全一致，应当由原件复制并保持完整、清晰。

申报资料中同一内容（如药品名称、申请人名称、申请人地址等）的填写应前后一致。

报送国家药品监督管理局的药品注册申报资料为3套，其中2套为完整的资料，并至少一套为原件；另一套为申报资料项目中的第一部分综述资料。

药品补充申请资料为2套，其中一套为原件。

外文资料应翻译成中文。

②具体要求

整理排序：省局受理文件；核查报告、生产现场检查报告、药品注册检验报告；申请表申报资料（顺序同申报资料目录）。

装订成册的文件材料排列文字在前，照片及图谱在后。有译文的外文资料，译文在前，原文在后。

编写页号：装订成册的文件材料均以有书写内容的页面编写页号；《药品注册管理办法》附件2格式提交的申报资料，按申报资料项目号分别应用阿拉伯数字从1起依次编号（见附件2）；CTD格式提交的申报资料，按照模块分别应用阿拉伯数字从1起依次编号；单面书写的文件材料在其正中编写页号；

双面书写的文件材料，正面与背面均在其正中编写页号。图样页号编写在标题栏外。

整理装订：按资料分类（综述资料、药学研究资料、药理毒理研究资料、临床试验资料）顺序，分别打孔装订成册；装订成册的申报资料内不同幅面的文件材料要折叠为统一幅面，破损的要先修复．幅面一般采用国际标准A4型（297mm×210mm）；每册申报资料的厚度不大于300张。

整理装袋：申报资料的整理形式按照综述资料、药学研究资料、药理毒理研究资料、临床试验资料的资料分类单独整理装袋，不得合并装袋；当单专业研究申报资料无法装入同一个资料袋时，可用多个资料袋进行分装，并按本专业研究资料目录有序排列，同一资料项目编号的研究资料放置在同一资料袋中，确保每袋资料间完整的逻辑关系。

（4）照片资料的整理

①将照片与文字说明一起固定在芯页上，芯页的规格为297mm×210mm。

②根据照片的规格、画面和说明的字数确定照片固定位置。

③照片必须固定在芯页正面（装订线右侧）。

④装订成册的申报资料内的芯页以30页左右为宜。

（5）补充资料的整理

申请人提交补充资料，应按《补充资料通知》的要求和内容逐项顺序提供，并附提交补充资料说明、《补充资料通知》（原件或复印件）。具体整理要求同申报资料。

附件1　申报资料项目目录

申报资料项目目录

资料分类	资料项目	资料项目名称	页号	备注

填表说明：

1. 资料分类应填写综述资料、药学研究资料、药理毒理研究资料、临床试验资料。

2. 资料项目应按《药品注册管理办法》中“附件”填写文件材料的项目编号。

3. 资料项目名称应填写与资料项目相对应的全称。

4. 页号应填写每项资料项目的首尾页上标注的页号。

5. 申报资料项目目录排列在装订成册文件材料首页之前。

附件2　申报资料项目名称

申报资料项目名称

正文

第六节　已上市民族药变更研究技术指导原则

一、概述

本指导原则主要用于指导申请人开展已上市民族药制剂在生产、质量控制、使用等方面的变更研究。申请人应当根据其变更对药品安全性、有效性和质量可控性的影响，进行相应的技术研究工作，在完成相关工作后，向药品监督管理部门提出补充申请。需要进行临床试验研究的变更申请，其临床试验研究应经过批准后实施。

本指导原则目前主要涉及以下项目：变更药品规格或包装规格、变更药品处方中已有药用要求的辅料、变更生产工艺、变更药品有效期或贮藏条件、变更药品的包装材料和容器、变更药品生产场地等。对于其他变更，应根据其具体情况，按照本指导原则的基本原则进行相应工作。

本指导原则根据变更对药用物质基础或药物吸收、利用的影响程度，将所述及的变更划分为三类：Ⅰ类变更属于微小变更，其变更不会引起药用物质基础的改变，对药物的吸收、利用不会产生明显影响，不会引起安全性、有效性的明显改变；Ⅱ类变更属于中度变更，其变更对药用物质基础或对药物的吸收、利用有影响，但变化不大；Ⅲ类变更属于重大变更，其变更会引起药用物质基础的明显改变，或对药物的吸收、利用可能产生明显影响。类别划分的目的是帮助申请人便于确定变更研究的内容，有效地开展变更研究，进行评估和申报。但在具体研究中，类别界限可能不是很明显，则需根据具体情况及其研究结果确定类别。

由于变更情况的复杂性，申请人作为变更研究的责任主体，需根据本指导原则的基本要求，以及药品注册管理的相关规定，根据产品的特性开展研究验证工作。本指导原则仅从技术评价角度阐述对已上市民族药进行变更时应考虑进行的相关研究验证工作。本指导原则中提及的各项研究工作的具体要求可参见相应的指导原则。申请人可根据品种的具体特点和基础研究情况，采用其他适宜的方法，但应对采用的方法及其可靠性进行说明。

由于民族药注射剂的特殊性，已上市民族药注射剂的变更研究指导原则另行制定。

二、基本原则及要求

(一)“必要、科学、合理”原则

已上市民族药变更应体现变更的必要性、科学性、合理性。变更的提出与研究是基于对拟变更药品的了解，是以既往药品注册阶段以及实际生产过程中的研究和数据积累为基础的。注册阶段及其前期的研究工作越系统、深入，生产过程中积累的数据越充分，对上市后的变更研究越有帮助。因此，变更申请的研究结果应基于对拟变更产品的了解，并与变更内容相比较而作出的科学合理判断。由于变更研究工作的主体是申请人，申请人对其产品的研发和生产、产品的性质等有着全面和准确的了解，对变更的原因、程度、必要性应当明确，并对变更前后产品质量、稳定性、生物学性质等方面进行全面的研究，对研究结果进行全面的分析，针对变更对药品安全性、有效性及其质量可控性的影响进行全面评估，通过提供的研究资料说明变更的必要性、科学性和合理性。

(二)“安全、有效及质量可控”原则

已上市民族药变更应保证其安全、有效及质量可控。申请人需要通过一定的研究工作考察和评估变更对药品安全性、有效性及质量可控性的影响，具体研究工作宜根据变更的具体情况确定。

如果质量标准对于药品质量的可控性低，难以评估变更的影响，应开展质量及质量标准研究工作，提高质量标准对药品质量的可控性。

对已上市民族药的变更要充分考虑可能带来的风险，任一环节的疏漏或缺失，均可能对药品的安全、有效及质量控制产生不良影响，应加强系统研究和评估。

(三)研究用样品要求

已上市民族药变更的研究验证应采用中试以上规模样品。工艺有重大改变等的变更研究应采用生产规模样品。变更前后药品质量比较研究，一般采用变更前3批生产规模样品和变更后3批样品进行。变更后样品稳定性试验，一般采用3批样品进行3~6个月加速实验和长期稳定性考察，并与变更前3批生产规模样品稳定性数据进行比较。

(四)关联变更的要求

变更申请可能只涉及某一种情况的变更，也可能涉及多种情况的变更。如药品规格的变更可能伴随辅料的变更，或同时伴随药品包装材料的变更等。为了叙述的方便，本指导原则将一项变更伴随或引发的其他变更称之为关联

变更。

对于关联变更，研究工作应按照本指导原则中各项变更研究工作的基本思路综合考虑，并进行相关研究。由于这些变更对药品质量、安全性、有效性影响程度可能不同，故总体上需按照技术要求较高的变更类别进行研究。

（五）含毒性药材制剂的要求

对于处方中含有毒性药材制剂的变更，应关注变更对药品安全性的影响，尤其应关注以下几类制剂变更的安全性，开展相关研究。（1）含大毒（剧毒）药材的制剂；（2）含有现代研究发现有严重毒性的药材的制剂；（3）含有分类为有毒药材，且为儿科用药、妊娠期和哺乳期妇女用药的制剂；（4）含有孕妇禁用或慎用的药材，且功能主治为妊娠期和哺乳期妇女用药的制剂。大毒药材是指国务院《医疗用毒性药品管理办法》（1988年）公布的28种毒性药材和各版《中国药典》、部颁标准、进口药材标准、地方药材标准中标注为大毒（或剧毒）的药材。有毒药材是指各版《中国药典》、部颁标准、进口药材标准、地方药材标准中标注为有毒的药材。各省（区、市）标准民族药材的毒性大小分类不一致的，以毒性高的分类标准为依据。

三、变更药品规格或包装规格

规格是指单位制剂中或单一包装容器中药物的重量、体积或浓度等。一般的，对片剂、胶囊剂、栓剂、丸剂等的规格分别以每片、每粒、每丸的重量表示；而对颗粒剂、软膏剂、糖浆剂等的规格以单一包装容器中药物重量或体积表示。变更药品规格除上述不同剂型药品规格变更外，还可能涉及药品包装中多剂量包装、单剂量包装等包装规格的变更。涉及辅料变更的应参照辅料变更的相关要求进行。

变更规格应有科学、合理、必要的依据，应遵循方便临床用药的原则，其规格需根据药品用法用量合理确定，一般应在其临床使用的用法用量范围内。研究工作需关注变更后药品规格与原规格药品处方、工艺、日服/用药量等方面的一致性。

（一）Ⅰ类变更

此类变更不会引起药用物质基础的改变，对药物的吸收、利用不会产生明显影响，主要包括以下情形：只涉及药品包装中最小包装药品装量的改变，如颗粒剂、煎膏剂、糖浆剂、丸剂等包装规格的变更；改变片剂的片重大小，胶囊剂的装量规格等。

研究工作主要依据变更后规格与原规格药品制剂处方、工艺、日服/用药量等的一致性情况进行，宜重点根据剂型特性和药物性质，选择适当的项目对变更规格后药品与原规格药品进行比较性研究。

一般需要提供以下资料：

1. 变更的原因，说明变更的具体情况、变更的必要性和合理性。

2. 如有必要，提供变更前后质量对比试验研究资料，质量研究工作的试验资料及文献资料，质量标准。

3. 变更后连续3批样品的检验报告书。

4. 稳定性研究资料，包括与变更前产品稳定性情况的比较。第一种情形，如不涉及包装材质等的改变，一般可不提供；但如涉及包装容器空间大小等影响药品稳定性的因素，应提供稳定性研究资料。

（二）Ⅲ类变更

此类变更会引起药用物质基础的明显改变，或对药物的吸收、利用可能产生明显影响，对于缓释/控释制剂，应提供药代动力学研究资料，并根据研究情况进行临床试验研究。此类药品规格变更需要进行较全面的研究工作：

1. 变更的原因，说明变更的具体情况、变更的必要性和合理性。

2. 必要时，提供制剂处方研究资料。

3. 变更前后质量对比试验研究资料，质量研究工作的试验资料及文献资料，质量标准。

4. 变更后连续3批样品的检验报告书。

5. 稳定性研究资料，包括与变更前产品稳定性情况的比较。

6. 必要时，提供相关的药理毒理研究资料。

7. Ⅱ、Ⅲ期临床试验或生物等效性研究比较资料。

四、变更药品处方中已有药用要求的辅料

变更药品处方中已有药用要求的辅料一般包括变更辅料种类、用量、来源、型号或级别等。

此类变更应结合变更的具体情况，变更对药品的影响程度，制剂的特性等进行相应的研究工作，重点考察以下方面：第一，辅料的性质。变更涉及的辅料是否会影响制剂药物溶出或释放行为，或为影响制剂体内药物吸收速度和程度的关键性辅料。第二，制剂的特性。对于不同特性制剂，辅料变更可能对药品质量、疗效和安全性造成不同的影响。

对于使用新辅料的，应按新辅料相关要求提供研究资料，并按照Ⅲ类变更要求。

（一）Ⅰ类变更

此类变更不会引起药用物质基础的改变，对药物的吸收、利用不会产生明显影响，不会引起安全性、有效性的明显改变。如变更辅料来源、型号或级别；普通制剂增加或减少辅料的用量，或增加或减少对药物的吸收、利用不产生明显影响的辅料；固体制剂增加胃溶型薄膜包衣材料或增加制剂外观抛光材料；删除、增加或变更着色剂、芳香剂、矫味剂的种类；采用增加挥发性成分稳定性的包合材料，如β－环糊精；或使用同样功能特性的辅料替代另一种辅料，包括用玉米淀粉替代小麦淀粉，也包括用一种型号辅料替代另一种型号的相同辅料，如用微晶纤维素 PH200 替代微晶纤维素 PH101；起局部作用且用于完整皮肤的外用制剂中对药物的吸收、利用不会产生明显影响的辅料种类或用量改变，如蜂蜡替代石蜡。但特性及功能显著不同的辅料替代，不属于此类范畴。

此类变更一般应符合以下要求：不属于缓控释等特殊制剂；变更的辅料为常用辅料，具有法定标准，符合辅料管理要求，且辅料变更幅度应符合各辅料允许使用范围，应尽量减少辅料用量，筛选最佳辅料用量；变更辅料来源、型号或级别，其质量控制要求不应低于原质量控制要求。

此类变更情况较为复杂，无论何种变更，如果对药物的吸收、利用可能产生明显影响，应按照Ⅱ类或Ⅲ类变更要求。

一般应进行以下研究验证工作或提供相关资料：

1. 变更的原因，说明变更的具体情况、变更的必要性和合理性。

2. 变更前后辅料相关情况及其质量标准。

3. 制剂处方研究资料。

4. 变更所涉及的生产工艺研究与验证资料。

5. 变更前后质量对比试验研究资料，质量研究工作的试验资料及文献资料，质量标准。

6. 变更后连续 3 批样品的检验报告书。

7. 稳定性研究资料，包括与变更前产品稳定性情况的比较。

（二）Ⅱ类变更

此类变更对药用物质基础或对药物的吸收、利用有影响，但变化不大，如口服制剂中特性及功能显著不同的辅料替代；增加或减少可能影响药物溶解、释放或吸收、利用的辅料种类；起局部作用且用于完整皮肤的外用制剂中渗透促进剂的种类或用量改变；起局部作用且用于破损或溃烂皮肤、起全身作用的外用制剂中对药物的吸收、利用不会产生明显影响的辅料种类或用量改变等。

此类变更，除上述Ⅰ类变更相关工作外，应进行以下研究工作：

1. 根据需要，提供药理毒理试验资料。外用制剂需要提供制剂非临床安全性研究资料。

2. 临床试验或生物等效性研究比较资料。其中临床试验研究进行病例数不少于100对的临床试验，用于多个病证的，每一个主要病证病例数不少于60对。

（三）Ⅲ类变更

此类变更对药物的吸收、利用可能产生明显影响，如缓释/控释制剂中缓释材料种类或用量变更；外用制剂中增加或删除对药物吸收利用有明显影响的辅料；起局部作用且用于破损或溃烂皮肤、起全身作用的外用制剂中渗透促进剂种类或用量的改变等。对于缓释/控释制剂，应提供药代动力学研究资料，并根据其结果，进行临床试验研究。这些变更需要进行全面的研究和验证工作，包括通过药学、生物学等系列研究工作证明变更对药品质量不会产生负面影响。除上述Ⅰ类变更相关工作外，一般还应进行以下研究验证工作或提供相关资料：

1. 相关的药理毒理试验研究资料。外用制剂需要提供制剂非临床安全性研究资料。

2. Ⅱ、Ⅲ期临床试验或生物等效性研究比较资料。

五、变更生产工艺

变更生产工艺包括变更生产工艺路线、方法、参数等及由于变更关键生产设备所引起的以上变更。

生产工艺的变更可能涉及民族药生产中前处理、提取、分离纯化、浓缩、干燥或制剂工艺的变更。其变更可能只涉及上述某一环节，也可能涉及多个环节，应注意对相关的变更进行相应研究。

生产工艺发生变更后，应说明具体的变更情况（包括完整的生产工艺及过程控制情况），通过分析产品特性，如处方组成、适应症、临床使用等情况，既往药品注册阶段以及实际生产过程中的研究和积累的数据，全面分析和评估变更对药用物质基础、质量及稳定性等方面的变化，以及此种变化对药物有效性、安全性方面的影响，并按照本指导原则中要求较高的变更类别进行相关工作。无菌产品生产工艺变更不应降低产品的无菌保证水平。

生产设备的变更，主要通过设备变更前后的比较，评估设备变更是否导致生产工艺路线、方法或参数等的变更，是否会导致药物物质基础的变化或影响药物的吸收、利用。

由于民族药成分的复杂性，以及生产过程中影响因素众多，如影响民族药材提取过程的因素较多，各因素之间还存在一定的交互影响（这种影响一定条件下还很大），使得变更对药物的影响难以通过分析阐明，难以判断其相关研究工作应按哪类变更进行，从保证药物稳定均一、安全有效出发，在变更提取溶剂用量等工艺参数时，一般应按照Ⅲ类变更进行研究。若提供充分的研究数据证明其变化不大，可按Ⅱ类变更进行。

（一）Ⅰ类变更

此类变更不会引起药用物质基础的改变，对药物的吸收、利用不会产生明显影响，不会引起安全性、有效性的明显改变。如变更不含挥发性成分、热敏性成分药物的粉碎工艺（其粉碎力度基本相同）、浓缩干燥工艺或制粒工艺（缩短受热时间或降低受热温度）等，但变更为特殊的浓缩干燥方法，如微波干燥等方法，不属于此类变更。

此类变更一般需进行以下研究验证工作或提供相关资料：

1. 变更的原因，说明变更的具体情况、变更的必要性和合理性。

2. 变更所涉及的生产工艺研究与验证资料，包括变更所涉及的生产工序质量控制指标的比较研究资料；拟变更工艺样品（3批）与原生产工艺样品（10批）质量标准中质量控制指标的比较研究，以及其他指标成分含量等的比较研究资料。

3. 涉及质量标准改变的，提供变更前后质量标准及其相关研究资料。

4. 变更后连续3批样品的检验报告书。

5. 稳定性研究资料，包括与变更前产品稳定性情况的比较。

（二）Ⅱ类变更

此类变更对其药用物质基础或对药物的吸收、利用有影响，但变化不大，包括工艺过程中一些工艺参数及工艺方法的改变，如变更含挥发性成分、热敏性成分药物的涉及受热温度、受热时间的工艺操作，应进行对比研究，如药用物质变化不大，属于Ⅱ类变更。

此类变更可根据变更的具体情况，按照如上所述的基本思路和方法，对变更前后产品进行比较研究，一般应进行以下研究验证工作或提供相关资料：

1. 变更的原因，说明变更的具体情况、变更的必要性和合理性。

2. 变更所涉及的生产工艺研究与验证资料。

3. 变更前后质量对比试验研究资料，质量研究工作的试验资料及文献资料，质量标准。

4. 变更后连续3批样品的检验报告书。

5. 稳定性研究资料，包括与变更前产品稳定性情况的比较。

6. 临床试验或生物等效性研究比较资料。其中临床试验研究进行病例数不少于100对的临床试验，用于多个病证的，每一个主要病证病例数不少于60对。

（三）Ⅲ类变更

此类变更会引起药用物质基础的明显改变，或对药物的吸收、利用可能产生明显影响，如工艺路线改变，包括药材合并提取与分开提取的改变、提取溶媒种类的改变；工艺方法改变，包括纯化方法由醇沉改为澄清剂处理，减压干燥改为微波干燥等特殊干燥方法，对药物吸收利用有明显影响的成型工艺方法改变等；工艺参数改变，包括醇沉工艺中醇沉含醇量的改变，提取次数的改变等。

此类变更一般需进行全面的研究和验证工作，研究工作可按照本要求总体考虑中阐述的基本思路和方法进行，除上述Ⅱ类变更相关工作外，尚需根据需要进行相关的药理毒理试验研究，及Ⅱ、Ⅲ期临床试验或生物等效性研究。

六、变更药品有效期或贮藏条件

变更药品有效期或贮藏条件可能包含以下几种情况：（1）延长有效期；（2）缩短有效期；（3）严格贮藏条件；（4）放宽贮藏条件。变更可能只涉及上述某一种情况的变更，也可能涉及上述多种情况的变更。在此种情况下，需注意进行各自相应的研究工作。

申报的药品有效期应不超过所进行的长期稳定性试验考察时间。

变更药品有效期或贮藏条件一般属于Ⅰ类变更。如果稳定性试验方案与原产品上市注册时不一致，质量控制项目和实验方法发生改变，或者生产工艺或制剂处方发生变更等，需根据变更情况进行相应的研究工作。

（一）延长药品有效期或放宽贮藏条件

这种变更是指产品生产工艺及生产质控方法、处方、质量标准、直接接触药品的包装材料和容器、贮藏条件等药学方面情况没有发生任何变化，且稳定性试验是按照产品上市注册时批准的稳定性试验方案进行的。对于因产品生产工艺或处方发生变更而延长药品有效期不属于此类变更的范围；对于因质量标准中质量控制项目或方法发生变更，使药品上市注册时批准的稳定性试验方案发生变化的有效期改变也不属于此类变更的范围。

（二）缩短药品有效期或严格产品贮藏条件

这种变更不包括因生产中的意外事件或稳定性试验中出现问题而要求缩短产品有效期或严格产品贮藏条件。一般而言，通过缩短药品有效期和严格药品贮藏条件，可以更好地保证产品质量。

此类变更主要依据稳定性考察结果，一般需进行以下研究验证工作或提供相关资料：

1. 变更的原因，说明变更的具体情况、变更的必要性和合理性。

2. 稳定性研究资料，包括与变更前条件的稳定性情况的比较。

七、变更药品的包装材料和容器

药品的包装材料和容器是药品的组成部分，分为直接接触药品的包装材料和容器，外包装及附属物（如给药器具、药棉、干燥剂等）。变更药品的包装材料和容器一般有以下情况，即变更包装材料和容器的生产厂或供货商，变更直接接触药品的包装材料和容器（包括包材的类型、容器的大小和形状），变更包装系统中的附属物，变更外包装。此类变更一般属于Ⅰ类变更。

变更药品的包装材料和容器应能对保证药品质量和稳定性起到有益的作用，或至少不降低其保护作用，药物和包装材料与容器之间不得发生不良相互作用。变更药品的包装材料和容器需注意使用符合药用要求，并已获得药品包装材料和容器注册证的材料。

变更药品的包装材料和容器对药品的质量、安全性及有效性的影响一般与下述因素有关，即药品的给药途径，药品包装容器系统的特性，以及包装材料与药品发生相互作用的可能性等。某些情况下，变更药品的包装材料和容器后，药品可能仍符合质量标准的各项要求，但实际上对药品内在质量可能产生了一定的影响，因此，变更药品的包装材料和容器与变更药品处方、生产工艺等所进行的研究验证工作的侧重点不完全一致。

研究工作需根据药品包装材料的适用范围、包装容器系统的特性、剂型的特点、药品的给药途径等综合进行。研究工作中重点关注变更前后产品的稳定性是否受到影响，药物和包装材料、容器之间是否发生相互作用。对于以下（一）至（四）类情形，如果符合其前提条件的限制（如半固体和液体制剂中不得含有机溶剂等），一般药物和包装材料、容器之间发生相互作用的可能性不大，稳定性研究中可以不再考察药物和包装材料、容器之间的相容性问题。而（五）类情形一般可能对药品产生较显著的影响，稳定性研究中尚需关注药物和包装材料、容器之间的相互作用。

（一）变更非无菌包装容器或包装材料的生产厂或供应商、变更非无菌固体制剂/原料药包装容器的大小或形状

变更非无菌包装容器或包装材料的生产厂或供应商、变更非无菌固体制

剂/原料药包装容器的大小或形状，其前提条件是包装材料的类型和质量标准未发生改变或更严格。

此类变更需要说明变更原因，变更的具体情况，说明变更的必要性和合理性。

（二）变更直接接触药品的包装材料和容器

这类变更只涉及非无菌固体制剂（如片剂、胶囊、栓剂等），非无菌半固体制剂及液体制剂（如软膏、乳膏、洗剂、口服溶液等）。其他制剂变更不属于此类变更的范畴。

此类变更应不降低产品的质量和稳定性，不改变原包装系统的特性（例如原包装系统具有防止儿童误打开的作用）。

此类变更需要根据变更的具体情况，进行相应的研究验证工作，需重点关注变更后包装材料与变更前包装材料相比，是否具有一致或更好的防水/氧气渗透能力，或者具有较好的避光功能。

（三）变更非无菌液体或半固体制剂包装容器的大小或形状

由于此项变更可能引起包装容器上部空间或表面积/体积比例的变化，可能影响产品的稳定性，研究验证工作需注意对变更前后产品稳定性进行比较。

以上三类情形，一般应进行以下研究验证工作或提供相关资料：

1. 变更的原因，说明变更的具体情况、变更的必要性和合理性。

2. 变更前后包装材料的质量标准，以及在已上市的同给药途径、同剂型产品中已有使用的依据。变更前后包装材料相关特性的对比数据，如对水蒸气的渗透能力、包装容器情况等。

3. 变更后连续3批样品的检验报告书。

4. 稳定性研究资料，包括与原包装药品稳定性情况的比较。

（四）变更固体制剂包装系统中的干燥剂和惰性填充物

此类变更包括在包装瓶中增加干燥剂，但不是由于原药品包装系统中产品稳定性存在问题所致。需注意所用的干燥剂应和产品可以明显区分，以避免误服用，并在包装标签中明确注明。

此类变更还包括在包装容器中增加或去除药棉等惰性填充物，但需注意变更后产品在运输和贮藏期间，其脆碎度以及其他相关物理性质不受影响。

此类变更需说明变更的原因、变更的具体情况，说明变更的必要性、合理性，说明所用干燥剂的组成。说明产品在贮藏和运输期间，脆碎度及相关物理性质是否发生变化。在包装标签中明确注明产品使用了干燥剂。

（五）对药品可能产生较显著影响的变更

1. 除（二）中提及的直接接触药品的包装材料改变。

2. 对于无菌制剂，任何可能影响到产品无菌性能的改变及其他质控指标的改变，例如：从其他包装系统变更为预填充系统；从单剂量包装变更为多剂量包装；包装容器的大小和形状发生改变。

3. 去除具有遮光、防潮等作用的功能性外包装。

4. 包装系统中附带的给药装置或者给药系统中可能影响到产品给药剂量准确性的装置部分发生变化，如吸入剂、气雾剂中的阀门系统。

5. 变更后包装材料在已上市的同剂型、同给药途径产品中未曾使用过，如新批准的包装材料，以及外用软膏制剂已批准的聚合物材料，在眼用软膏制剂中未曾使用过等。

对药品可能产生较显著影响的变更需进行较系统的研究验证工作：

1. 变更的原因，说明变更的具体情况、变更的必要性和合理性。对于给药系统装置发生变更，需根据给药装置的特点进行相应的研究工作，证明变更前后给药剂量准确性保持一致。

2. 变更前后包装材料的质量标准，以及该容器或材料在已上市的同给药途径、同剂型产品中的使用情况。

3. 变更后连续3批样品的检验报告书。

4. 稳定性研究资料，包括与原包装药品稳定性情况的比较。稳定性研究中，除根据药品特点进行的各项检查外，还需关注药物和包装材料、容器之间是否可能存在相互作用，如包材中是否有成分渗出或迁移至产品内，或者产品是否存在重量减少的情况等，并有针对性地开展相应的研究工作证明这种相互作用对药品质量、安全性的影响。

第四章　民族医药文献的手工检索

第一节　中文手工检索工具

一、《中文科技资料目录（医药卫生）》

（一）概况

《中文科技资料目录》，简称《中目》，是我国出版的大型题录式科技情报检索刊物，原有22个分册，到1983年已增加到34个分册。《中文科技资料目录（医药卫生）》是其中的一个分册，与医学有关的分册还有《中目》的中草药、环境科学及综合科技基础科学分册等。

《中文科技资料目录（医药卫生）》系全国科技情报检索体系之刊物（只限题录性报道），收集国内医学及与医学有关的期刊、图书、汇编（内部资料）、学术会议等文献。

《中文科技资料目录（医药卫生）》1963年4月创刊，刊名为《全国医学科学技术资料联合目录》，当时由中国医学科学院医学情报所编辑发行，1966年停刊，1974年复刊，1977年与江苏新医学院（南京医学院图书馆）编辑出版的《医学期刊提要索引》合并，更名为《国内医学期刊资料索引》，1978年纳入全国科技情报检索体系，更名为《中文科技资料目录（医药卫生）》，由中国医学科学院医学信息研究所编辑出版。1978～1983年为双月刊，1984年起改为月刊。该刊是当前查找国内医学科技文献的重要检索工具，其收录内容包括公开发表和内部出版的期刊，论文还包括为数众多的供内部交流的医学资料、汇编（内部资料）及学术会议等文献。收刊量达1000余种，该刊每期报道题5000条左右，年报道6万字左右，时差约1年。

（二）编排结构

《中文科技资料目录（医药卫生）》1977年以前均采用学科分类，1978年采用主题法，从1979年开始采用以学科分类为主并附有主题索引的方法。从

1978年起每年末期编有年度主题累积索引。该刊一年出版12期，除第12期上附有年度累积索引外，各期内容结构依次为：①编辑说明；②分类目次；③学科分类（正文部分）；④本期学科分类索引；⑤主题索引首字字顺目次表；⑥主题索引；⑦本期引用期刊一览表；⑧本刊收编国内期刊一览表；⑨年度主题索引。

1. 编辑说明　为初次使用者提供帮助。在该刊的首页上是编辑说明，是使用《中目》的指南。其内容是对该刊的性质、收录范围、正文的编排方式、论文的著录规则、分类方法、主题索引、附录情况等逐一介绍，为首次使用该刊时必读。

2. 分类目次　是分类检索的入口，是主要检索途径之一。自1976年以来按《中国图书资料分类法》R类的分类体系编排，分类由大类到小类按直线排列，层层划分、逐级展开。各级各类均由分类号、类目、页码三者组成。

3. 学科分类（正文部分）　是该刊的主体部分，也是用户查找使用的部分，其他各部分均是为此设立的。

4. 本刊学科分类类名索引　1987年增加了该索引，属分类目次的间接索引，它按类名的汉语拼音字母顺序排列，并注明其分类号。为不熟悉分类法的读者通过分类途径检索文献提供了从类名查类号的便利方法。

5. 主题索引首字字顺目次表　该表按各个主题词的第一个字的汉语拼音顺序排列，并提示首字所在的页码。使用主题索引时，先从此表中查到页码，再按页码所示，从主题索引表中查找主题词。

6. 主题索引　是正文的辅助索引，也是读者利用率较高的索引，全部主题词及与其组配的副主题词均按其汉语拼音字母顺序编排，主题词或与其组配的副主题词后为与该主题有关的文献题录号。在主题词中的同音词按四声区别；同声字按笔画排列；第一个字相同时，依次按第二、第三拼音字母顺序排列；多音或多声字按使用习惯排列。主题词前冠有拉丁或希腊字母，均按汉语拼音排列，顺序排在同音主题词之后；常用的拉丁文缩写，按拉丁字母顺序排列。在此表中查到主题词后，再按其后的题录号到正文中查阅题录。

7. 本期引用期刊一览表　列出本期所收录文献的来源。

8. 本刊收编国内期刊一览表　列出了本刊收编期刊、编辑单位及入藏单位代号，为索取原始文献提供方便。

9. 年度主题索引　从1978年起，每年末期编写有主题累积索引，即将同一主题的全年题录顺序号累积在一起，以便于一次查到全年同一主题的文献。1996年以后，作为增刊发行。

（三）著录格式

《中文科技资料目录（医药卫生）》按照国家标准著录格式对文献题录进行著录，其格式如下。

1. 期刊

例：9932509① 米糠降低尿钙作用的研究②/殷延林③（北京医科大学第一附属医院）…④/中华泌尿外科杂志⑤. -1998，（9）⑥. -563~565⑦

注释：①目录顺序号，99为年份，其后5位数字为题录顺序号（每年均从1号开始）；②文献题名，如系综述文献在题名后加“［综述］”字样；③著者，凡作者为2个以上，只著录1个，后加“…”；④著者所在单位；⑤期刊刊名；⑥刊期；⑦所在页码，如有转页，在起止页码后加逗号再标清转页页码，如1~5，8。

注：期刊的编辑出版单位在本刊末“期刊一览表”中表示。

2. 图书

例：9713485① 综合避孕方法（政策和服务指南）②/人民卫生出版社③，-1997.3④. -1~9⑤

注释：①目录顺序号；②图书书名；③出版单位；④出版日期；⑤所在页码。

3. 会议资料

（1）整本资料

例：993503① 全国第五届脑血管病学术会议论文摘要汇编［会］②/中华医学会神经病学分会③，1999.11④. -1~262⑤

注释：①目录顺序号；②会议论文整体资料题名；③编辑出版单位；④出版日期；⑤所在页码。

（2）多题资料

例：9935421① DNA全息相容-不相容性歧视系统：免疫原识别过程的全新理论［会］②/陈忠华③（同济医科大学器官移植研究所）④//99全国器官移植学术会议论文汇编⑤/中会医学会器官移植学分会⑥. -1999.11⑦. -3⑧

注释：①目录顺序号；②文献题名；③著者；④著者所在单位；⑤论文汇编名称；⑥汇编出版单位；⑦出版时间；⑧所在页码。

4. 汇编资料　著录规则同会议文献的多题资料。

（四）检索途径

1. 分类途径　是通过分类目次进行检索的。分类目次是按照一定的分类体系，将文献归纳在相应类目下。

（1）编排规则

①本刊按《中国图书资料分类法》第3版R类（医药、卫生）进行学科分类，一些非R类的类目，如Q5生物化学、Q6生物物理学使用R34、R35交替类目。

②一篇文献涉及两个以上主题时，均依主要内容分类，并作“参见”。例：“糖尿病性骨关节病”分入“R587.2”并在“R684关节疾病及损伤”类目下作“参见”。

③在某些总类目下，适当作“注释”。例：在“R594.3高空病、高山病、血氧缺乏病”类目下注明“总论入此，各论入R5/72有关各类”。

④R2中国医学类目下只限纯中医学名词术语的文献。

例：崩漏　入　R271.12

功能性子宫出血　入　R711.5

⑤学科分类类名索引为分类目次的辅助引，为不熟悉分类法的读者提供便利。

（2）检索方法　①分析研究课题，从“本刊学科分类类名索引”中按汉语拼音顺序找出该课题的类目名称和分类号；②根据分类号从“分类目次”中找到该类目在题录正文中的页码；③根据所指引的页码从正文中找到所需题录。

如果熟悉分类体系，可直接利用“分类类目”表，根据所查课题分类号找到所需文献题录在正文中的页码，翻开正文即可查得。

例：查“食管癌”方面的文献，该病属肿瘤科，即可从分类目次表，R73肿瘤学→R735消化系肿瘤→R735.1食管肿瘤……（页码），然后根据食管肿瘤后面的页码，翻开正文即可。

如果不知所查课题属于哪一类，可首先利用每期后面的“学科分类类名索引”，找出有关课题分类号，然后根据分类号使用“分类目次”表，按上面所查步骤查找。

例：欲查“克山病”方面的文献，①先利用“分类类名索引”，用“克山病”首字“克”的汉语拼音字母k，在分类类名索引中找出克山病分类号R542.3；②然后利用分类目次表，根据R542.3所在本期页码，翻开正文，即可找到有关克山病文献题录。

2. 主题途径　适用于查找专指性很强的文献，或不太了解所要查找文献的类属关系，也可通过主题途径检索文献。

（1）编排方法　《中文科技资料目录（医药卫生）》对现代医学文献采用中国医学科学院医学信息研究所翻译的新版《医学主题词注释字顺表》，中医学文献采用中国中医研究院医学信息研究所编制的《中医药学主题词表》对文献进行标引，编排规则如下。

①按每篇文献的内容，选定其研究报道的主要论点标引一个或多个规范化的主题词，为了集中同一类主题概念的文献，有的主题词采用倒装形式。

例：放射学，介入性

活组织检查，针吸

②为了加强主题词的专指性，采用规范化的限定词（副主题词）加以组配。组配符号为“——”。

例：“白血病的诊断”标引为“白血病——诊断”。

③主题词或副主题词后面只列与该主题有关的题录顺序号（顺序号中年代数字省去）。

④对选用的非正式主题词，采用“见”的形式列出。

例：冷冻麻醉　　见　　人工低温

石吊兰素　　见　　生物黄酮类

⑤主题词均按汉语拼音字母顺序排列，同音字按四声区别；同声字按笔画排列；第一个字相同时，依次按第二、第三……拼音字母排列；多音字或多声字按使用习惯排列。

⑥主题词前冠有英文字母，均按汉语拼音排列，顺序排在同音主题词之后，并忽略倒装符号。

例：DNA 加合物——按汉字“加”排列

DNA 病毒——按汉字“病”排列

⑦主题词前冠有拉丁字母或希腊字母，均按汉语拼音，顺序排在同音主题词之后。

⑧常用的拉丁文缩写，按拉丁文字母顺序排列。

（2）检索方法　①分析研究课题确定主题词、副主题词。②在“主题索引首字字顺目次表”中找出主题词首字所在的页码。③根据上面找到的页码在“主题索引”中找主题词和副主题词，即可查到所需要的题录顺序号（省略年份数字）。如课题中有多个主题词，则应将每个主题词查出，然后在各个主题词下查出交叉的题录号。④根据题录号在正文中查到题录。

检索文献时注意应用年度“累积索引”，以便一次查到全年有关某主题的所有题录号。

例：查“黑素瘤的治疗”方面的文献（以 1994 年《中目》为例）：

①“选黑素瘤”做主题词，“治疗”为副主题词；②以“黑素瘤”的首字

“黑（hei）”，在《中目》12 期“主题索引首字字顺目次表”“H”下找到“黑素瘤”（230）；③在本期“主题索引”的字母“H”下面有黑素瘤－放射疗法 06711－治疗 04649，10233，17769，32958，36723－4 药物疗法 09861，14028；④根据检出的 9 个题录号分别在 1994 年 1～12 各期得到 9 篇有关黑素瘤方面的文献线索，以此线索去索取原始文献。

（3）注意事项　利用主题索引检索文献时应注意以下几个方面：

①根据课题内容选择合适的主题词。非主题词不用于此检索方法，只能用主题词查找，如“冷冻麻醉”应见“人工低温”；俗词应转换成通用的主题词，如“怀孕”应转换成“妊娠”；简称应换为正式主题词，如“乙肝”应转换成“乙型肝炎”；没有切题的主题词时可选择最靠近的上位词做主题词，如“伪膜性小肠结肠炎”可选用“小肠结肠炎”。

②有时用一个主题词查不全，可用 2 个以上的主题词查找。如查淋巴瘤方面的文献可用淋巴肉瘤、霍奇金病、非霍奇金病 3 个主题词。

③注意主题词和副主题词的组配：一般疾病组配的副主题词常用病因学、并发症、病理学、诊断、治疗、化学诱导等；药物组配的副主题词常用毒性、分析、副作用、药理学、治疗应用、投药和剂量等。同一个主题词下，如果涉及多方面，一般要采用多个副主题词进行组配，如查找治疗应考虑到饮食疗法、药物疗法、放射疗法、外科手术、中药治疗、中西医结合疗法。应尽量选准、选全副主题词。

在实际应用中，应注意分类途径和主题途径两种途径并用，这样可以获得更好的检索效果。

二、《国外科技资料目录（医药卫生）》

（一）概况

《国外科技资料目录》（简称《外目》），是我国出版的一套检索国外科技文献的系列刊物，按学科分类分别出版有：医学、生物学、环境污染与保护等 39 个分册。可供科技人员查阅国外期刊、专题论文、会议记录、研究报告和技术报告等资料之用。《国外科技资料目录（医药卫生）》是其中一个分册，是我国医学科研、教学和临床医师查找国外医学文献的重要中文检索工具。

该刊原名《科技文献索引》（医学部分），由中国医学科学院图书馆编辑出版，1964 年元月创刊，1965 年 9 月停刊，1975 年复刊后改为《中外医学期刊选题索引》。1978 年纳入全国科技情报检索系列刊物，改名为《国外科技资料目录（医药卫生）》（月刊），由中国医学科学院图书馆编辑，科技文献出版社出版发行。自1980年起，原由中国科学技术情报研究所编的《国外科技资料馆藏目录（医学）》并入本刊，改为《国外科技资料目录（医学）》，自1981年起改由中国医学科学院医学情报研究所编辑、出版和发行，1988年又改回1978年的原名《国外科技资料目录（医药卫生）》。

本刊收录英、法、德、俄、日5个文种的医学期刊及特种出版物600余种，其中包括WHO推荐的核心医学期刊200种及WHO的10种出版物和美国《IM》未收编的刊物60余种。此外，还有中国科学技术情报所入藏的医学特种文献，全年收编译成中文的资料题录达60000余条，由全国41个医学图书情报单位500余名科技人员翻译供稿。

该刊是当前我国出版的唯一查找国外文献的中文题录型检索工具。其优点有二：一是将文献题名译成了中文；二是每条文献均著录翻译单位，查到之后即可向其借阅或联系复制原文，读者使用较方便。其不足之处是，收录国外文献范围较窄，报道时差较大。

（二）编排结构

《外目》采用以学科分类为主、主题索引为辅的编排方法。该刊除在每年第一期附有编辑说明、入藏和译题单位代号及简称表、该刊收编期刊名单和第12期为年终主题索引外，各期主要内容依次为：分类目次、题录正文、分类类名索引、主题索引首字目次及主题索引，共5部分。

1. 说明　主要介绍该刊的译题单位和人员，编辑、出版和发行部门，收录范围、著录格式、分类方法、主题索引、借阅与复制及编委会成员等。

2. 分类目次　分类目次是该刊的主要检索途径之一，按《中国图书资料分类法》R类分类编排。类目之前有类号，类目之后圆括号内是页码。以此途径检索时，可先从“分类目次”中找到所属类目，然后按照类目后的页码在正文中查找。

3. 题录正文　为该刊的主题部分，收录的文献按学科的内容归入相应的类目之下，并以年为单位连续排号。

4. 分类类名索引　该索引为1988年新增加的，主要为不熟悉分类的检索者使用此分类类名索引进行文献检索，是《中国图书资料分类法》R类的基本类目，该索引由类目名称和分类号组成，使用时参照“分类目次”。

5. 主题索引首字目次　首字目次将全部主题词的首字按汉字拼音字母顺序排列，并注明其在主题索引中的页码，依页码检索。

6. 主题索引　是题录正文的辅助索引，也是该刊的另一个主要检索途径。该索引将全部主题词按汉语拼音字母顺序排列。在主题词之后著录题录顺序号

(省去年份)，每项由主题词、副主题词和题录号组成。

7. 附表　每年第一期附有“供稿单位名单”、“收编期刊名单”、“本刊译题单位及人员”。“供稿单位名单”包括入藏单位代号、单位简称、邮编和单位全称。“收编期刊名单”包括该刊收录的期刊刊名全称、刊名缩写及译题单位，为需要复制文献的检索者提供了线索。

8. 年度主题索引　是将全年同一主题的全部题录号累积在一起，以便于一次查得全年同一主题的文献。1988 年以前，年度累积索引以第 13 期单册出版，1989 年合并在第 12 期中。除 1987 年第 13 期同时刊出主题及著者累积索引外，其余的都只有主题累积索引。

(三) 著录格式

本刊自 1988 年起，开始实行标准著录，其格式是根据“文献工作国家标准 GB3793－83 检索期刊条目著录规则”进行著录的。

关于题录正文的著录格式，自创刊以来其格式略有改动。从 1978 年起分类号著录在题名的左上角，顺序号著录在右上角，并在号码前冠有 Y、W（即“医”、“卫”两个字的汉语拼音首字字母)。1979—1980 年将同类文献收录在同类之下，不再用每条题录的左上角著录分类号，而且全部类目均不列类号。1981 年起将顺序号从右上角移至题名之前，并取消了 Y、W 两个拼音字母，同时又取消了原文题名，自 1982 年起开始著录类号。自 1988 年起著录格式采用国家标准著录格式。

例：①9735629②成人慢性肥大细胞增多症长期随访/③Kors J W/④J Intern Med. ⑤－1996，239（2） －157～164⑥重庆图

注释：①顺序号：前 2 位数字表示年代，后 5 位数字表示论文收编的顺序；②论文的中文译题；③作者姓名，两个或两个以上仅著录第一作者；④刊名缩写；⑤年、卷（期)、起止页码；⑥收藏单位。

(四) 检索途径

《外目》（医药卫生）除 1987 年第 13 期刊有著者索引可进行著者途径检索外，其检索途径主要有分类和主题两个途径，方法与《中目》（医药卫生）相似，这里不再叙述。

三、《中文科技资料目录（中草药)》

(一) 概况

《中文科技资料目录（中草药)》，简称《中目》（中草药)，是我国科技情报检索系列刊物《中目》的一个分册。该刊 1978 年创刊，为季刊，由国家

医药管理局中草药信息中心站、国家医药管理局天津药物研究院编辑出版。该刊是检索中草药科技文献资料的检索工具。

该刊采用题录的形式，专门收录国内公开和内部医药期刊400余种及国内医药会议论文和医药汇编资料等的题录、年报道6000余条，内容涉及中药史、药材学、方剂、中草药理论、药剂学、药事组织、药理学、临床药理学、药理实验、临床观察等。该刊有助于有关人员了解国内中草药最新研究水平和成果。

（二）编排结构

该刊编排方法以分类为主、主题索引为辅。该刊由编辑说明、分类目次、正文部分、主题索引和附表等部分组成。每年第一期附有引用期刊资料一览表，以后各期附新增引用期刊资料一览表。从1984年起，每年年末另册出版年度主题索引。年度主题索引后附有“全年文献一览表”。

1. 编辑说明　对该刊的收录范围、编排结构及著录格式等进行说明。

2. 分类目次　是该刊的主要检索途径之一。该刊各期收录的文献，均按《中国图书资料分类法》进行分类。根据实际需求，对“R28 中药学”所属部分类目做了调整。一篇文献涉及两个以上主题时，均依主要内容分类，不作“参见”。

3. 正文　该刊的主体部分，题录按分类进行编排。

4. 主题索引　为辅助索引，也是该刊的另一个主要检索途径。主题索引由两部分组成，第一部分是以中草药、方剂、制剂、化学成分名称为主题词，加说明语和顺序号组成；第二部分则以疾病、症状、病原体名称为主题词，加副主题词和顺序号组成。

5. 本刊引用期刊一览表　包括刊名及出版频率。

6. 本期新增引用期刊一览表　包括刊名及出版频率。

该刊按国家标准“GB3793-83”规定标准的统一著录格式著录。自1991年起增加著录第一作者所在的机构名称，并将处方药物组成著录在附注项。

（三）著录格式

1. 期刊论文

①0101341 ②紫苏抗凝血作用的实验研究 ③/周华珠（扬州大学医学院），④唐尧，曹毅…⑤//山西中医．-2000，16（3）．-46~47

注释：①题录号，由年号（2位）和题录顺序号（5位）构成；在主题索引中年号省略；题录顺序号，每卷从00001开始；②文献篇名；③第一著者姓名及单位；④合著者，著录前三个著者，超过三个著者时其后加省略号；⑤文献所在期刊的名称及年、卷（期）、所在页码。

2. 汇编论文

①0002725 ②采用正交试验法优选化积片的提取工艺 ③［汇］④/于丽云（天津药物研究院）⑤//天津药物研究院四十周年院庆论文汇编 ⑥. －天津：国家药品监督管理局天津药物研究院，1999. 10 ⑦. －161～162

注释：①题录号；②文献篇名；③说明为汇编文献；④第一著者及其单位；⑤汇编题名；⑥出版地、出版者、出版日期；⑦所在页码。

3. 会议论文

①0000001 ②中药现代化与多样性的药学思想 ③［会］④/艾铁民（北京医科大学药学院）⑤//，99 药用植物及中药研讨会学术论文集 ⑥1999. 9：北京/中国植物学会药用植物及中药专业委员会… ⑦－22～25

注释：①题录号；②文献篇名；③说明为会议文献；④第一著者及其单位；⑤会议录题名；⑥会议召开日期、会址、编者；⑦所在页码。

（四）检索途径

检索途径有分类途径和主题途径两种。

1. 分类途径

该刊采用《中国图书资料分类法》（第四版）进行学科分类。根据实际需求，对“R28 中药学”所属部分类目做了调整。一篇文献涉及两个以上主题时，均依主要内容分类，不作“参见”。

例：查有关“汤剂”的文献，根据分类目次可以查得“R283. 661 汤剂”，再根据其后的页码，获得文献。

R283. 661 汤剂

0100417 四逆汤提取工艺的筛选/凌家俊（广州中医药大学），周莉玲//广州医药大学学报 . －2000，17（2）. －167～169

2. 主题途径

主题索引由主题索引和主题索引（医学）两部分组成。

主题索引采用“检索词＋说明词（不超过六个）＋题录顺序号”形式。主题词按汉语拼音顺序排列。

主题索引（医学）是为了便于读者从医学途径检索，将疾病、症状、组织、器官、病原体等医学主题词做检索词单独排列，采用“主题词/副主题词＋题录顺序号”形式。

主题词根据《汉语主题词表》、《中国中医药学主题词表》、《医学主题词注释字顺表》进行标引。主题标引主要参考书目为：《中华人民共和国药典》、

《中华本草》、《中药大辞典》、《全国中草药名鉴》、《植物药有效成分手册》、《拉汉药用植物名称和检索手册》、《拉汉英种子植物名称》。

四、《中国医学文摘》

（一）概况

《中国医学文摘》系列创刊于1982年，是中国科技编译出版委员会批准出版的国内医学文献检索体系，属报道性的医学文献检索刊物，各分册采用文摘、提要、题录和综述4种形式，报道我国公开发行的医学期刊和医学院校学报及相关刊物上的医学文献，反映我国医学科学的新动态、新进展和新技术，是医药卫生工作者了解国内有关专业动态和进展的检索工具书。该文摘创刊时只有5个分册，现已增至16个分册（包括内科学、计划生育和妇产科学、中医、外科学、儿科学、肿瘤学、卫生学、基础医学、皮肤科学、眼科学、耳鼻咽喉科学、口腔医学、护理学、检验与临床、放射诊断和老年学等）。另外，还有内、外科学英文版2个分册。各分册每年为1卷，报道时差为3~6个月。

（二）编排结构

《中国医学文摘》各分册编排均比较简单，仅设有出版说明、分类目次（目录）、文摘。分类目次和正文部分按分类编排。每年第一期附有“引用期刊一览表”，每年最后一期附有“年度主题索引”，部分分册有“期主题索引”或“年度著者索引”。

《中国医学文摘》各分册的著录格式均按国家标准GB3793－83的规定著录，即

顺序号　题名/著者（单位）//刊名．－年，卷（期）．－总页码

文摘正文。图×表×参×（文摘员）

（三）著录格式

《中国医学文摘》各分册著录格式基本一致，以“基础医学分册”为例[2000，(1)]：

①0100001 ②中国人MTHFR基因多态性与神经管畸形遗传易感性 ③/朱慧萍（北京医科大学保健流行病学研究室）… ④//随传 ⑤．－2000，22(4)．－236~238 ⑥用PCR-RFLP法检测MTHRF热敏感性基因型，…… ⑦图1表3参6⑧（刘炎）

注释：①文摘号：01为年份，后5位数字为文摘顺序号，每年从（10001开始；②文献标题；③第一著者姓名及其单位：两个以上著者时，只著录第一著者，后加“…”；④期刊名称；⑤期刊年、卷（期），起止页码；⑥文摘

(省略);⑦附图、附表及参考文献书目;⑧文摘员。

(四)检索途径

目前《中国医学文摘》的检索途径有分类途径和主题途径两种,部分分册还设有著者途径。使用该系列刊物检索文献时,首先应分析研究文献的学科范围,选择相应的分册,一般可从分类途径和主题途径检索文献。

1. 主题途径　根据所查文献的主题内容,利用各分册的“主题索引”或“年度主题索引”进行检索,使用方法与《中文科技资料目录(医药卫生)》基本相同。为了提高主题检索的专指性,在主题词之后用副主题词进行组配,黑体字为主题词,宋体字为副主副词,在主题词和副主题词之后的数字为文摘序号。

2. 分类途径　是指根据所查文献的学科类别,利用各分册中的“目次”查找所需文献信息的方法。首先分析所需检索课题的学科类别,确定所需分册。然后在分册的“目次”中找到相应类目,根据其后标注的页码,在正文文摘中查找。

例:查找有关病理学的文献,首先选择“基础医学分册”,找到“病理学”类目,再根据该类目下所示页码,到正文浏览选择相关文献,发现有这样的文摘条目(2001,18(1).-46):

病理学

0100319 肺黏膜相关型淋巴瘤与肺炎性假瘤临床病理及免疫组化研究/张江兰(南京医科大学一附院病理科)… //临床与实验病理学杂志. - 2000,16(2).-100~103

对9例肺黏膜相关型淋巴瘤……

3. 著者途径　如内科学、放射诊断、护理学、基础医学、检验与临床分册等,每年的最后一期附有全年著者索引。著者索引按汉语拼音字母顺序排列,每条文摘均以原始文献的第一作者作为排列依据,团体著者不予排列,著者后跟文摘号。如已知著者姓名,即可查出著者所著的文献。

五、《中国药学文摘》

(一)概况

《中国药学文摘》是以中药为主的国内药学文献的检索性刊物,由中药资料电脑检索中心、国家医药管理局科学技术情报研究所共同编辑(已由国家医药管理信息中心出版),创刊于1982年,1984年正式发行,是我国第一部用电子计算机自动编排的检索刊物。

其内容包括国内公开发行的700余种有关期刊中的中西药文献（不包括译文），以文摘、提要、简介和题录等形式报道。该刊1984年为季刊，1985年改为双月刊，1994年改为月刊，附有年度索引，每期报道2000余条。该刊采用以学科分类为主，附有关键词索引和外文药名索引。每年除第一期有“本刊引用期刊一览表”外，各期均编有：编辑说明、分类目次、文摘正文、关键词索引和外文药名索引。每年年末编制“年度主题索引”（附本刊引用期刊一览表），以便于检索。

（二）编排结构

《中国药学文摘》采用以学科分类为主，附有主题索引和外文药名索引。

1. 编辑说明对编排及检索方法进行简单介绍。

2. 分类说明按该刊自编的分类体系将全部药学文献分为12个一级类目（01～12）与70个二级类目进行编排，并附英文目次表。

3. 文摘正文是该刊的主体。按类目顺序进行编排。

4. 主题索引是主题检索的入口，按药品的汉语拼音字顺编排。

5. 外文药名索引按外文药名的英文字顺编排。

6. 引用期刊一览表，该刊第1期和年度主题索引中附中有此表。

7. 年度主题索引将该年度的同一主题的顺序号集中编排，便于检索。

（三）著录格式

《中国药学文摘》著录格式自1987年起有所变化，举例介绍如下。

TQ460.6①　　　　051②　　　　9800143③

酮基布洛芬经皮吸收涂膜剂的研究④/刘建平（中国药科大学）；李运曼，胡爱萍等⑤//中国药学杂志⑥．－1997，32（9）－535～538⑦

备酮基布洛芬（KTP）经皮吸收涂膜剂，研究其经皮吸收性能及抗炎作用。采用双室渗透扩散装置，进行体外渗透试验：用大鼠为水症模型，考察KTP涂膜剂的抗炎作用……⑧

注释：①中国图书资料分类号；②药学分类号；③文摘号，7位数，前2位为年份，后5位为顺序号；④文献标题（黑体）；⑤作者或团体作者（仅著录前3名），第一作者单位；⑥刊名；⑦期刊年、卷期、起止页码；⑧文摘。

（四）检索途径与方法

《中国药学文摘》从创刊到1985年每期附有主题索引、外文药名索引、著者索引和机构索引，年度索引中附有主题索引、外文药名索引、著者索引；1986年期刊索引中删除了机构索引，年度索引中删除了著者索引；从1987年起每期只附有主题索引、外文药名索引，并且单独出版年度索引。

目前《中国药学文摘》的检索途径有3条，即分类途径、主题途径和外文药名索引途径。

1. 分类途径　本刊文摘部分按药学分类编排，每期前面有“分类目次”，根据所查的文献的学科类别利用分类目次可查到相应内容的页码。通过浏览可以查到有关文献。

2. 主题途径　本刊每期主题索引以主题词为主，每个主题词后面注有文摘号。年度主题索引采用主、副主题词形式。每条索引由主题词、副主题词和文摘号组成，每一主题词就是一个检索入口。每篇文献最多标引3个主题词，即一篇文摘在主题索引中最多只有3个检索入口。

在主题索引中注意以下几个问题。

（1）有关某一药物的文献，一般除以其本身名称为检索入口外，在其所属的大类药品项目中也有条目。

（2）新化合物的合成与生物筛选一般列于有关的大类药品项下，作为新药研究的动向。

（3）化学药品及植物药均采用规范化药名标引，分别依据药典委员会最新编写的《中国药品通用名称》及《中药大辞典》等。非规范药名可通过“参见”索引找到规范化药名。

（4）以某一具体药品名命名的复方制剂（不包括古、经方），不应从“复方”检索，而应从该药名查找。

根据所查文献的主题内容，利用每期的“关键词索引”和“年度主题索引”进行检索，利用所检索到的主题词的文摘序号，就可以从文摘正文中找到文献。

3. 外文药名索引途径　外文药名索引按药名英文字顺排列，根据外文药名后文摘号便可以从正文中查到所需要的文摘。

六、《中国生物学文摘》

（一）概况

《中国生物学文摘》是中国科学院文献情报中心、中国科学院上海生命科学研究院和中国科学院生物学文献情报网主办的，由中国科学院上海生命科学研究院出版发行。1987年创刊，原为季刊，1989年改为月刊，每年1卷。该刊收录我国科技人员（包括港台学者）在国内公开出版发行的有关生物学方面的期刊论文、专著、会议录等，以及在国外发表的论著等。其内容包括：普通生物学、细胞学、遗传学、生理学、生物化学、生物物理学、分子生物学、生态学、古生物学、病毒学、微生物学、免疫学、植物学、动物学、昆虫学、人类学、生物工程学、药理学与生物学交叉学科及相关科学技术领域。其为从事生物学、农、林、医、牧及环境科学等方面工作的研究、教学和生产人员提供生物文献信息，年报道文献9000条左右。

（二）编排结构

《中国生物学文摘》各期编排的内容依次如下。

1. 说明　每期前面都附有“说明”，简要介绍《中国生物学文摘》的概况、著录格式及使用方法。

2. 英文简介　即用英文对该刊的概况作一简单介绍。

3. 目次　即分类目次，采用《中国图书资料分类法》按学科分类，并标出正文的页码。

4. 文摘正文　按学科分类排列，所有文献按其内容所属学科划分到相应的类目中。

5. 汉语主题索引　按主题词的汉语拼音字顺排列，标示文摘号。

6. 引用期刊一览表 1987 年在每期最后均附有，1998 年起只在第一期附有。

另外，每年第十二期为著者和主题年度索引。

（三）著录格式

1. 期刊论文著录方式

例：Q987①　99054019②

下肢静脉曲张的遗传分析③ = Genetic analysis of varicose vein of lower extremities④（中文）⑤/郭琼行（山东省立医院，山东，济南 205012），郭辰红…⑥//中华医学遗传学杂志⑦. -1998，15（4）. -221~223⑧

对该院……图1表4参4⑨

注释：①分类号：②文摘号，99为年号05为期号，4019为流水号；③中文篇名；④外文篇名；⑤文种，原文为中文时可省略；⑥著者单位、地址、邮政编码，当著者超过2个时，只著录前2名，2个著者之间用“，”分隔开，其余用“…”表示；⑦刊名；⑧出版年、卷期和起止页码；⑨文摘内容及图表与参考文献的说明，本例文摘有1个图、4个表和4篇参考文献。

2. 专著

例：Q93①　99050675②

现代微生物学实验技术及其应用［著］③/严杰（浙江大学医学院，浙江，杭州 31002），罗海波…④ -北京⑤：人民卫生出版社⑥，1997. 10⑦. -

298⑧

该书介绍了与微生物学研究有关……图55表67参331⑨

注释：①分类号：②文摘号；③书名，著作方式；④著者及第一著者单位、地址、邮政编码；⑤出版地；⑥出版社；⑦出版时间；⑧本书总页数；⑨文摘内容及图表参考文献的说明。

3. 汇编

例：Q812①　95096195②

链激酶基因的克隆和表达③ = Construction and expression of a clone encoding SK gene〔汇〕④/汤其群（上海医科大学分子遗传研究室，上海200032），任军…⑤//生物工程论文集⑥. －北京：化学工业出版社⑦，1994. 5. －40～43⑧

链激酶（SK）基因……。图版1参7⑨

注释：①分类号；②文摘号；③文献题目；④英文题目；⑤著者及第一著者单位、地址、邮政编码；⑥汇编名称；⑦出版地，出版社；⑧出版时间起止页码；⑨文摘内容及图表与参考文献的说明。

（四）检索途径

《中国生物学文摘》的检索途径有分类途径、主题途径和著者途径3种。

1. 分类途径　根据检索课题的内容，在每期的“分类目次表”中找到相应的类名及其在正文中的页码，即可以从正文中找到相关文献。

2. 主题途径　主题索引按汉语拼音字顺排列，由主题索引款目和文摘顺序号组成。利用主题索引查找时，可根据课题内容，在年度主题索引中先查得主标题，并组配合适的副标题及三级标题后的文摘号，就是要查的文摘顺序号，再根据顺序号即可从正文中找到相应文摘。

3. 著者途径　著者索引由著者姓名和文摘顺序号两项组成，著者姓名分别按中、日、西文排列，并各以汉语拼音、罗马拼音和拉丁字母排列。如已知著者姓名，即可查出著者所著的文献。

七、《全国报刊索引（自然科学版）》

（一）概况

该刊为综合性题录式检索刊物，由上海图书馆编辑出版。它是检索国内期刊、报纸的综合性文献索引。

该索引的前身是《全国主要期刊重要资料索引》，1951年创刊，季刊，由山东图书馆编辑出版，1955年改为《全国主要期刊资料索引》，由上海报刊图书馆编辑出版；1956年开始增加报纸资料，改为《全国主要报刊资料索引》，由上海图书馆编辑出版；1966年9月至1973年9月停刊，1973年10月复刊，改为现刊名，月刊。1980年起，分“哲学社会科学版”、“自然科学技术版”两个分册出版。

该刊的“哲学社会科学版”收录国内公开和内部发行的综合性、专业性报纸149种。中文期刊2000余种，每期收录资料约1万条；“自然科学技术版”收录国内中文报纸3种，中文期刊3300余种，每期收录资料约1万条，其中医学期刊占10%，与医学相关的占56%，亦收载药学文摘和译文。由于该刊收录国内报纸，正好可作为《中目》的重要补充。另外该索引报道文献量大，报道速度快，每期报道题录中相当一部分医学专业或与医学相关的内容，报道时差仅为1~3个月，上海出版的报刊上的文献，当月就能出现在该刊上，比各种报刊自编的索引快1~2个月。如中华系列杂志，出版的当月，其文献就能在该刊上反映出来。所以该刊应引起广大科研人员的重视。

（二）编排结构

该刊“自然科学技术版”由编辑说明、分类目录、正文部分和本期引用期刊一览表4部分组成。

该刊的分类目录由类号、类目和页码组成，用分类途径进行检索。创刊初期，按“人大法”分成17大类；1973年复刊后，采用上海图书馆自编的《报刊资料分类表》归类排列，1980年改用“中图法”分类；1984年开始按本馆自编的《全国报刊资料分类表》归类排列，其基本大类类目和类号与“中图法”一致，但二级以下的类目和类号根据报刊资料的特点另行设置。所收资料均按学科分类。1992年开始采用“中图法”分类编排，四级以下类目，如资料过少，不再列出分类号码。

该索引的著录格式自1991年第1期起参照国家标准局的《检索期刊条目著录规则》（GB3793－83），结合报刊文献特点，实行标准著录。

该索引的“引用报刊一览表”于每年第1期和第7期附列于索引之后，并增加各报刊刊号和出版地址。各种报刊的排列法是：学报全部集中，再按专业排列，同一专业又按刊名的笔画排序；其他期刊先按类集中，同一类目再按专业集中，同一专业又按刊名的笔画排序。

（三）著录格式

①010100006 ②回眸百年科技展望新的世纪 ③/路甬祥（中国科学院）④//中国科技月报 ⑤. －2000（3）. －4~9

注释：①题录号，由年份“01”、期次“01”和题录顺序号“00006”组成；②文献题名；③第一责任者及其单位。责任者著录前三名，其余用“等”

表示；④报刊名；⑤报刊的年、卷（期）及起止页码。

（四）检索途径

该索引的检索途径有两条，一条是分类途径，一条是著者途径。

1. 分类途径

分析课题的所属学科类别，确定其所属类目的类号，根据分类目录确定所在页码，在正文中查阅。

例：查找有关高血压的文献［选自2001，(1)］。

分析课题，确定其所属学科为“R－医药、卫生”方面的“R54 心脏、血管（循环系）疾病”，根据目录所示页码（82）找到正文，在正文中有细分类目“R544 血压异常”，在其下浏览，选择相关题录。

R54……………………………………………………………82

R544　血压异常

010104410　高血压病的诊断进展/周和（广东药学院门诊部）；伍爱婵//新医学．－2000，31（1）．－76～77

2. 作者途径

作者索引由文献前三名作者的姓名或团体作者的名称组成，按汉语拼音顺序排列。

例：①北电网络………………………………………………②010111993

③周和………………………………………………010104410

注释：①团体作者名称；②题录顺序号；③作者姓名。

该刊的特点是反应快、收录范围广泛，且编制的年份较长，所以可作为各专业检索工具的补充。其缺点是未能编制其他辅助性检索手段，如主题索引及参见项，所以在查找的课题涉及多个学科时，应注意到相关学科中去查找，以防漏检。另外，在检索时，如有的课题内容涉及两个分册，就必须对两个分册都要检索，以防漏检。

八、《医学论文累积索引（1949—1979）》

（一）概况

该索引由南京医学院图书馆编辑出版。这是一种书本式的医学综合索引，该索引是检索新中国成立以后到20世纪70年代末期国内医学文献的比较系统、全面的检索工具，该索引引用期刊资料1400余种，内容包括1949—1979年30年间国内公开与内部出版的医学期刊、连续编号的医学资料及自然科学期刊中有关医药卫生的文章，如论著、综述与临床病例报告及经验介绍等20

多万条，译文、文摘、消息及动态等可收录。

该索引包括9个分册：①卫生学、基础医学、诊断学、治疗学、护理学分册；②中医学分册；③内儿科学分册；④外科学分册；⑤肿瘤学分册；⑥妇产科学分册；⑦五官科学、皮肤病学分册；⑧药学分册；⑨总索引（主题、分类）分册等。

索引先按学科分成分册，各分册再按主题词的汉语拼音字顺编排。主题词基本上采用《汉语主题词表》中的主题词，介于两个分册的主题词，用参见的方式列出。每篇论文按其内容给出一个或多个规范化的主题词，一篇论文除第一主题详细著录外，其他主题用参见方式列出顺序号，不列主题；跨分册的参见主题，顺序号前冠以所载分册的代号。常见的外文病名，按常用的中文译名译出。

该索引各分册只有主题索引，根据课题类型，在选定主题词后，首先确定所查找的文献属于哪个分册，然后查该分册的“主题汉语拼音目次表”，在该表中找到相应的主题词，按其后面的页码去查阅正文。

（二）编排结构

《医学论文累积索引》按学科分册，每一分册正文部分按照主题词字顺排列。其主题词来源于《汉语主题词表》。除第9分册以外，各分册的结构类似。

1. 编辑说明　介绍该工具书的收录范围、编排结构及著录格式等内容。

2. 期刊资料一览表　收录有约1400种期刊资料的名称及编辑出版单位。

3. 主题词汉语拼音目次表　将本册全部主题词，按照汉语拼音字顺排列并注明页码，是本书唯一的检索途径。

4. 正文　索引的主体部分。每条题录均有一个顺序号，而在总索引的主题词下，只著录顺序号，无题录全文。

（三）著录格式

①霍奇金病

②参见：1662 1679 －1980 1779 2105 4432……

③04208　④22例霍奇金病的病理分析

⑤张振东等

⑥中华病理学杂志

⑦5（4）：210－214：　⑧1959

注释：①主题词；②参见项：一篇文献涉及两个以上主题时，用“参见：顺序号”的形式列出，表明这些文献与“霍奇金病”有关；③题录顺序号，各分册单独编；④文献篇名；⑤著者：只著录第一著者，其用“等”；⑥期刊或资料名称；⑦卷（期），起止页码；⑧期刊出版年。

（四）检索途径

《医学论文累积索引》只有一条检索途径，即主题途径。查找时应首先确定所查的课题属于哪一分册，然后在该分册的“主题词汉语拼音目次表”中，依照汉语拼音字顺找到相应主题词，根据词后所示页码查阅正文题录，选择所需文献。注意使用“参见”扩大检索范围，防止漏检。

九、《国外医学》、《国外医药》

《国外医学》是我国出版的报道国外医学科技信息的重要情报系列刊物。以综述、编译、文摘等形式，向国内医学专业人员介绍国外医学各学科的新进展、新成就、新技术等。目前已有47个分册，它的出版为促进我国医学各学科的发展发挥了积极的作用。

虽然各分册收录内容不同，但其编排结构基本一致。每期由目次、正文两部分组成。每年最后一期附年度主题累积索引。个别分册还附有年度学科分类索引。检索时可首先选择有关分册，根据目次所提供的页码查找文献，或使用年度主题索引，根据课题选择主题词，组配适当副主题词，可获得全年的有关文献。

与《国外医学》编排结构相同的《国外医药》有3个分册。

该刊学科齐全，内容新颖，信息量大，使用方便，是读者查找有关课题最新进展或动态的常用工具。

十、参考工具书的利用

工具书是广泛收集某一方面的知识材料，按某种方式编排，专供查检的特定类型图书。工具书的种类繁多，对它进行分类的标准也有多种，通常可以从以下几个角度进行划分：①按学科范围分，有自然科学工具书和社会科学工具书；②按收录内容分，有综合性工具书和专科性工具书；③按功能用途分，有字典、词典、百科全书、年鉴、手册、图谱等参考性工具书，与目录、题录、文摘等检索性工具书。

广义的工具书还包括具有工具书作用的一些经典著作或教科书，如《希氏内科学》、《黄家驷外科学》等。

（一）常用参考工具书类型

1. 字典、词典

字典是解释字的形、音、义及其用法的工具书，如《新华字典》、《中华大字典》。词典是解释语词的概念、意义及其用法的工具书，如《汉语大词典》、《实用医学词典》等。

2. 类书、百科全书

类书是辑录古籍资料，按类别或韵目编排，供寻检、征引或辑佚之用的工具书。它是我国古代百科全书式的资料汇编。

百科全书是百科知识的总汇，是荟萃人类一切知识或某一门类知识概述性的工具书。它对某一学科提供定义、原理、方法、历史、现状及统计和书目等方面的资料，即除了叙述某词是何事、何物外，还介绍该事物在何时、何处发生，如何发生，因何发生等。由于百科全书包罗万象，人们往往称它为“工具书之王”、“没有围墙的大学”。

目前世界上已有50多个国家编辑出版百科全书，其中学术水平比较高的是《不列颠百科全书》（32卷）、《美国大百科全书》（30卷）、《苏联大百科全书》（30卷）、日本《世界大百科世典》（35卷）、《中国大百科全书》（74卷）和《中国医学百科全书》（89卷）。

类书与百科全书相同的是，包罗各科知识；不同的是，类书着眼于既往发生的事物，百科全书则不仅着眼于既往的事物，更多着眼于当今的信息，系统阐述新出现的科学技术和知识。

3. 年鉴、手册

年鉴是系统汇集一年内重要时事文献、学科进展与各项统计资料，按年度编辑出版的工具书。一般分为综合性年鉴如《中国百科年鉴》和专科性年鉴，如《中国外科年鉴》。

手册是汇集经常需要查考的文献、资料或专业知识的工具书。它分为综合性手册，如《中国：昨天与今天——1840至1987年国情手册》和专科性手册，如《现代临床实验诊断手册》、《医学常用数据手册》等。

4. 目录、题录和文摘

目录是对图书或其他单独出版资料的外表记载及内容揭示，通常所著录的是一个完整的出版单位，如一种图书、一种期刊、一种报纸等。

题录是对书、刊等资料中某一部分的系统化描述，通常以期刊中的论文、图书中的章节等为著录单元。

文摘是对原始文献用简明、扼要、准确的文字所做的摘要。

5. 年表、历表

年表是查考历史年代和查找历史大事的工具书。有单纯纪年的，如《中国历史纪年表》；也有既纪年又纪事的，如《中华人民共和国大事记》。

6. 地图、图谱

地图是按一定的投影方法和比例，将地表事物和景物标绘于图纸上，以反映行政区域、经纬度、各地距离、交通线、河流、气候等资料的工具书。

图谱是以图像表示事物形象的工具书。在医学领域一般有解剖、组胚、病理、眼科、外科、口腔科、针灸、中草药等图谱。

7. 传记资料

传记资料是提供人们了解某一历史名人的生平包括其生卒年、学历、婚姻、重要的活动、成果、代表作及对他的评价或时代背景等资料的一类工具书，又称传记词典，如《中国人名大辞典》、《美国名人录》（*Who's who in American*）等。

8. 机构名录

机构名录是一种介绍各种机构及其负责人和成员的出版物，简称名录，如《中国医药卫生科研机构及高级人员录》。

（二）医学词语的查找方法

1. 一般医学名词术语的查找

（1）利用医学词典　查一般医学名词首先应选用有关的医学词典，因为这类词典对医学词汇的收录全面，解释详尽。如欲查“Q 热”一词，可利用《实用医学词典》。

（2）利用医学百科全书　医学百科全书亦是查找医学名词术语的常用工具书。它收录全面、系统，提供更深入、更贴切的词义解释，并涉及各相应学科的名词术语，如《中国医学百科全书》。

（3）利用综合性词典或百科全书　综合性词典或百科全书往往包罗普通和各个学科领域的词汇及其词义解释。其特点是收词范围广、提供的词语丰富，但解释没有医学词典或医学百科全书详尽，如《辞海》、《中国大百科全书》等。

（4）利用普通医学专著　医学专著或教科书通常是围绕某个专题进行全面、系统的论述。它往往可提供有关概念、定义、术语等的专门而明确的解释。特别是许多优秀的医学专著和教科书常常被作为医学领域的参考手册使用，如《希氏内科学》、《克氏外科学》、《格氏解剖学》等。

2. 医学名词译名的查找

医学名词译名的查找实际上是指两种以上语言相对词语含义的相互翻译。一般有两种情况：

（1）汉外（英、日、俄等）对译　这类问题一般出自用外文写作或用外文表达某个意思等情况。例如，不知道“激酶”的英文对应词是什么，“基因突变”如何用英语来表达等。所有这类问题，最适合用汉外医学词典来解决，如《汉英医学大词典》。

（2）外（英、日、俄等）汉对译　人们在学习外语或阅读、翻译外文文献的过程中，不时地会遇到一些不懂其含义的词或短语，如不知道“colony”对应的中文词是什么，“eye speculum”的中文意思是什么等。类似问题一般使用外汉医学词典予以解决，如《英汉医学词汇》等。

3. 医学缩写和略语的查找

人们在阅读医学文献的过程中有时会遇到一些难以识别的缩写字或略语，如“CaBP”等。这类问题可用下列工具书查找：

（1）医学缩略语词典　这类词典所收入的缩写字和略语相对较为丰富，如《英汉医药学缩略语词汇》等。

（2）一般医学词典　有些医学词典也选择收入一些常用的医学缩写字和略语这类特殊词汇，故也可用来解答有关缩略语查找的问题，如《英汉现代医学药学辞海》等。

（3）科技缩略语词典　除了专门的医学缩略语词典外，许多科技缩略语词典也收录了相当数量的医学缩略语。它亦是解决这方面问题的重要工具书，如《英汉科技文献略语词典》、《英汉缩略语综合大词典》等。

（4）有关医学书刊中附设的缩略语对照表　不少医学书刊常常附有缩写字或略语一览表，这对解决缩略语查找问题亦具有不可忽视的作用。它们所列的词汇往往限于特定文献中所出现的缩写字或略语，有可能收入更专门、更罕见的特殊用语。例如，《生物学文摘》和《化学文摘》等每期均附有缩略语对照表，《医学索引》等文献检索工具则提供刊名缩写全称对照表，可供查寻期刊名的缩写或全称。

（三）医学人物资料的查找方法

在学习和工作中，有时会涉及医学人物资料查找的问题。例如，欲出国进修、访问，就需了解本专业有哪些知名专家教授，这些专家教授已获得哪些成果，发表过哪些理论专著，等等。凡是涉及古今中外医学人物的生平事迹之类的问题，均可用医学名人录等工具书来解答。

1. 用医学名人录或医学传记词典

有关医学人物资料的查找，应首先利用医学名人录或医学传记词典。通常，医学名人录只收当代在世的医林人物，且叙述简略、不加评论。而医学传记词典主要收录历史上的逝世医学家，且叙述详尽、附加评论。例如《国际医学名人录》（*International Medical Who's Who*）、《美国医学家传记词典》（*Dic-*

tionary of American Medical Biography）等。

2. 利用医学百科全书或医学年鉴

医学百科全书和医学年鉴往往收录相当多的人物资料，而医学年鉴还较多地报道当今医学学科著名人物的活动，并有专门的人物评价专栏和人物索引。因此，这类工具书在查找人物资料时经常被利用。例如《中国药学年鉴》、《中国中医年鉴》等。

3. 利用有关的人物传记索引

查找特定医学的传记资料，利用传记索引是比较便捷的途径。因为从待查人姓名出发，可迅速查明所有报道此人的传记词典和名人录。例如，在某传记索引中查到有30种传记词典或名人录报道了待查人的情况，读者便可从这30种工具书中选择身边已有的一种查找，如《古今世界科学家传记和肖像索引》（*Index to Scientists of the World from Ancient to Modern Times*：*Biographies and Portraits*）就是这样一种传记索引。

4. 利用医学文献检索工具

若要了解某一特定医学家的学术成就，使用医学文献检索工具较为方便，如《IM》。《IM》等检索工具都附有“著者索引”，如果发现所查人近几年发表学术论文较多，说明他近年来在学术上是有一定成就的。若进一步查阅《科学引文索引》（*Science Citation Index*），发现所查人的论文被许多人利用，更进一步说明其成果是很有价值的。此外，从美国《医学索引》的著者索引还可检索到有关医界人物的传略、讣闻。

（四）医学机构资料的查找方法

为了及时了解和吸收国内外同行的先进经验和技术，需要进行学术交流，业务合作，邀请国外著名医学专家来华讲学，派人出国考察、进修留学等，开展这些工作都必须事先调查了解对方的详细情况，才能做到心中有数。对此，就得利用医学机构名录之类的工具书。

1. 利用医学机构名录

医学机构名录是查找医学机构资料的主要工具书。例如，欲了解美国哈佛大学医学院的入学条件、学科设置及各科教师、学生生活、年度费用、经济资助等情况，即可利用《美国医学教育指南》（*Directory of American Medical Education*）等。

2. 利用医学年鉴

医学年鉴大多收录有医学机构的资料，如《中国卫生年鉴》、《中国药学年鉴》等提供有关医学机构的名称、负责人、创建日期、地址等内容，亦是查找医学机构，特别是新成立的医学机构的常用工具书。

3. 利用医学文献检索工具

若要就自己所从事研究的某个较专门的课题，查寻在国外从事相同课题研究的同行或导师及其就职机构（大学或研究所）和地址，以此选择作为学术交流的对象，利用医学文献检索工具最为便捷。因为许多文献检索工具和光盘数据库（如 EM，BA，MEDUNE 等）著录有作者的所在单位及其通讯地址。

（五）医学统计资料的查找方法

1. 利用年鉴

（1）利用专门的统计年鉴　统计年鉴专收统计资料，不但统计指标集中、系统，而且资料新颖、准确、可靠，是查找医学统计资料的主要工具书。例如，欲查某年全世界的婴儿出生率和死亡率，即可利用《世界卫生统计年鉴》（*World Health Statistics Annual*）等。此外，查找医疗卫生统计资料，还可利用综合性统计年鉴，如《中国统计年鉴》等。

（2）利用一般医学年鉴　一般医学年鉴往往也收载医疗卫生统计资料，如《中国卫生年鉴》设有“卫生统计”栏目，《中国计划生育年鉴》设有“人口与计划生育统计”栏目，亦是查找这类资料的常用工具书。

2. 利用医学资料汇编或资料性手册

医学资料汇编大多收集医疗卫生统计资料，如《中国卫生保健》、《当代中国的卫生事业》等。此外，不少资料性手册也收录医疗卫生统计资料，如《计划生育手册》、《中国概况手册》等。例如，欲查 1985 年全国高等学校院系专业设置情况（如专业设置、毕业生数、在校生等），即可利用《当代中国的医药事业》等。

3. 利用报刊资料

某些报刊（如《健康报》），有时刊登一些专题性文章，用统计数据说明医疗卫生系统所取得的成就，如“年度统计报告”之类。这些统计资料虽然比较分散，但一般比较及时，亦是我们查找卫生统计资料的来源之一。在利用报刊资料时，可借助《全国报刊索引》等检索工具。但是必须说明，报刊上一般报道性文章的统计数据，只能作为新闻参考，不能作为收集资料的根据。

（六）医疗卫生法规资料的查找方法

法规是法律、法令、条例、规则、章程等的总称。医疗卫生法规资料的查找，主要利用的是卫生法规汇编及医学年鉴等。

1. 利用卫生法规汇编

卫生法规汇编比较集中和系统地收集了各种有关医疗卫生的法规和条例等，使用比较方便，如《最新医疗卫生法规全书》、《中华人民共和国卫生法规汇编（1981—1983）》及《全国卫生防疫标准规范与防疫机构工作政策法规全书》。此外，综合性法规汇编也收录医疗卫生法规，亦是查找这方面资料的重要工具，如《中华人民共和国法规汇编》、《中华人民共和国法律汇编》等。

2. 利用医学年鉴

医学年鉴往往设有专门栏目报道近期颁布的卫生法规条例，如《中国卫生年鉴》设有“政策法规”栏目，《中国计划生育年鉴》设有“与计划生育有关的法规和细则”栏目。这类工具书最适合查找近期公布的、尚未收入法规汇编的卫生法规资料。

3. 利用卫生法规文摘和索引

卫生法规文摘和索引能为我们提供有关法规的摘要和线索，从而取得事半功倍的效果。例如，《国际卫生法规文摘》（*International Digest of Health Legislation*），EM 的第 36 分册（*Health Policy*，*Economics and Management*），报道近期公布的世界各国和国际卫生法规的摘要或题录，有的还全文转载。它们是查找世界各国和国际卫生法规的重要检索工具。此外，还可利用综合性法规文摘和索引，如《新中国五百个重要法规提要》、《中华人民共和国法规目录》等。

（七）医学大事资料的查找方法

何时发生了何种医学大事，某医学大事发生于何时，其经过、始末如何，关于这类问题的解答，主要利用的是医学大事年表、医学年鉴、医学百科全书等。

1. 利用医学大事年表

医学大事年表收集了一定时间范围内发生的主要医学事件与活动，分别给予简要记述，并按照医学事件发生的日期排列，是查找医学大事的主要工具。例如，欲查“我国第一例肾脏移植手术是哪年哪月于何地何医院获得成功的”，即可利用《简明中外医史手册》等。

2. 利用医学百科全书

医学百科全书大多收载发生在医学领域的重大事件，并介绍有关事件的背景，内容较为详尽，亦是查找医学大事的重要工具书。例如，欲查“细胞病理学学说创立于何时”、“其发展经过怎样”，即可利用《中国医学百科全书》。另外，《中国医学百科全书：医学史》卷编后有“中国医史年表”和“世界医史年表”。

3. 利用医学年鉴

医学年鉴大多设有专栏反映本年度发生的医学大事，如《中国中医药年鉴》设有“中医药纪事”，《中国计划生育年鉴》设有“计划生育大事记”。因此，医学年鉴最适合查找近期发生的医学大事。例如，欲查我国1989年中医药界的大事，即可利用1990年版的《中国中医药年鉴》。

4. 利用医史专著、医学参考工具及其后的附录

查某些医学历史大事，还可直接利用医史专著。这类书籍大多附有“大事年表”和“主题索引”、“人名索引”等多种索引，使用亦较为方便。例如，欲查“我国第一部药典《新修本草》产生于何时”，即可利用《中国医学史》。附录也是我们查找医学大事不可忽视的资料，如《简明中医字典》后附有“中国医学大事年表”，《当代中国卫生事业》后附有“建国以来卫生工作大事记（1949—1984）”和“中国卫生检疫工作大事记（1973—1983）”，甄志亚主编的《中国医学史》后附有“中国医学史大事年表”。

（八）医学图像资料的查找方法

医学图像资料主要包括各种医学图片、疾病分布图、医学人物肖像图等。这类资料的特点是直观、形象，可弥补文字表达的不足。因此，在教学、科研和学习中，往往需要图像资料来补充、印证。关于这类资料的查找，主要利用的是各种医学图谱，此外还可利用含图的医学工具书或专著。

1. 利用医学图谱

例如，美国出版的《外科手术图谱》（*Atlas of Surgical Operation*）。该图谱介绍的一些高难度而复杂的手术方法图，可供因实践期短、大手术机会少的青年医师参考。

2. 利用医学地图集

医学地图集主要可用来查找疾病的分布图。例如，欲查我国鼻咽癌的分布图，即可利用《中华人民共和国恶性肿瘤地图集》。

3. 利用医学人物肖像集

医学人物肖像集主要可用来查找医学人物的肖像、照片和简历等。例如，欲查我国明代杰出的医药学家李时珍的肖像，即可利用《中国历代名医图传》。

4. 利用附编插图的医学工具书

图像作为表达思想、记录事实和传播知识的手段，通常是出版物不可缺少的组成部分，有的甚至依赖图表达其内容。例如，医学百科全书和年鉴，大多

图文并茂。这就为我们查找图像资料提供了丰富的图像源。欲查混合性骨转移病的X线图片，即可利用《中国医学百科全书》（X线诊断学分册）。

（九）药学资料的查找方法

药学资料是医学文献的重要组成部分，在医学临床、教学和研究中，人们经常需要了解和使用药学资料。查找药学资料的工具书很多。

1. 利用药典查药品标准

药典是国家药品标准，具有国家法规的性质。例如，欲查我国现行的药品标准，即可使用《中华人民共和国药典》。比较有名的药典还有《美国药典》、《英国药典》、《欧洲药典》、《国际药典》等。

2. 利用医药词典或手册查找基本简略资料和最新药名

中药方面可利用《中药辞典》、《中药大辞典》、《中华药海》、《有毒中草药大辞典》、《中华本草》、《中医大辞典》等。查药名的中外文互译，可利用《英汉临床药物最新词汇》、《汉英医学大词典》、《汉英中医药大辞典》等。此外，查找药品的中外文名称还可以利用其他工具书，如《临床药物手册》、《临床合理用药手册》、《临床用药大全》等。通过最新版的《默克索引》、《医师案头参考书》等药物手册可查最新药名。

3. 利用百科全书查背景资料

查找背景资料，可利用《中国医学百科全书》的方剂学分卷和药物学与药理学分卷，以及《临床用药大全》等。

4. 利用医学年鉴查药物的研究进展及临床应用情况

若查找药物的临床应用和理论研究的新成果和新进展等，可利用医学年鉴，如《中国中医药年鉴》、《中国药学年鉴》等。

5. 利用药物手册，查药物的临床知识等实用性资料

药物手册大多是根据临床各科实际应用情况而选编成册的，故具有较强的实用性和针对性，如《中医方剂手册新编》、《中药材手册》、《现代临床治疗药物大全》、《默克索引》、《马丁代尔药典》、《医师案头参考书》、《临床用药手册》等。药物手册的著录项目一般包含了药理作用、临床应用、用法和用量、不良反应及处理、注意事项、制剂规格等。如果要查找药物的结构式、中英文化学名称、CAS登记号、合成等，可以利用《当代结构药物全集》。

6. 利用医学文摘和索引，查找最新资料

若要查找药物最新资料，还得利用期刊式的索引和文摘，如《中文科技资料目录：中草药》、《中文科技资料目录：医药卫生》、《中国药学文摘》等。

第二节　外文手工检索工具

一、美国《医学索引》

（一）概况

美国《医学索引》（Index Medicus）简称 IM，创刊于 1879 年，由美国国立医学图书馆（National Library of Medicine，NLM）编辑出版，是一部综合性的大型医学检索工具期刊。它创刊于 1879 年，创刊以来为世界各国不断地提供医学文献线索、传递医学信息、推动医学科学不断地向新的领域发展。实践证明，它具有历史悠久、收集文献种类众多、报道速度快、内容较为全面、检索最为简便等优点。目前，大家认为它是医学文献来源最理想的途径之一。据统计，《IM》索引的杂志，1997 年收录全球 70 个国家和地区，40 种文字，3188 种生物医学期刊，年文献量达 31 万多篇，其中收录中国期刊由 1966 年的 32 种增加到 1996 年的 46 种，截止到 2008 年，收录中国期刊已达到 103 种。每年文献报道量为 30 万余条；其中 70% 为英文文献。自 1964 年采用电子计算机编辑以来，报道速度显著提高，最快的与原文出版时间相隔仅 1 个月，一般时差为 3 个月。

《IM》以题录形式报道期刊上的论文（Article）、编者述评（Editorial）、综述（Review）、著名人士传记（Biography）及含有实质性内容的讣告（Obituary）以及会议论文（Meetings）等英文文献。其特点是收集文献种类多，报道速度快。

（二）结构编排及著录格式

1. 结构编排

1993 年以来，IM 每月出版 1 期，每期又分 Part1 和 Part2 两部分。Part1 包括主题部分（Subject Section）A-Q；Part2 包括（Subject Section）R-Z、著者部分（Author Section）和医学综述题录（Bibliography of Medical Reviews）。两部分同时出版。每年 12 期 24 册期索引出全以后，IM 又将各期索引的内容重新按主题和著者顺序进行统一编排，出版年度累积索引（Cumulated Index Medicus，CIM）。每年随第一册出版《医学主题词表》（Medical Subject Headings，MeSH）和 IM 收录期刊目录（List of Journal Index in Index Medicus），它们是使用 IM 的重要工具书。

IM 期索引主要包括：

（1）前言及范例：对 IM 的编制目的、收录的学科范围、作用和使用方法等作简要说明，对 IM 的筑路项目、著录格式、编排方法及主题和著者款目的典型示例进行详细注释。

（2）正文部分：为 IM 的主体部分，由主题部分（Subject Section）、作者部分（Author Section）和医学综述部分（Bibliography of Medical Reviews）组成。

主题部分（Subject Section）以主题词/副主题词为检索标目，按字母顺序编排。

作者部分（Author Section）以作者姓名作标目，按字母顺序编排。在第一作者姓名之后列出完整的文献题录内容，其他作者姓名之后不再列出文献题录，以见（See）第一作者的方式处理。

医学综述部分（Bibliography of Medical Reviews）专门报道当前生物医学领域的综述文献。是 1965 年开始单独编排的，把综述或评论性文献从主题索引中抽出来，再编成专目，放在每期的前面。其目的是为了醒目，强调这类文献的重要意义，突出它的作用。

2. 著录格式

（1）主题部分（Subject Section）

CARDIOVASCULAR DISEASES①

CHEMICAL INDUCED②

[Regression of cardiovascular diseases：prevention，surgical and pharmacologic advance（interview）] ③bourassa M. ④ Union Med Can ⑤1989 Sep-Oct；⑥118（5）：174 -8，181⑦

注释：

①主题词，用黑体大写字母印刷；②副主题词（与主题相比，向后缩两个字母的位置，字体小一些）；③文献篇名，均用英文著录。如非英文文献则译成英文，置于方括弧“［ ］”内；④作者名，只著第一作者，其他作者用 et al 表示；⑤论文发表的刊名，刊名一律缩写，用黑体字印刷；⑥文章发表的年份；⑦文章发表的卷、期和起止页码。

（2）著者部分（Author Section）

Bleck Tp. ① Convulsive disorders：the use of anticonvulsantdrugs. ② Clin europharmacol③ 1990 Jun；④ 13（3）：198 -209⑤

注释：

①作者姓名；②原始文献的英文题目；③刊名缩写；④文章发表的年、

月；⑤文章所在的卷、期、页码。

（3）综述部分（Bibliography of Medical Reviews）

综述部分的著录格式基本与主题部分相同，区别在于每条题录后均注明参考文献（refrence）数量。

3. 医学主题词表

医学主题词表（Medical Subject Headings，MeSH）是 NLM 为适应标引人员、编目人员以及使用 IM 和美国国立医学图书馆电子计算机数据库进行检索的用户需要而编制的。它是对所收录的生物医学文献进行主题分析的权威性词表，是查找 IM 和使用 MEDLARS 检索系统的指南。

MeSH 主要由字顺表和树状结构表两大部分组成。

（1）字顺表（Alphabetic List）字顺表将所有的主题词、副主题词和款目词按照字顺排列而成。主题词一般按自然顺序编排。但为了使概念相近的族性主题词集中在一起，有些复合主题词采用倒置形式，并用“，”分开。如：

Shock，Cardiogenic　（心源性休克）

Shock，Hemorrhagic　（出血性休克）

Shock，Septic　（败血性休克）

在字顺表中有三种注释：树状结构号、历史注释和参照系统。

树状结构号：反映该词在树状结构表中的位置，每个词至少有一个树状结构号，由于有些词具有多重属性，就有多个树状结构号。

历史注释：注明某主题词使用年份及其演变情况，帮助检索者进行回溯检索时，选择准确的主题词。

参照系统：反映词与词之间的关系。

①用代参照：用 see 和 X 表示，用于处理词与词间的等同关系。格式为：“非主题词 see 主题词”，“主题词 X 非主题词”。

②属分参照：用 see under 和 XU 表示，用以次要主题词和主主题词之间的关系。例：“次要主题词 see under 主题词”，“主题词 XU 次要主题词”。

③相关参照：用 see related 和 XR 表示，用以主题词之间的相关关系，提高检全率。格式为：“主题词 see related 非主题词”，“非主题词 XR 主题词”。

（2）树状结构表（Tree Structure）

按字顺表中主题词的属性编排，揭示主题词之间的并列关系和隶属关系，将字顺表中收录的词归属在 A（解剖学名词）、B（生物）、C（疾病）、D（化学物质和药品）等 15 个大类下，15 个大类依次用 A-N、Z 表示。

用逐级缩排的方式表达等级隶属关系，主题词展开的等级数量关系多可达

9级，每一级用“.”相隔，同一级的词按字顺并齐排列。

现以“血液和免疫系统”部分树状结构为例说明如下：

Hemic and Immume Systems[1]　A15[2]

Blood　A15.145　A12.207[3]

Blood Cells　A15.145.229　A11.118.

Blood Platelets　A15.145.229.188　A11.118.

Erythrocytes　A15.145.229.334　A11.118.

Erythrocytes Abnormal　A15.145.229.334.330　A11.118.

Erythrocytes Imclusios　A15.145.229.334.330.340

Heinz Bodies　A15.145.229.334.330.340.335　A11.118.

注释：

［1］一级类目；［2］类号（树状结构号），树状结构号也出现在字顺表中的主题词下，是连接字顺表和树状结构表的纽带；［3］附加类号，即该主题词在其他类目下的树状结构号，一般一个主题词归入一个类目，给出一个分类号，但有些主题词具有双重以上的属性，即一个主题词与几个类目有关，其后就有几个树状结构号。

4. 收录期刊目录

每年随IM第一期单独出版《收录期刊目录》(List of Journal Indexed In Index Medicus)，主要有以下内容：

缩写刊名目录（A版本热 viation Listing)：按收录期刊缩写字顺排列，从期刊缩写可查到期刊刊名全称、国际标准刊号（ISSN)、期刊的索取号等。

全称刊名目录（Full Title Listing)：按刊名全称排列，可从全称查缩写。

期刊主题目录（Suject Heading List)：按期刊学科主题排列，可获得不同学科和主题的期刊信息。

期刊分类目录（Subject Listing)：按学科分类排列，可供了解某学科专业期刊收录的种类。

收录期刊地理目录（Geographic Listing)：按期刊出版国家及地区的不同进行分类，可以查找世界各个国家的期刊被IM收录的情况。

（三）检索途径和方法

1. 主题途径：利用主题索引查找文献。基本步骤如下：

分析检索课题→确定主题概念→转换为主题词→主题词与副主题词组配→查找文献题录→查找原文。

2. 著者途径：利用著者索引查找文献。以著者为检索入口查找文献时，要注意：

（1）中国人名用拼音著录（名前姓后）；

（2）欧美人姓名按姓（全称）前、名（缩写）后的形式转换。

（四）检索实例

1. 查有关“肺癌的药物治疗”方面的文献

步骤：

（1）分析课题，主题概念为肺癌和药物治疗，初步确定检索词为 Lung Cancer 和 Diagnosis。

（2）从 MeSH 字顺表中以“Lung Cancer”打头查得：Lung Cancer see Lung Neoplasms。确定主题词为 Lung Neoplasms。

（3）在 MeSH 副主题词表中查看，有 Diagnosis 副主题词。因此可确定检索策略为主题词“Lung Cancer”组配副主题词“Diagnosis”。

（4）在 IM 的主题索引部分按字顺查到“Lung Neoplasms”，在该词下按字顺找到副主题词“Diagnosis”，其下所列题录即为相关文献。

2. 查有关“艾滋病”综述方面的文献

步骤：

（1）分析课题，主题概念为艾滋病，初步确定检索词为 AIDS。

（2）从 MeSH 字顺表中以“AIDS”打头查得：AIDS see Acquired Immunodeficiency Syndrome。

（3）在 IM 医学综述题录部分按字顺找到主题词“Acquired Immunodeficiency Syndrome”，其下题录即为相关文献；记下出处。

（4）根据出处索取原始文献。

二、美国《生物学文摘》

（一）概况

美国《生物学文摘》创刊于 1926 年，已由美国生物科学情报社编辑出版，收录世界上 110 个国家和地区的 5000 种期刊，每年文献报道量 30 万余篇。

1. 收录范围：收录了世界上 100 多个国家和地区的近 9000 余种期刊。收录欧美各国有关生物学、医学、农业方面的文献，在医学方面，报道的重点为神经系统、肿瘤及肿瘤因子、分子生物学、药理学、心血管系统、遗传、公共卫生、生态学、免疫学、微生物、毒理等方面，尤其在生物实验研究方面有独到价值，内容侧重于基础与理论方面的研究。

2. 出版形式：BA 目前为半月刊，半年为一卷（12 期），每年出 2 卷（24 期），从 1998 年第 105 卷起有很大幅度的变化，每期分为 Part Ⅰ和 Part Ⅱ两部分。

目前 BA 由多种载体形式有印刷版、光盘版和网络版。

（二）编排结构与著录格式

1. 文摘主要概念词表

从 1998 年 105 卷起，BA 将每期所收录的文摘内容分属于 168 个主要概念下，以及概念 77 个，二级以下概念 91 个，与医学相关的主要概念约占 70%。"主要概念等级表"（HIERARCHICAL LIST OF MAJOR CONCEPT HEADINGS）是将所有概念按照等级体系编排而成的，同一级概念按字顺排列，是 BA 正文文摘编排的依据。其后还附有按字顺排列的"主要概念字顺表"（ALPHABETICAL LIST OF MAJOR CONCEPT HEADINGS）。这两个表形成了正文部分的目次表，置于每期正文文摘之前，由概念和所在页码构成，便于读者查找相关文摘。

2. 文摘正文

文摘部分是 BA 的主要部分，其总体的编排顺序是按主要概念词等级表顺序排列，每一主要概念词下均有参照项（see also），列出与该类目相关的其他主要概念词语，同一概念词语下的文献按文摘号排列，在 BA 中文献条目的文摘号是唯一的，基本上每一条文献都提供摘要。

文摘著录格式举例说明如下：

①Tumor Biology

②See also：Medical Sciences-Human Medicine-Oncology

③178140. ④Schirrmann，Thomas and Gabriele Pecher *. ⑤2005. Leukemia Research 29（3）March：301 – 306. ⑥［Text：English］⑦Specific targeting of CD33 + leukemia cells by a natural killer cell line modified with a chimeric receptor – ⑧We directed the human natural killer（NK）cell……

⑨ * Med Clin Oncol and Hematol，Univ Med Berlin，Charite Campus Mitte，Schumannstr 20 – 21，D – 10117，Berlin，Germany.

注释：①主要概念；②类目参见；③文摘号，以卷为单位连续排列；④著者姓名；⑤文献出处，包括出版年、期刊名称（斜体）、卷、期、起止页码等；⑥原文语种；⑦文献题目（黑体）；⑧文摘（略）；⑨著者所在单位或通讯地址。

3. 索引系统

BA 附有三种辅助索引，即著者索引（Author Index）、生物体索引（Organism Index）和主题索引（Subject Index）。1998 年前旧版 BA 每期附有 4 种索引，即著者索引（Author Index）、生物分类索引（Biosystematic Index）、属类索引（Generic Index）和主题索引（Subject Index）。

（1）著者索引　著者索引由著者姓名和文摘号两部分组成。

（2）生物体索引　生物体索引由旧版的"生物分类索引"和"属类索引"合并而成。在索引正文前列有"主要生物分类等级表"（Major Taxonomic Classification）和"生物体索引等级类目表"（Hierarchical Headings Used in the Organism Index）。前者使用生物分类系统将生物体按界、门（Phylum）、纲（Class）、目（Order）的等级依次排列；后者是前者的详表，在其基础上扩充至科（Family）。该索引即以此为框架，进一步细化。

每一索引条目由一个检索词（即生物体名称）、设计的主要概念、文本词以及文摘号组成。

（3）主题索引　主题索引是 BA 查找专题最重要的检索途径。以来自原始文献主要内容的关键词（key term）作为检索入口（检索标目）。以关键词的字顺排列。

每一索引条目由关键词、主要概念、文本词（包括药物的修饰词）以及文摘号组成。

（三）检索途径

1. 主要概念分类途径　适用于课题研究范围较广的文献检索，检索标目是文摘主要概念标题中的 168 个类目。

步骤：

（1）在主要概念标题表中确定主要概念标题分类类目。

（2）按类目后对应的页码在文摘正文中浏览文摘，选择切题文摘。

（3）按文献出处索取原文。

2. 生物分类途径

步骤：

（1）根据"主要生物分类等级表"和"生物体索引等级标题表"确定生物体在生物分类体系中的大概位置。

（2）在生物体索引中查到合适的标目词。

（3）浏览标目词下的主要概念词和文本词，选取切题款目。

（4）按文摘号查阅文摘正文，选取切题文摘。

（5）按文献出处索取原文。

3. 主题途径　利用主题索引中的关键词作为检索标目检索文献。

步骤：

（1）分析课题，确定关键词。

（2）在主题索引中按字顺查找到关键词，阅读主要概念标题和文本词，选取切题索引款目。

（3）根据文摘号到正文中查阅文摘。

（4）按文献出处索取原文。

4. 著者途径　以著者姓名作为检索标目检索特定文献的一种途径。

步骤：

（1）按字顺在著者索引中查到著者姓名。

（2）根据著者姓名后的文摘号查阅文摘。

（3）按文献出处索取原文。

（四）检索实例

1. 查有关“儿童免疫系统”方面的文献

方法一：

（1）首先我们知道题目涉及儿童，因此可以用生物体索引查找相关文献。

（2）根据生物体索引等级分类表找到人科 Hominidae，然后在生物索引页眉位置找到：

Animalia ［chordata］ -Animalia ［chordata］

Vertebrata

Mamalia

Primates

Hominidae

（3）再在其下按字顺找到主要概念“Immune System”，在其他主要概念及相关词中查到 Child，即为符合需要的的条目，据文摘号 263449 查到文摘。

方法二：主题途径

（1）分析课题，确定关键词（Child、Immune System）。

（2）以其中一个词为标目，在主题索引中按字顺查找相应关键词，如 Child。

（3）在 Child 下找到 Immune System，记下其后相应文摘号。

（4）根据文摘号查阅文摘，进而索取原文。

2. 利用著者索引查找 Robert C. Hendel 近期发表的文章

步骤：

（1）首先把作者的名字用姓在前名在后的方式写 Hendel，Robert C. 。

（2）在著者索引中按字顺找到 Hendel，Robert C.。

（3）根据 Hendel，Robert C. 后的文摘号 258413 在文摘部分里找到这篇文献资料。

三、美国《化学文摘》

（一）概况

美国《化学文摘》（Chemical Abstracts，简称 CA），创刊于 1907 年，由美国化学文摘服务社（CAS）编辑出版。《CA》是涉及学科领域最广、收集文献类型最全、提供检索途径最多、部卷也最为庞大的一部著名的世界性检索工具。

1. 出版情况：周刊，每年 2 卷，每卷 26 期。

2. 收录范围：《CA》报道了世界上 150 多个国家、56 种文字出版的 16000 种科技期刊、科技报告、会议论文、学位论文、资料汇编、技术报告、新书及视听资料，还报道 30 个国家和 2 个国际组织的专利文献。

《CA》收录的文献占世界化学化工文献总量的 98%，文献量 50 万/年。

《CA》以收录化学化工文献为主，还收录生物、医学、药学、轻工、冶金、天体、物理等内容。

3. 《CA》与医学研究的关系。

《CA》收录的医学文献内容涉及实验医学、临床医学、环境医学、核医学、职业医学、药理学、制药工业等。侧重在人或动物疾病或外部因素导致体内发生的各种变化，如疾病过程中对各种成分的测定，药物对疾病的治疗机理及不良反应，放射性物质或有毒物质对各个器官、组织的损伤及疾病的诊断及治疗方法。

（二）编排结构及著录格式

1. 分类目次

整体来说，CA 由文摘主体和期索引两部分组成。1997 年，V. 126 卷前 CA 文摘主体部分（分为五大部分共 80 大类，分单、双周出版），单周出版生物化学和有机化学部分（1～34 类）；双周出版大分子化学、应用化学和化学工程部分、物理化学、无机化学和分析化学部分（35～80 类）。从 1997 年 106 卷开始，每期都有五部分共 80 大类内容。

2. 正文编排

文摘主体部分按大类先后顺序排列，每大类下先排期刊、资料汇编等论文，再排新书，最后排专利文献，各部分之间以虚线（－－－－－）相隔。

3. 期索引

CA 每期正文后均附有关键词索引（Keyword Index）、专利索引（Patent Index）和著者索引（Author Index）。

4. 著录格式

（1）期刊论文文摘的著录格式

112①：4k② Advances of fluoropyrimidine anticancer drugs and their synthetic Process improvement. ③ Huang，Kai④（Shanghai 12th Pharm. Fact.，Shanghai，Peop. Rep. China 200081）. ⑤Zhongguo Yiyao Gongye Zazhi⑥ 1989，20（8），376－81⑦（Ch）⑧. A review with 26refs…⑨

注释：

①文摘所在卷号。②文摘号。③文献的标题。④著者。⑤著者的工作单位或论文寄发单位。⑥文献出处。⑦文献出版年、卷、期及页码。⑧原发表论文语种。⑨文摘。

（2）专利文献的著录格式

117：15770k① Manufacture of artificial bone. ② Osawa，Takaaki③（Terumo Corp.）④ Jpan. Kokai Tokkyo Koho JP 04，146，762［92，46，762］⑤（Cl. A611 27100）⑥20May 1992⑦Appl. 0/270. 420，11 Oct 1990⑧5pp.（Eng）⑨

①卷号文摘号。②专利名称。③专利发明人。④专利权人，可以是个人，也可以是团体和单位。⑤专利国别和专利号。⑥专利分类号。⑦专利公布日期和专利优先权国家，如没特别标出，专利优先权属于专利所在国。⑧专利申请号和专利申请日期。⑨专利说明书页数和语种。

（三）索引系统及检索途径

1. 期索引

CA 每一期都附有三种索引：关键词索引（Keyword Index）、专利索引（Patent Index）和著者索引（Author Index）。

（1）关键词索引（Keyword Index）是 CA 各种索引中使用比较广泛的一种。它从 1963 年开始附于各期文摘之后，为检索者提供一种从主题出发的快速检索文献的途径。关键词选自文摘题目或文献内容之中，一般不超过 5 个，除一个做标目关键词外，其余的关键词作为说明语，起修饰作用。关键词和说明语均以字母顺序排列。

（2）专利索引（Patent Index）CA 的专利索引从 1981 年（94 卷）开始编制，由原来的“专利号索引”和“专利对照索引”合并而成。

（3）著者索引（Author Index）CA 从创刊时就编有著者索引。它有卷、期、累积的著者索引，其编排和使用方法比较简便。著者索引包括个人、机关、团体、专利权受让者和专利权所有者。按照著者姓名和机关团体的字母顺序排列，姓前名后，姓用全称，名缩写。姓名后附有文摘号。

2. 卷索引

CA 卷索引是检索当卷各期文摘的一种索引，共有 5 种：化学物质索引、普通主题索引、分子式索引、专利索引、著者索引。检索者可以从不同角度利用这些索引，依据其提供的文摘号在相应的各期中查看文摘。

（1）化学物质索引（Chemical Subatance Index，CS）化学物质索引是 1972 年第 76 卷开始从主题索引中分出的，它是以化学物质系统名称为索引标目，通过说明语和文摘号进行筛选，来查找所需文摘的一种索引。

化学物质索引收录的内容包括所有经“美国化学文摘社”注册登记过的化学物质。这些物质都符合：①组成原子数已知；②价键清楚；③立体化学结构明确这 3 个条件。主要包括下列各类：所有化学元素、化合物以及它们的衍生物；各种金属的合金；各种矿物；各种化合物的聚合物；各种抗生素、酶、激素、肽、蛋白质以及多糖体等；还有基本粒子等。

（2）普通主题索引（General Subject Index，GS）普通主题索引是 1972 年第 76 卷开始从主题索引分出的。把所有规范的主题词按字顺排列，在同一主题下再接等级次序的副主题词和说明语编排，使主题内容更明确。

包括未收入《CS》中的大类物质和概念性主题，具体包括：①化学物质大类名称，包括各种泛的药物、生化物质或概念；②尚不清楚结构或成分的化学物质；③岩石（与特种矿石有所区别）；④物理化学概念和现象；⑤化学反应；⑥化学工程和设备；⑦生物化学和生物学主题；⑧动植物的俗名和学名。

（3）分子式索引（Fomula Index）分子式索引从 1920 年第 14 卷起随卷出版。它是把当卷的全部化合物分子式，按照组成元素符号的英文字母顺序排列起来的一种索引。以分子式作为检索标目，寻找化学物质标准名称和登记号的一种索引。分子式索引主要包括已经注册登记过的所有化合物的分子式；同时还包括那些尚未命名的化合物，而这类化合物在化学物质索引中是查不到的。

使用分子式索引的条件：一是要知道化学物质的分子式或结构式；二是要知道该化合物的系统名称。

分子式采用 Hill System 进行规范后的分子式，基本原则如下：

①有机物先排 C、H，之后按字母顺序排；

②同一有机物分子内某一字母多次出现，则原子个数相加后放于第一个作

脚标；

③无机物分子按英文字母顺序排列。

(4) 著者索引（Author Index）卷著者索引使于第一卷，延续至今，以字顺排列。期索引著者仅著录姓名和文摘号，卷著者索引的著录较为详细，在第一著者名下著录合著者姓名、文献篇名和文摘号，对于合著者，则在其名下用“See”指向第一著者。

(5) 专利索引（Patent Index）卷专利索引是本卷各期专利索引的累积，包括本卷全部期专利索引的内容。编排和使用方法与期索引相同。

3. 指导性索引

CA 的指导性索引有三种：索引指南、登记号手册和资料来源索引。指导性索引不提供文摘号，是帮助使用卷索引和获取原始文献的指导性工具。

(1) 索引指南（Index Guide，IG）由按字顺排列的主表和附录两部分构成。

主表包括：各种参照、标目注释及母体结构图等。附录包括：附录Ⅰ普通主题词等级表、附录Ⅱ《CA》各索引的组织和使用、附录Ⅲ普通主题词的选择。

(2) 登记号手册（CAS Registry Handbook-Number Section）CAS 对 CA 报道的化学结构已经明确并已命名的每一种化学物质，都赋予一个固定号码，即化学文摘社登记号（CAS registry number）。一种化合物可能有多种名称，但登记号只有一个。登记号最多有 9 位，有三组数字组成，三组数字之间用“-”隔开。登记号手册提供从 CAS 登记号查找化学物质索引和分子式索引的途径，是使用化学物质索引和分子式索引的辅助工具。

(3) 资料来源索引　为解决由刊名缩写查全称的难题，CAS 于 1970 年出版了资料来源索引（Chemical Abstracts Service Source Index，CASSI）。CASSI 按期刊名称缩写的字母顺序排列，用黑体字表示缩写部分，用浅体字补齐全称。

4. 累积索引

累积索引是各种卷索引的累积本，种类齐全，时间跨度大，检索效率高。CA 累积索引的种类和使用方法与卷索引完全一致，不同之处在于文摘号前著录 CA 的卷号（黑体）。

(四) 检索实例

1. 检索 Prediction of human herpesvirus 6 infection after allogeneic bone marrow transplantation（同种骨髓移植后 6 型疱疹病毒感染预测）。

分析：

（1）分析课题，确定关键词。用同时考虑其同义词及不同书写格式。

（2）利用“Keyword Index”按字顺用关键词中任何一个去查找并阅读说明语，即可得到相关文献的文摘号。

（3）以文摘号到本期文摘正文部分查找即可得到文献文摘和出处。

2. 已知美国专利，其专利号为US5019350A，如何查其有关内容。

分析：

（1）在Patent Index中按国别代码US查找；

（2）在US处按专利号大小找到US5019350A，可见……See JP62/191740 A2，说明后者为基本专利，前者不是；

（3）再按国别字顺及专利号查到JP62/191740 A2号专利，则可见其文摘号（109：166859f）及其专利族。

（4）根据文摘号即查到该专利文献。

3. 检索“心痛定治疗心脏再灌注损伤”的文献。

（1）以心痛定（Nifedipine）为拟检索标题词，试查《CS》，无此词。则该词并非《CS》采用的正式检索标题词，按Nifedipine字顺查《IG》主表，可见Nifedipine See……

（2）按《IG》提供的化学物质名称在《CS》中查到其母体……进而找到其取代基及功能基副标题，阅读说明语确定切题文献。

（3）根据文摘号在本卷文摘周刊本中查得文摘及文献出处。

四、荷兰《医学文摘》

（一）概况

1. 创刊年、编辑出版情况

EM是一套查找世界医学文献的文摘型检索工具，创刊于1947年，由荷兰阿姆斯特丹的艾斯维尔（Elsevier）科学出版社编辑出版。

2. 收录范围及内容

EM收录内容广泛，涉及临床、药物、基础生物医学研究、公共卫生、社会医学、法医学等。

3. 分册和刊期情况

EM按学科分册出版，创刊以来，其出版情况变化较大，目前有42个分册。各分册根据文献量的多少，每年出1—4卷不等，每卷出8、10、12期不等。

（二）编排结构及著录格式

EM的40多个分册各成体系，各有分册名称、编号、出版周期、分类体系和收录范围。出版周期一般根据其收录的文献量而异。但各分册的编排结构大体相同，都由分类目次、文摘正文、主题索引、著者索引四部分构成。在每卷的最后一期有该卷的累积分类目次、累积主题索引和累积著者索引。

1. 分类目次（CONTENTS）

分类目次由类目编号、类目名称和所在页码三部分组成，如页码处标有“－”，则表示本期未收录该类目文献。

2. 文摘正文（ABSTRACT SECTION）

文摘部分是EM的主体，按各分册的分类目次编排。以卷为单位连续编页码和文摘号。

（1）文摘正文按分类集中排列文献，之后按文摘号排列。

（2）文摘部分有分类号、类名、文摘题录和参见组成。

注：参见包括：

see：为节约篇幅，将文献置于本分册其他类中；

see also：用于扩检，相关文献分布于本分册其他类中。

（3）文摘著录格式

9. NEOPLASMS①

See：3，56，66，212，216，225，232，268，278. ③

14. CARDIOVASCULAR SYSTEM

14. 1. Heart disease②

102. ④The long QT syndrome and torsade de pointes ⑤ – El-Sherif N. and Turitto G. ⑥ [Dr. N. El-Sherif. SUNY Health Science Center. Cardiology Division. Box 1199, 450 Clarkson Avenue, Brooklyn, NY 11203, United States]⑦ – *PACE PACING CLIN. ELECTROPHYSIOL.* 1999 22/1 I（91 – 110）⑧ – summ in ENG⑨

A 43-year-old man, with repeated……（略）⑩

See also：266，276. ②

注释：①一级类号及类目名称；②二级类号及类目名称；③相互参照：见和参见；④文摘号；⑤篇名；⑥著者；⑦著者单位和地址；⑧刊名及出版年，卷/期（起止页码）；⑨原文有英文文摘；⑩文摘。

3. 主题索引（SUBJECT INDEX）

该索引由专家从文献篇名、文摘及原文中抽取出能代表文献主要内容的词或词组，经适当规范化处理后进行轮排而成，经任一词入手都可查到同一篇文献。轮排的目的就是增加检索入口。其格式为：主题词（检索标目词），说明语（其他主题词），文摘号。

EM 的主题词规范化程度较低，相同或相近主题有时用一个以上的同义词或近义词表达（如 cancer、carcinoma、sarcoma 和 tumor 都是主题词），所以检索时要注意多方面选择主题词，以免漏检。

4. 著者索引（AUTHOR INDEX）

该索引采用姓在前、名在后的形式排列，著者后附有文摘号，使用方便。

（三）检索途径

EM 的检索途径有三种：分类途径、主题途径和著者途径。

1. 分类途径

EM 正文的文摘是按分类编排的，利用分类途径进行检索是一条重要的途径。

检索步骤：分册→类目→页码→文摘正文→原文。

2. 主题途径

如需检索某一特定课题的文献时，可用此途径，因而其针对性强。

检索步骤：分析课题属性，选择分册→分析课题，确定能反映课题的主题词→文摘号→原文。

3. 著者途径

利用 EM 的著者索引可检索到某著者近期的文献文献发表情况。按著者姓名英文字顺排列，在每位著者后都有文摘号。

方式：姓（全称）+名（缩写）→与 IM 相同。

（四）检索实例

1. 用分类途径检索肿瘤免疫学方面的文章

（1）首先选择分册（16 分册）。

（2）找到一级类目 2. cancer research，再在其类目下找到二级类目 2. 3. Immunology。

（3）根据二级类目下的文摘号找到文摘正文。

2. 用主题途径查找乳腺癌基因治疗方面的文献

步骤：

（1）分析课题学科属性，选择分册（16 分册）。

（2）分析课题，确定能反映课题的主题词。（乳腺癌基因治疗）

（3）转换成英文（gene therapy；breast carcinoma，-cancer，-tumor）。

（4）以任何一个词位检索词，按字顺查到其准确位置，从其所引条目中选择含有所察主题相关的，记下文摘号。

查 subject index：

在 gene therapy 下查找 breast carcinoma，breast cancer，breast tumor 可查到相应的文摘号。

（5）根据文摘号，查找文摘正文，索取原文。

五、美国《科学引文索引》

（一）概况

美国《科学引文索引》（Science Citation Index，SCI）创刊于 1961 年，由美国科学情报社（Institute for Scientific Information，ICI）编辑出版，以引文著者姓名为标目，用来检索该著者被人引用文献数量和内容的一套索引。《SCI》起初为年刊，1966 年改为季刊，1979 年改为双月刊，现在每期分为 A，B，C，D，E，F 六个分册出版。其中 A、B、C 分册是引文索引（Cition Index）；D 本是来源索引（Source Index）、机构索引（Source Index）；E、F 本是词对式关键词轮排索引（Permuterm Subject Index，即 PSI）。其分有年度累积索引和 5 年累积索引。目前 SCI 除了印刷本还有计算机磁带版和光盘数据库。《SCI》报道的内容有生命科学、医学、物理、化学、农业、工程技术、行为科学等。

《SCI》的收编范围很广，所报道的出版物来自以英、美为主的 40 个国家，涉及 37 种文字。它只报道期刊中的论文，对期刊中广告及新闻通报等不予报道，但对《自然》与《科学》所发表的书评都加以报道。1996 年就收录期刊 3381 种，31809 期，来源文献 730123 篇论文的 15706040 条引文。《SCI》是题录式检索工具，其主要部分“引文索引”是通过著者引证来编排和查找文献的，所以论文之间的关系不是直接由任何类目或主题词所决定的，适合于人机对话标引法。标引简便、出版速度快与时差小是其特点。其主要功能为：①用来检索某一著者多少篇文献被哪些人引用过，这为评价该著者的学术水平提供了途径；②用于检索哪些国家、哪些城市、单位和科室的哪些人最近发表了哪些文章，这对于了解世界各地科技动态提供了信息；③通过论文题目的关键词可以检索到论文的著者（包括团体著者和个人著者），然后通过“来源索引”可以检索著者发表的论文题目、合作者，刊载该著者论文的杂志名称、发表的年、卷、期和页码，以及著者的工作单位和通讯地址。

（二）编排结构及著录格式

1. 编排结构

由引文索引、来源索引和轮排主题索引三部分组成，其关系如下：

- SCI
  - 引文索引匿名
    - 著者（署名）引文索引
    - 引文索引
    - 专利引文索引
  - 来源索引
    - 团体索引
      - 地理部分
        - 美国州名索引
        - 国名索引
      - 组织机构部分
    - 著者来源索引
      - 匿名来源索引
      - 署名来源索引
  - 轮排主题索引

2. 著录格式

（1）引文索引（Citation Index）

1）著者引文索引（Citation Index：Author）是按被引文献的著者姓名字顺排列，反映该著者的文章被人引用的一种索引。通过被引文献的著者姓名，可以查出该著者刊载于某刊、某年、某卷、某页的论文或专利，被何人、何刊、何年、何卷、何页所引用。此索引每期分 A、B、C 三册，其著录格式举例如下：

ANSARI AH①
89②　　AM J OBSTET GYNEC　　103　　511③
　　PENTTILA IM(4) HORMONE MET　　8　　299　98⑤　　R⑥
90　　FERTILITY STERILITY　　21　　873
　　STRUVE FA OBSTET GYN　　33　　741　98
　　YOUNG JK　　″⑧　　3　　322　98
ANSEAU MR
＊＊ IN PRESS⑦
　　CANTORB ACT METALL　　24　　845　98

注释：

①引文作者姓名。姓在前，用全称，限制 15 个字符。超过部分被截去，以“.”表示删除部分；名在后，用缩写。

②引文发表的年份。20 世纪的年份只写公元的后 2 位数字，1900 年以前的年份写全公元的 4 位数字。如果年份不详，则用“＊＊”表示。

③引文出处：期刊名称缩写（允许20个字符）、卷次、页码。

④引用作者姓名，姓允许8个字符，超过部分被截去，并加句点。

⑤来源文献的出处：期刊名称缩写（允许20个字符）、卷次、页码、出版年。

⑥来源文献类型代码。B书评，C勘误资料，E编辑部文章，I传记资料（颂词、讣告等），L通信，M会议论文摘要，NI新闻条目，R综述，RP重印，W电子计算机综述（数据库、硬件、软件综述）。⑤引用文献著者姓名其姓限制在时字符，超反部＊i&i，并加句点。⑥刊载引用文献刊物的缩写刊名。

⑦引文发表年代与出处不详。

⑧刊名同上。

2）团体著者引文索引（Citation Index：Corporate Author Index）1996年开始编制，是按来自被引文献的团体名称缩写字顺排列，反映该团体的出版物被人引用情况的一种索引。可使读者获得更多的文献线索，其著录格式举例如下：

CENTR BUR STAT① ---------

DIAGN STAT BEOR VER② 1987

HIDEBRA. VH ERGONOMICS 38 1283 ＊＊⑦

HL TH INT QUEST 2 1 1994③

BEEKMAN ATF④ J AFFECT D⑤34 41 97⑥

注释：

①被引用文献团体著者名称。

②参考文献（即被引用文献）。

③参考文献的卷、页、年。

④引用参考文献的来源著者。

⑤引用参考文献来源出版物。

⑥来源出版物的卷、页、年。

⑦未注明日期的参考条目。

3）匿名引文索引（Citation Index Anonymous）如果被引证的文献无作者姓名，由根据刊登该文献的期刊名称（缩写）排成“匿名引文索引”置于“团体著者引文索引”之后，按被引期刊名称的字顺来排列，然后再按年排，对于出版年月不明的被引用出版物，其后用“＊＊”表示。著录格式举例如下：

*LANCET*① *v*349 *p*1864 1997②

BOWER H③ BR MED J④ 315 9 97⑤ NI⑥

LANCET *NOV* *p*1231 1988

……

LANDESKURATORIUM *ERZ* ＊＊⑦

PAHL H ZUCHTUNGSKU 69 181 97

注释：

①刊登匿名文献的刊物名称（即被引刊物）。

②被引出版物日期及卷次、页码。

③引证作者，无引证作者时，用“ANON”。

④刊登引证作者文章的期刊名称（缩写）。

⑤刊登引证作者文章的期刊的卷次、页码、年份。

⑥文献类型代号。

⑦表示出版日期及刊行情况不明。

4）专利引文索引（Patent Citation Index）位于C册尾部，以被引用专利号为标目，按专利号数字从小到大依次排列。其著录格式举例如下。

3 410 817①

1988② *MCCLELLAN JM* *APPL* *US*④

FRISCH KC⑤ POLYM — PLAST⑥ R 4 1 98⑦

4 302 592

1991 TTEMAN CH US④

注释：

①被引用专利文献的专利号，4位和4位以上的数字采用国际通行的三位分节法。节与节之间空1个阿拉伯数字的位置。

②被引用专利公布时间。

③专利发明人。

④被引专利国别。

⑤引用作者。

⑥引用出版物的名称。

⑦引用出版物的卷、页和年，其前R等字母为文献类型代号。

（2）来源索引（Source Index）来源是指引文的来源。刊载引文的杂志称为来源杂志或来源出版物，附有引文的文献称来源文献或原始文献，撰写原始文献的著者称来源著者。来源索引就是以来源著者姓名为标目或以来源著者的工作单位所在国家和城市为标目编制的索引，以来源著者姓名为标目的称著者来源索引，以来源著者工作单位所在的国家和城市为标目的称团体索引。

1）团体索引（Corporate Index）所谓团体系指来源著者的工作单位，它是以来源著者工作单位所在的国家和城市为标目，用来检索来源著者姓名、来源出版物的索引。从1980年起团体索引分为两个部分：地理部分和机构部分。

a. 地理部分（Geographic Sectioin）是将所有来源文章按著者工作单位的地名字顺排列，一般按国家、城市、机构这三者的名称先后排列。但是美国例外，美国的州名代替国名，与其他国家的名称相对应，即按州、城市、机构的名称先后排列，并且置于其他国家之首。所有机构的名称尽可能地按隶属关系细分为4级进行排列，例如，大学分为：大学→学院→系→实验室。其著录格式举例如下：

PEOPLES R CHIN①
NANJING②
●CHBESE ACRD SCI③
●JOIIVT LAB OPT ASTROH④ ……………………………
HANG HR CHIN SCI B 23 171 98
●NANJING INW GEOG&LMINOL ……………………………
QU WC HYDROBIOL 364 219 98
●LAKE SEDIMENTAT&ENVIRONM LAB
ZHU YX CHIN SCI B 43 659 98
●73 E BEIJING RD⑤
QIN BQ⑥ GLOBAL PLAN⑦ R⑧ 18 59 98⑧
●PURPLE MT OBSERV ……………………………
HANG HR CHIN SCI B 43 470 98

注释：

①国家名称。

②城市名称。

③一级机构名称。

④二级机构名称。

⑤三级机构名称。

⑥来源著者姓名（姓全称，名缩写）。

⑦来源论文所刊载的期刊名。

⑧来源论文刊载期刊的卷、页和年。

⑨文献类型代码。

团体索引只提供文献第一著者姓名和原文的出处，如果要知道原文的标题，则必须根据第一著者的姓名去查“著者来源索引”。

b. 机构部分（Organization Section）是按组织机构的名称字顺排列，以便查到某个机构所在国名和城市名称，因此又是地理部分的辅助索引。其著录格式举例如下：

W CHINA UNIV MED SC1①

PEOPLES R CHINA CHENGDU

PEOPLES R CHINA SICHUAN②

W CUMBERLAND DIST GEN HOSP

ENGLAND WHITEHAVEN

注释：

①机构名称，缩写机构名称中的缩略语与缩写词在序言中的“缩略语”表内。

②机构所在的地名。

2）著者来源索引（Source Index）分为匿名来源索引和署名来源索引。

a. 匿名来源索引　也与引文索引中匿名著者相似，是指那些来源出版物中某些未署名的文章，如编辑部文章、评论、校正、按语、通讯、会议资料等。按来源出版物名称的字顺排在署名来源索引之前。

b. 署名来源索引按来源著者或引用著者姓名的字顺排列，并以此进行检索。其著录格式举例如下：

CHEDID A①

BUNDEALL. AE MENDENHA. CL② – INHIBITION OF

HEPATOCARCINOGENESIS BY ADRENOCOTROPIN IN

AFLATOXIN B1-TREATED RATS③　　A2694⑦

J NAT CANC　　58（2）：339 – 349　98④　　　46R⑥

UNIV CINCINNATI，COLL MED，DEPT PATHOL，

CINCINNATI，OH 45267，USA⑤

CHENG LC⑧

See ROGUS EM　　BIOC BIOP A　464　347　98

注释：

①来源文献第一作者。

②合著者，限 9 名以内，姓与名之间不用符号隔开。

③论文题名。

④来源出版物的刊名缩写，卷期、页码、出版年份。

⑤第一著者所在单位、城市和国家。

⑥该文附有参考文献条数。

⑦文献登记号。

⑧合作作者，在来源索引中凡来源文献的合作者，以 see（参见）形式指向第一作者。

（3）轮排主题索引（Permuten Subject Index）是以来源文章题名中能表达文献内容特征的主要检索词（或关键词）作为标目，按字顺而编成的一种索引。当其中一个关键词作为主要检索词时，其他关键词则作为配合词（Co-Terms）也按字顺排在主要检索词之下。每个主要检索词都要与其他检索词逐一交替配对，目的是提高检索文献的专指性。主要检索词之下的每个配合词均列出著者姓名，然后再按著者姓名去查“来源索引”，就可以得到该文献完整的著录。其著录格式如下：

ANONITASE①

② {
ACTIVITY……………………→SUZUKIT③
……………………→WRIGHT
ALTERED …………………… ″④
BACILLUS……………………→AGRAWAL PK
CELLS ……………………→WRIGHT JA
SYNTENSFERASE ……………→WESTERVE A
TRANSFERASE…………………″
}

YEAST ……………………→SUZUKIT@ ⑤

ACOUSTIC

⑦ {
sa LON-ACOUSTIC
sa SOUND
}

ABSENCE……………………→GOULD PK

ANIMAL ……………………→EYE EAR NOS■⑥

ANIMAL-MOD……………………→CHINN J

ACROSS

see stop lists⑧

AESTINAL

See ESTIVAL⑨

注释：

①主标题。

②副标题。

③来源文献作者（引用作者）。黑箭头表示一片来源文献有多条同一主标题和不同副标题的索引条目，这是排在最前面的一条。

④来源文献作者同上的标志。

⑤表示该著者在本期 SCI 有一篇以上的含有该关键词对的文章被收录。

⑥来源文献作者匿名，用期刊名代替的标志。

⑦sa = see also 指示出与该标题意义相关的其他主标题，供读者参考。

⑧禁用词。

⑨参见，检索时应用 see 后面的词作检索词。

（三）检索途径

1. 引文检索法

目的：查某作者在某一年内（或某 5 年内）有哪些文献引用了他（她）的著作。

方法：以该作者的姓名字顺查该年（或该 5 年、10 年累积本）SCI 的引文索引。可查到该作者该年内（或 5 年、10 年内）被引用过的历年的著作的出处（刊名缩写、卷、页次、出版年），以及引用作者和来源文献的出处。据来源文献作者可转查来源索引，进一步查到来源文献的篇名、合作者、出处及第一作者单位和地址。

2. 机构检索法

目的：了解某机构内的作者（群）发表专业文献的状况。

方法：第一步：已知机构名称，查机构索引的机构部分，查到其所在国家和城市；第二步：查地理部分，按字顺分别查二、三级机构及实验室的某些来源文献作者，及来源文献的出处（刊名缩写、卷次、页次、出版年）。第三步：在来源索引（Source Index）中分别查上述来源文献，即可查到合作作者、篇名、出处（刊名缩写、卷期、页次）、参考文献数，以及第一作者的单位（机构）和地址。

3. 作者检索法

目的：查某作者某年有什么著作被 SCI 作为来源文献摘用。

方法：从作者姓名字顺查来源索引。

4. 关键词检索法

目的：了解某研究领域的来源文献作者（群）及来源文献出处。

方法：根据需要确定关键词，查词对式关键词索引，即可查到一系列引用作者及来源文献的出处。根据这些作者的姓名可转查来源索引，进一步查得来源文献的篇名、合作作者、出处及第一作者的单位地址。

5. 专利引文索引检索法

目的：检索某人发表的专利被引用及改进的情况。

方法：根据已知专利号在“专利引文索引”部分查到引用作者，然后利用来源索引查出该作者引用这份专利做些论文题目。

（四）检索实例

1. 用引文检索法查找黄燮南（Huang Xie Nan）的文章在1997年5—6月份被何人在何种期刊上引用。

检索步骤：查1997年《SCI》第3期得：

HUANG XN－－－－－－－－－－

89 COMP SCI TECH p283

DARMON L J COMPOS MA 31 874 97

90 n-Sarch pharmacol 341 80

MINOWA T BR J PHARM 120 1536 97

93 J AM CERAM SOC 76 1294

MIAO XG J EUR CERAM 17 913 97

WINN AI J MICROSC O 186 35 97

从上可知：黄燮南1989年发表在《COMP SCI TECH》期刊第283页上的文章被作者DARIDON L在1997年《J COMPOS MA》31卷第874页上引用。黄燮南1990年发表在《N-S ARCH PHARMACOL》341卷第80页上的文章被作者MINOWA T在1997年的《BR J PHARM》120卷第1536页上引用。黄燮南1993年发表在《J AM CERAM SOC》76卷第1294页上的文章分别被作者MIAO XG在1997年《J EUR CERAM》17卷第913页上引用和作者WINN AJ在《CJ MICROSC O》186卷第35页上引用。

2. 用机构检索法查找华西医科大学（W CHINA UNIV MED SCI）在1997年5—6月发表的文章被收录的情况。

检索步骤：第一步，用已知机构名“华西医科大学（W CHINA UNIV MED SCI）”去查1997年《SCI》团体索引中的机构部分（Organization Section）得：

W CHINA UNIV MED SCI

PEOPLES R CHINA CHENGDU

PEOPLES R CHINA SICHUAN

第二步，用查得的地址“中国，成都”或“中国，四川”查地理部分，按字顺查到“PEOPLES R CHINA”，再按字顺分别查“CHENGDU”和“SICHUAN”（两者都查，以免漏检），即可找到“W CHINA UNIV MED SCI”，其下即列出被SCI收录的论文共7篇。若要知论文篇名，可用作者转查“著者来源索引”。

3. 用著者检索法查找曾希志（Zeng Xi Zhi）在1997年5—6月份是否有论文被《SCI》作为来源文献摘用。

检索步骤：用“Zeng XZ”按字顺查1997年《SCI》第3期，得到如下结果：

ZING XZ——————————————

●YAO ZX-EXPERIMENTAL-STUDY ON RELATICNSHIP BE-
TWEEN EXOGENOUS ESTROGEN AND BREAST-
CANCER RISK　　　XBO23
CHIN DIED J　110（5）：388 -391　　　97 6*R*
CHONGQING UNIV MED SCI，AFFILIATED HOSP 1，DEPT
GEN SURG，CHONGQING 630042，PEOPLES R CHINA

此例说明：曾希志等人1997年5—6月份发表在《中华医学杂志》第110卷5期388 -391页上的论文“外源雌激素与乳腺癌危险关系的实验研究”被作为来源文献摘用。曾希志在重庆医科大学第一附属医院普通外科工作。

4. 了解1997年5—6月是否有关“用三氧化物治疗白血病”方面的来源文献。

检索步骤：第一步，分析课题，确定检索词“白血病”（LEUKEMIA）和“治疗”（TREATMENT）作为开始检索的一对主题词，其他的检索词有“三氧化物”（TRIOXIDE）；第二步，用1997年SCI第3期“轮排主题索引”中按字顺查找到LEUKEMIA，其下按字顺分别找出TREATMENT和TRIOXIDE后边所列的著者信息；第三步，用著者查“著者来源索引”，即可查得这些文献的来源和出处。

5. WU Z发明的专利于1985年获准，专利号为105138，查词专利被引用的情况。

检索步骤：首先以专利号为标目在“专利引文索引”部分查到引用作者信息；再用该期的来源索引查出该作者用这份专利所写的论文题目和出处。

六、日本《医学中央杂志》

（一）概况

日本《医学中央杂志》（Japans Centra Revuo Medicina）是由日本《医学中央杂志》刊行会编辑的系统查阅日本医学文献的重要检索工具。它收录日本出版的医学、牙科学、药学及相关领域的期刊2370种（1998年统计，其中以日文出版的有2200种，以西文出版的有170种），年报道文献量约28万条。因日本语言的特殊性，一般的英文检索工具收录日文期刊不多，因而要了解和利用更多的日本医学文献，日本《医学中央杂志》是必不可少的检索工具。

日本《医学中央杂志》创刊于1903年3月26日（明治36年）。在1983年以前，它以6册文摘与1册索引为1卷，每年12卷；从1983年4月起，取消了卷次，每月三期，每期有文摘（抄录の部）和索引（索引の部），年累积索引另行出版；1996年起，日本《医学中央杂志》改为月刊，每年12期，每年也有年度累积本，但文献条目只采用题录形式，而1996年以前日本《医学中央杂志》采用的是文摘和题录混合型。

1991年起，日本《医学中央杂志》已有光盘版。下面以印刷本日本《医学中央杂志》为例，介绍它的编排、著录格式及检索途径。

（二）编排结构及著录格式

1. 编排结构

（1）1983年4月至1995年

每期《医学中央杂志》的文摘部分，按学科分类编排，共分33个科目；

生理学	生化学	藥理学
藥学	解剖学	病理学
實験肿瘍学	衞生学·公共衞生学	疫学
微生物学	血清学·免疫学	法医学
精神医学	内科学	小兒科学
放射線学	外科学	整形外科学
形成外科学	眼科学	耳鼻咽喉科学
産婦人科学	皮膚科学	泌尿器科学
麻醉学	临床検查	リハピリテーション
齒学	看護学	東洋医学
獣医学	医史学	社会医学

各科文献收录周期为：1994 年以前内科学、外科学每期都收录，其他科目轮流刊载，两个月刊载一次；1994 年起大部分科目每期都收录，牙科学（齿学）两个月收录一次，其他文献较少的科目，一般一个月收录一次。1994 年以前，曾收录最近出版的新书，列在有关科目的最后，但从 1994 年起不再收录新书。

每期的索引部分包括：

人名索引（著者索引）：分西文、日文两部分；

件名索引（主题索引）：分西文、日文两部分。

日本《医学中央杂志》“年间累积索引”（年度累积索引）包括：

人名编（著者部分）：分西文、日文两部分；

件名编（主题部分）：分西文、日文两部分。

1987 年以前，“人名编”和“件名编”的编排与使用方法与每期的索引基本相同，只是在文献号的左上角标有表示文献类型的符号。

1987 年起，“件名编”的编排稍有不同，它是在主题词下直接列有题录，并在文献号的右上角标有表示文献类型的符号，其中“□”表示有文摘。

（2）1996 年至今

从 1996 年起，日本《医学中央杂志》每月 1 期，每期包括：

主题索引（主题索引）：分西文、日文两部分；

著者名索引（著者索引）：分西文、日文和团体名三部分。

“主题索引”按主题词字顺编排，无副主题词，无文摘，只有题录。“著者名索引”的索引款目格式是著者姓名后直接列出题录号，如；

江口智明……………………………003857

1996 年起的年度累积索引包括：

主题编（主题部分）：分西文、日文两部分；

著者名编（著者部分）：分西文、日文和团体名三部分。

“主题编”和“著者名编”与 1987 年到 1995 年的年度累积索引的“件名编”和“人名编”基本相同，只是去掉了表示文献类型的符号，且在“主题编”中同一主题词下是按文献的类型进行编排的。

2. 著录格式

《医学中央杂志》正文以题录或文摘形式报道，著录格式分为三种类型，现分别介绍如下：

（1）文摘

93－029185①管支喘息に対する温泉療法の臨床効果ステロィド依存性重

症難治性喘息（SDIA）に関する效果[②]（英文）[③]谷崎勝朗[④]（大三朝分院）[⑤]，貴谷光，山崎守宏，外 6 名。日溫氣候物理医会[⑥] 55（3）134 - 138[⑦]（1992. 5）[⑧]

SDIA84 例を对象に，温泉療法を行ぃ，その臨床效果を檢討し……（略）[⑨]（万年）[⑩]

说明：①文献号：文献号由 8 位数字组成，前两位数字表示文献收录年份，后 6 位数字是文献收录顺序号，顺序号每年从 000001 开始，93 - 29185 即 1993 年第 29185 号文献；②—③文献标题：按原标题著录，非日文标题要译成日文，并在标题后加括号注明原文语种，如（英文）、（英文）、（法文）等；④著者：只著录 3 名著者，4 名以上时著"外 X 名"，附注（会）的文献，只著录第一著者。余者著"外 X 名"表示；⑤著者单位：除文献发表时著明某人为主要著者外，原则上著录排列在最前面的著者的单位；⑥发表的期刊名称：一律用期刊简称；⑦卷期；⑧页码及年月；⑨文摘；⑩摘录者姓名。

（2）题录

题录格式和文摘著录格式大致相同，这里就不再介绍了。

（3）新书报道

93 - 034169[①]新編臨床検查知識の整理微生物學[②]/臨床微生物学新臨床検查技師教育研究会（编）[③]医藥出版[④]（1992. 10）[⑤]

说明：①文献号；②书名；③著者；④出版单位；⑤发行年月。

著录，非日文标题要译成日文，并在标题后加括号注明原文语种④⑤。

（三）检索途径

1. 分类途径

本途径主要适合检索 1996 年以前的医学中央杂志，根据目次表来检索相关类目下的文献。优点是检索简便易学，适合于查找近期文献，可通过浏览正文获得所需文献。缺点是费时，不适合查找专指性文献和过期文献。

2. 主题途径

主题途径是利用《医学中央杂志》的主题索引"件名索引"查找文献的途径。由于主题索引中的主题词是规范化的词汇，检索时不会出现漏检现象，是检索文献的最佳途径。检索途径如下：

拟定检索词→主题词表{字顺表（确定主题词）／分类表（扩大或缩小主题词）}→{年度累计索引／各期}→文献题录

3. 著者途径

著者途径是按已知著者姓名，利用著者索引或"人名索引"查找文献的一种途径。著者索引中的著者包括个人住着和团体著者（1996 年后）。

（四）检索实例

1. 用分类途径检索结肠癌治疗方面的文献

（1）分析归类：该课题属于内科学消化器疾病。

（2）按目次表查得

内科学

（3）消化器

大肠……………………………636

（4）在“大肠”类指定的页码处浏览正文。

（5）索取原文。

2. 用主题途径查找乳腺癌基因治疗方面的文献

步骤：

（1）确定检索词：结肠癌。

（2）利用主题词表确定主题词。

（3）根据分类号按分类表可查得结肠肿瘤的下位词。

（4）根据主题词“结肠肿瘤”在主题索引中查得文献。

3. 用著者途径查找佐藤正幸所著的文献

（1）利用“人名索引”，查“サ”部。

（2）在“サ”部下查得“佐藤正幸………………030409”。

（3）根据顺序号在正文部分查找题录。

（4）根据题录提供的文献出处索取原文。

思考题

1. 中文医学信息检索工具有哪些？

2. 如何查找医学人物的传记资料？

3. 荷兰《医学文摘》（EM）提供了哪些检索途径？

4. CA 印刷版有哪些主要的检索途径？其化学物质索引和普通主题索引中有哪些副标题，作用如何？

5. 美国《生物学文摘》（BA）印刷版有哪些检索途径？自 1998 年开始，BA 印刷版做了哪些重大调整？其光盘有哪些检索途径？

6. 美国《医学索引》（IM）是如何编排的，怎样检索？

7. 简述美国《科学引文索引》的编排结构与各种索引的特点。

一、《药品注册管理办法》

国家食品药品监督管理局局令
（第28号）

《药品注册管理办法》于2007年6月18日经国家食品药品监督管理局局务会审议通过，现予公布，自2007年10月1日起施行。

局长：邵明立

2007年7月10日

药品注册管理办法

第一章 总 则

第一条 为保证药品的安全、有效和质量可控，规范药品注册行为，根据《中华人民共和国药品管理法》（以下简称《药品管理法》）、《中华人民共和国行政许可法》（以下简称《行政许可法》）、《中华人民共和国药品管理法实施条例》（以下简称《药品管理法实施条例》），制定本办法。

第二条 在中华人民共和国境内申请药物临床试验、药品生产和药品进口，以及进行药品审批、注册检验和监督管理，适用本办法。

第三条 药品注册，是指国家食品药品监督管理局根据药品注册申请人的申请，依照法定程序，对拟上市销售药品的安全性、有效性、质量可控性等进行审查，并决定是否同意其申请的审批过程。

第四条 国家鼓励研究创制新药，对创制的新药、治疗疑难危重疾病的新药实行特殊审批。

第五条　国家食品药品监督管理局主管全国药品注册工作，负责对药物临床试验、药品生产和进口进行审批。

第六条　药品注册工作应当遵循公开、公平、公正的原则。

国家食品药品监督管理局对药品注册实行主审集体负责制、相关人员公示制和回避制、责任追究制，受理、检验、审评、审批、送达等环节接受社会监督。

第七条　在药品注册过程中，药品监督管理部门认为涉及公共利益的重大许可事项，应当向社会公告，并举行听证。

行政许可直接涉及申请人与他人之间重大利益关系的，药品监督管理部门在作出行政许可决定前，应当告知申请人、利害关系人享有要求听证、陈述和申辩的权利。

第八条　药品监督管理部门应当向申请人提供可查询的药品注册受理、检查、检验、审评、批的进度和结论等信息。

药品监督管理部门应当在行政机关网站或者注册申请受理场所公开下列信息：

（一）药品注册申请事项、程序、收费标准和依据、时限，需要提交的全部材料目录和申请书示范文本；

（二）药品注册受理、检查、检验、审评、审批各环节人员名单和相关信息；

（三）已批准的药品目录等综合信息。

第九条　药品监督管理部门、相关单位以及参与药品注册工作的人员，对申请人提交的技术秘密和实验数据负有保密的义务。

第二章　基本要求

第十条　药品注册申请人（以下简称申请人），是指提出药品注册申请并承担相应法律责任的机构。

境内申请人应当是在中国境内合法登记并能独立承担民事责任的机构，境外申请人应当是境外合法制药厂商。境外申请人办理进口药品注册，应当由其驻中国境内的办事机构或者由其委托的中国境内代理机构办理。

办理药品注册申请事务的人员应当具有相应的专业知识，熟悉药品注册的法律、法规及技术要求。

第十一条　药品注册申请包括新药申请、仿制药申请、进口药品申请及其补充申请和再注册申请。

境内申请人申请药品注册按照新药申请、仿制药申请的程序和要求办理，境外申请人申请进口药品注册按照进口药品申请的程序和要求办理。

第十二条　新药申请，是指未曾在中国境内上市销售的药品的注册申请。

对已上市药品改变剂型、改变给药途径、增加新适应症的药品注册按照新药申请的程序申报。

仿制药申请，是指生产国家食品药品监督管理局已批准上市的已有国家标准的药品的注册申请；但是生物制品按照新药申请的程序申报。

进口药品申请，是指境外生产的药品在中国境内上市销售的注册申请。

补充申请，是指新药申请、仿制药申请或者进口药品申请经批准后，改变、增加或者取消原批准事项或者内容的注册申请。

再注册申请，是指药品批准证明文件有效期满后申请人拟继续生产或者进口该药品的注册申请。

第十三条　申请人应当提供充分可靠的研究数据，证明药品的安全性、有效性和质量可控性，并对全部资料的真实性负责。

第十四条　药品注册所报送的资料引用文献应当注明著作名称、刊物名称及卷、期、页等；未公开发表的文献资料应当提供资料所有者许可使用的证明文件。外文资料应当按照要求提供中文译本。

第十五条　国家食品药品监督管理局应当执行国家制定的药品行业发展规划和产业政策，可以组织对药品的上市价值进行评估。

第十六条　药品注册过程中，药品监督管理部门应当对非临床研究、临床试验进行现场核查、有因核查，以及批准上市前的生产现场检查，以确认申报资料的真实性、准确性和完整性。

第十七条　两个以上单位共同作为申请人的，应当向其中药品生产企业所在地省、自治区、直辖市药品监督管理部门提出申请；申请人均为药品生产企业的，应当向申请生产制剂的药品生产企业所在地省、自治区、直辖市药品监督管理部门提出申请；申请人均不是药品生产企业的，应当向样品试制现场所在地省、自治区、直辖市药品监督管理部门提出申请。

第十八条　申请人应当对其申请注册的药物或者使用的处方、工艺、用途等，提供申请人或者他人在中国的专利及其权属状态的说明；他人在中国存在专利的，申请人应当提交对他人的专利不构成侵权的声明。对申请人提交的说明或者声明，药品监督管理部门应当在行政机关网站予以公示。

药品注册过程中发生专利权纠纷的，按照有关专利的法律法规解决。

第十九条 对他人已获得中国专利权的药品，申请人可以在该药品专利期届满前2年内提出注册申请。国家食品药品监督管理局按照本办法予以审查，符合规定的，在专利期满后核发药品批准文号、《进口药品注册证》或者《医药产品注册证》。

第二十条 按照《药品管理法实施条例》第三十五条的规定，对获得生产或者销售含有新型化学成分药品许可的生产者或者销售者提交的自行取得且未披露的试验数据和其他数据，国家食品药品监督管理局自批准该许可之日起6年内，对未经已获得许可的申请人同意，使用其未披露数据的申请不予批准；但是申请人提交自行取得数据的除外。

第二十一条 为申请药品注册而进行的药物临床前研究，包括药物的合成工艺、提取方法、理化性质及纯度、剂型选择、处方筛选、制备工艺、检验方法、质量指标、稳定性、药理、毒理、动物药代动力学研究等。中药制剂还包括原药材的来源、加工及炮制等的研究；生物制品还包括菌毒种、细胞株、生物组织等起始原材料的来源、质量标准、保存条件、生物学特征、遗传稳定性及免疫学的研究等。

第二十二条 药物临床前研究应当执行有关管理规定，其中安全性评价研究必须执行《药物非临床研究质量管理规范》。

第二十三条 药物研究机构应当具有与试验研究项目相适应的人员、场地、设备、仪器和管理制度，并保证所有试验数据和资料的真实性；所用实验动物、试剂和原材料应当符合国家有关规定和要求。

第二十四条 申请人委托其他机构进行药物研究或者进行单项试验、检测、样品的试制等的，应当与被委托方签订合同，并在申请注册时予以说明。申请人对申报资料中的药物研究数据的真实性负责。

第二十五条 单独申请注册药物制剂的，研究用原料药必须具有药品批准文号、《进口药品注册证》或者《医药产品注册证》，且必须通过合法的途径获得。研究用原料药不具有药品批准文号、《进口药品注册证》或者《医药产品注册证》的，必须经国家食品药品监督管理局批准。

第二十六条 药品注册申报资料中有境外药物研究机构提供的药物试验研究资料的，必须附有境外药物研究机构出具的其所提供资料的项目、页码的情况说明和证明该机构已在境外合法登记的经公证的证明文件。国家食品药品监督管理局根据审查需要组织进行现场核查。

第二十七条 药品监督管理部门可以要求申请人或者承担试验的药物研究机构按照其申报资料的项目、方法和数据进行重复试验，也可以委托药品检验所或者其他药物研究机构进行重复试验或方法学验证。

第二十八条　药物研究参照国家食品药品监督管理局发布的有关技术指导原则进行，申请人采用其他评价方法和技术的，应当提交证明其科学性的资料。

第二十九条　申请人获得药品批准文号后，应当按照国家食品药品监督管理局批准的生产工艺生产。

药品监督管理部门根据批准的生产工艺和质量标准对申请人的生产情况进行监督检查。

第三章　药物的临床试验

第三十条　药物的临床试验（包括生物等效性试验），必须经过国家食品药品监督管理局批准，且必须执行《药物临床试验质量管理规范》。

药品监督管理部门应当对批准的临床试验进行监督检查。

第三十一条　申请新药注册，应当进行临床试验。仿制药申请和补充申请，根据本办法附件规定进行临床试验。

临床试验分为Ⅰ、Ⅱ、Ⅲ、Ⅳ期。

Ⅰ期临床试验：初步的临床药理学及人体安全性评价试验。观察人体对于新药的耐受程度和药代动力学，为制定给药方案提供依据。

Ⅱ期临床试验：治疗作用初步评价阶段。其目的是初步评价药物对目标适应症患者的治疗作用和安全性，也包括为Ⅲ期临床试验研究设计和给药剂量方案的确定提供依据。此阶段的研究设计可以根据具体的研究目的，采用多种形式，包括随机盲法对照临床试验。

Ⅲ期临床试验：治疗作用确证阶段。其目的是进一步验证药物对目标适应症患者的治疗作用和安全性，评价利益与风险关系，最终为药物注册申请的审查提供充分的依据。试验一般应为具有足够样本量的随机盲法对照试验。

Ⅳ期临床试验：新药上市后应用研究阶段。其目的是考察在广泛使用条件下的药物的疗效和不良反应，评价在普通或者特殊人群中使用的利益与风险关系以及改进给药剂量等。

生物等效性试验，是指用生物利用度研究的方法，以药代动力学参数为指标，比较同一种药物的相同或者不同剂型的制剂，在相同的试验条件下，其活性成分吸收程度和速度有无统计学差异的人体试验。

第三十二条　药物临床试验的受试例数应当符合临床试验的目的和相关统

计学的要求，并且不得少于本办法附件规定的最低临床试验病例数。罕见病、特殊病种等情况，要求减少临床试验病例数或者免做临床试验的，应当在申请临床试验时提出，并经国家食品药品监督管理局审查批准。

第三十三条　在菌毒种选种阶段制备的疫苗或者其他特殊药物，确无合适的动物模型且实验室无法评价其疗效的，在保证受试者安全的前提下，可以向国家食品药品监督管理局申请进行临床试验。

第三十四条　药物临床试验批准后，申请人应当从具有药物临床试验资格的机构中选择承担药物临床试验的机构。

第三十五条　临床试验用药物应当在符合《药品生产质量管理规范》的车间制备。制备过程应当严格执行《药品生产质量管理规范》的要求。申请人对临床试验用药物的质量负责。

第三十六条　申请人可以按照其拟定的临床试验用样品标准自行检验临床试验用药物，也可以委托本办法确定的药品检验所进行检验；疫苗类制品、血液制品、国家食品药品监督管理局规定的其他生物制品，应当由国家食品药品监督管理局指定的药品检验所进行检验。

临床试验用药物检验合格后方可用于临床试验。

药品监督管理部门可以对临床试验用药物抽查检验。

第三十七条　申请人在药物临床试验实施前，应当将已确定的临床试验方案和临床试验负责单位的主要研究者姓名、参加研究单位及其研究者名单、伦理委员会审核同意书、知情同意书样本等报送国家食品药品监督管理局备案，并抄送临床试验单位所在地和受理该申请的省、自治区、直辖市药品监督管理部门。

第三十八条　申请人发现药物临床试验机构违反有关规定或者未按照临床试验方案执行的，应当督促其改正；情节严重的，可以要求暂停或者终止临床试验，并将情况报告国家食品药品监督管理局和有关省、自治区、直辖市药品监督管理部门。

第三十九条　申请人完成临床试验后，应当向国家食品药品监督管理局提交临床试验总结报告、统计分析报告以及数据库。

第四十条　药物临床试验应当在批准后3年内实施。逾期未实施的，原批准证明文件自行废止；仍需进行临床试验的，应当重新申请。

第四十一条　临床试验过程中发生严重不良事件的，研究者应当在24小时内报告有关省、自治区、直辖市药品监督管理部门和国家食品药品监督管理局，通知申请人，并及时向伦理委员会报告。

第四十二条　临床试验有下列情形之一的，国家食品药品监督管理局可以责令申请人修改试验方案、暂停或者终止临床试验：

（一）伦理委员会未履行职责的；

（二）不能有效保证受试者安全的；

（三）未按照规定时限报告严重不良事件的；

（四）有证据证明临床试验用药物无效的；

（五）临床试验用药物出现质量问题的；

（六）临床试验中弄虚作假的；

（七）其他违反《药物临床试验质量管理规范》的情形。

第四十三条　临床试验中出现大范围、非预期的不良反应或者严重不良事件，或者有证据证明临床试验用药物存在严重质量问题时，国家食品药品监督管理局或者省、自治区、直辖市药品监督管理部门可以采取紧急控制措施，责令暂停或者终止临床试验，申请人和临床试验单位必须立即停止临床试验。

第四十四条　境外申请人在中国进行国际多中心药物临床试验的，应当按照本办法向国家食品药品监督管理局提出申请，并按下列要求办理：

（一）临床试验用药物应当是已在境外注册的药品或者已进入Ⅱ期或者Ⅲ期临床试验的药物；国家食品药品监督管理局不受理境外申请人提出的尚未在境外注册的预防用疫苗类药物的国际多中心药物临床试验申请；

（二）国家食品药品监督管理局在批准进行国际多中心药物临床试验的同时，可以要求申请人在中国首先进行Ⅰ期临床试验；

（三）在中国进行国际多中心药物临床试验时，在任何国家发现与该药物有关的严重不良反应和非预期不良反应，申请人应当按照有关规定及时报告国家食品药品监督管理局；

（四）临床试验结束后，申请人应当将完整的临床试验报告报送国家食品药品监督管理局；

（五）国际多中心药物临床试验取得的数据用于在中国进行药品注册申请的，应当符合本办法有关临床试验的规定并提交国际多中心临床试验的全部研究资料。

第四章　新药申请的申报与审批

第四十五条　国家食品药品监督管理局对下列申请可以实行特殊审批：

（一）未在国内上市销售的从植物、动物、矿物等物质中提取的有效成分及其制剂，新发现的药材及其制剂；

（二）未在国内外获准上市的化学原料药及其制剂、生物制品；

（三）治疗艾滋病、恶性肿瘤、罕见病等疾病且具有明显临床治疗优势的新药；

（四）治疗尚无有效治疗手段的疾病的新药。

符合前款规定的药品，申请人在药品注册过程中可以提出特殊审批的申请，由国家食品药品监督管理局药品审评中心组织专家会议讨论确定是否实行特殊审批。

特殊审批的具体办法另行制定。

第四十六条　多个单位联合研制的新药，应当由其中的一个单位申请注册，其他单位不得重复申请；需要联合申请的，应当共同署名作为该新药的申请人。新药申请获得批准后每个品种，包括同一品种的不同规格，只能由一个单位生产。

第四十七条　对已上市药品改变剂型但不改变给药途径的注册申请，应当采用新技术以提高药品的质量和安全性，且与原剂型比较有明显的临床应用优势。

改变剂型但不改变给药途径，以及增加新适应症的注册申请，应当由具备生产条件的企业提出；靶向制剂、缓释、控释制剂等特殊剂型除外。

第四十八条　在新药审批期间，新药的注册分类和技术要求不因相同活性成分的制剂在国外获准上市而发生变化。

在新药审批期间，其注册分类和技术要求不因国内药品生产企业申报的相同活性成分的制剂在我国获准上市而发生变化。

第四十九条　药品注册申报资料应当一次性提交，药品注册申请受理后不得自行补充新的技术资料；进入特殊审批程序的注册申请或者涉及药品安全性的新发现，以及按要求补充资料的除外。申请人认为必须补充新的技术资料的，应当撤回其药品注册申请。申请人重新申报的，应当符合本办法有关规定且尚无同品种进入新药监测期。

第一节　新药临床试验

第五十条　申请人完成临床前研究后，应当填写《药品注册申请表》，向所在地省、自治区、直辖市药品监督管理部门如实报送有关资料。

第五十一条　省、自治区、直辖市药品监督管理部门应当对申报资料进行形式审查，符合要求的，出具药品注册申请受理通知书；不符合要求的，出具药品注册申请不予受理通知书，并说明理由。

第五十二条　省、自治区、直辖市药品监督管理部门应当自受理申请之日起5日内组织对药物研制情况及原始资料进行现场核查，对申报资料进行初步审查，提出审查意见。申请注册的药品属于生物制品的，还需抽取3个生产批号的检验用样品，并向药品检验所发出注册检验通知。

第五十三条　省、自治区、直辖市药品监督管理部门应当在规定的时限内将审查意见、核查报告以及申报资料送交国家食品药品监督管理局药品审评中心，并通知申请人。

第五十四条　接到注册检验通知的药品检验所应当按申请人申报的药品标准对样品进行检验，对申报的药品标准进行复核，并在规定的时间内将药品注册检验报告送交国家食品药品监督管理局药品审评中心，并抄送申请人。

第五十五条　国家食品药品监督管理局药品审评中心收到申报资料后，应在规定的时间内组织药学、医学及其他技术人员对申报资料进行技术审评，必要时可以要求申请人补充资料，并说明理由。完成技术审评后，提出技术审评意见，连同有关资料报送国家食品药品监督管理局。

国家食品药品监督管理局依据技术审评意见作出审批决定。符合规定的，发给《药物临床试验批件》；不符合规定的，发给《审批意见通知件》，并说明理由。

第二节　新药生产

第五十六条　申请人完成药物临床试验后，应当填写《药品注册申请表》，向所在地省、自治区、直辖市药品监督管理部门报送申请生产的申报资料，并同时向中国药品生物制品检定所报送制备标准品的原材料及有关标准物质的研究资料。

第五十七条　省、自治区、直辖市药品监督管理部门应当对申报资料进行形式审查，符合要求的，出具药品注册申请受理通知书；不符合要求的，出具药品注册申请不予受理通知书，并说明理由。

第五十八条　省、自治区、直辖市药品监督管理部门应当自受理申请之日起5日内组织对临床试验情况及有关原始资料进行现场核查，对申报资料进行初步审查，提出审查意见。除生物制品外的其他药品，还需抽取3批样品，向药品检验所发出标准复核的通知。

省、自治区、直辖市药品监督管理部门应当在规定的时限内将审查意见、核查报告及申报资料送交国家食品药品监督管理局药品审评中心，并通知申请人。

第五十九条　药品检验所应对申报的药品标准进行复核，并在规定的时间内将复核意见送交国家食品药品监督管理局药品审评中心，同时抄送通知其复核的省、自治区、直辖市药品监督管理部门和申请人。

第六十条　国家食品药品监督管理局药品审评中心收到申报资料后，应当在规定的时间内组织药学、医学及其他技术人员对申报资料进行审评，必要时可以要求申请人补充资料，并说明理由。

经审评符合规定的，国家食品药品监督管理局药品审评中心通知申请人申请生产现场检查，并告知国家食品药品监督管理局药品认证管理中心；经审评不符合规定的，国家食品药品监督管理局药品审评中心将审评意见和有关资料报送国家食品药品监督管理局，国家食品药品监督管理局依据技术审评意见，作出不予批准的决定，发给《审批意见通知件》，并说明理由。

第六十一条　申请人应当自收到生产现场检查通知之日起6个月内向国家食品药品监督管理局药品认证管理中心提出现场检查的申请。

第六十二条　国家食品药品监督管理局药品认证管理中心在收到生产现场检查的申请后，应当在30日内组织对样品批量生产过程等进行现场检查，确认核定的生产工艺的可行性，同时抽取1批样品（生物制品抽取3批样品），送进行该药品标准复核的药品检验所检验，并在完成现场检查后10日内将生产现场检查报告送交国家食品药品监督管理局药品审评中心。

第六十三条　样品应当在取得《药品生产质量管理规范》认证证书的车间生产；新开办药品生产企业、药品生产企业新建药品生产车间或者新增生产剂型的，其样品生产过程应当符合《药品生产质量管理规范》的要求。

第六十四条　药品检验所应当依据核定的药品标准对抽取的样品进行检验，并在规定的时间内将药品注册检验报告送交国家食品药品监督管理局药品审评中心，同时抄送相关省、自治区、直辖市药品监督管理部门和申请人。

第六十五条　国家食品药品监督管理局药品审评中心依据技术审评意见、样品生产现场检查报告和样品检验结果，形成综合意见，连同有关资料报送国家食品药品监督管理局。国家食品药品监督管理局依据综合意见，作出审批决定。符合规定的，发给新药证书，申请人已持有《药品生产许可证》并具备生产条件的，同时发给药品批准文号；不符合规定的，发给《审批意见通知件》，并说明理由。

改变剂型但不改变给药途径，以及增加新适应症的注册申请获得批准后不发给新药证书；靶向制剂、缓释、控释制剂等特殊剂型除外。

第三节　新药监测期

第六十六条　国家食品药品监督管理局根据保护公众健康的要求，可以对批准生产的新药品种设立监测期。监测期自新药批准生产之日起计算，最长不得超过5年。

监测期内的新药，国家食品药品监督管理局不批准其他企业生产、改变剂型和进口。

第六十七条　药品生产企业应当考察处于监测期内的新药的生产工艺、质量、稳定性、疗效及不良反应等情况，并每年向所在地省、自治区、直辖市药品监督管理部门报告。药品生产企业未履行监测期责任的，省、自治区、直辖市药品监督管理部门应当责令其改正。

第六十八条　药品生产、经营、使用及检验、监督单位发现新药存在严重质量问题、严重或者非预期的不良反应时，应当及时向省、自治区、直辖市药品监督管理部门报告。省、自治区、直辖市药品监督管理部门收到报告后应当立即组织调查，并报告国家食品药品监督管理局。

第六十九条　药品生产企业对设立监测期的新药从获准生产之日起2年内未组织生产的，国家食品药品监督管理局可以批准其他药品生产企业提出的生产该新药的申请，并重新对该新药进行监测。

第七十条　新药进入监测期之日起，国家食品药品监督管理局已经批准其他申请人进行药物临床试验的，可以按照药品注册申报与审批程序继续办理该申请，符合规定的，国家食品药品监督管理局批准该新药的生产或者进口，并对境内药品生产企业生产的该新药一并进行监测。

第七十一条　新药进入监测期之日起，不再受理其他申请人的同品种注册申请。已经受理但尚未批准进行药物临床试验的其他申请人同品种申请予以退回；新药监测期满后，申请人可以提出仿制药申请或者进口药品申请。

第七十二条　进口药品注册申请首先获得批准后，已经批准境内申请人进行临床试验的，可以按照药品注册申报与审批程序继续办理其申请，符合规定的，国家食品药品监督管理局批准其进行生产；申请人也可以撤回该项申请，重新提出仿制药申请。对已经受理但尚未批准进行药物临床试验的其他同品种申请予以退回，申请人可以提出仿制药申请。

第五章　仿制药的申报与审批

第七十三条　仿制药申请人应当是药品生产企业，其申请的药品应当与

《药品生产许可证》载明的生产范围一致。

第七十四条 仿制药应当与被仿制药具有同样的活性成分、给药途径、剂型、规格和相同的治疗作用。已有多家企业生产的品种，应当参照有关技术指导原则选择被仿制药进行对照研究。

第七十五条 申请仿制药注册，应当填写《药品注册申请表》，向所在地省、自治区、直辖市药品监督管理部门报送有关资料和生产现场检查申请。

第七十六条 省、自治区、直辖市药品监督管理部门对申报资料进行形式审查，符合要求的，出具药品注册申请受理通知书；不符合要求的，出具药品注册申请不予受理通知书，并说明理由。

已申请中药品种保护的，自中药品种保护申请受理之日起至作出行政决定期间，暂停受理同品种的仿制药申请。

第七十七条 省、自治区、直辖市药品监督管理部门应当自受理申请之日起5日内组织对研制情况和原始资料进行现场核查，并应当根据申请人提供的生产工艺和质量标准组织进行生产现场检查，现场抽取连续生产的3批样品，送药品检验所检验。

样品的生产应当符合本办法第六十三条的规定。

第七十八条 省、自治区、直辖市药品监督管理部门应当在规定的时限内对申报资料进行审查，提出审查意见。符合规定的，将审查意见、核查报告、生产现场检查报告及申报资料送交国家食品药品监督管理局药品审评中心，同时通知申请人；不符合规定的，发给《审批意见通知件》，并说明理由，同时通知药品检验所停止该药品的注册检验。

第七十九条 药品检验所应当对抽取的样品进行检验，并在规定的时间内将药品注册检验报告送交国家食品药品监督管理局药品审评中心，同时抄送通知其检验的省、自治区、直辖市药品监督管理部门和申请人。

第八十条 国家食品药品监督管理局药品审评中心应当在规定的时间内组织药学、医学及其他技术人员对审查意见和申报资料进行审核，必要时可以要求申请人补充资料，并说明理由。

第八十一条 国家食品药品监督管理局药品审评中心依据技术审评意见、样品生产现场检查报告和样品检验结果，形成综合意见，连同相关资料报送国家食品药品监督管理局，国家食品药品监督管理局依据综合意见，做出审批决定。符合规定的，发给药品批准文号或者《药物临床试验批件》；不符合规定的，发给《审批意见通知件》，并说明理由。

第八十二条 申请人完成临床试验后，应当向国家食品药品监督管理局药品审评中心报送临床试验资料。国家食品药品监督管理局依据技术意见，发给药品批准文号或者《审批意见通知件》。

第八十三条 已确认存在安全性问题的上市药品，国家食品药品监督管理局可以决定暂停受理和审批其仿制药申请。

第六章 进口药品的申报与审批

第一节 进口药品的注册

第八十四条 申请进口的药品，应当获得境外制药厂商所在生产国家或者地区的上市许可；未在生产国家或者地区获得上市许可，但经国家食品药品监督管理局确认该药品安全、有效而且临床需要的，可以批准进口。

申请进口的药品，其生产应当符合所在国家或者地区药品生产质量管理规范及中国《药品生产质量管理规范》的要求。

第八十五条 申请进口药品注册，应当填写《药品注册申请表》，报送有关资料和样品，提供相关证明文件，向国家食品药品监督管理局提出申请。

第八十六条 国家食品药品监督管理局对申报资料进行形式审查，符合要求的，出具药品注册申请受理通知书，并通知中国药品生物制品检定所组织对3个生产批号的样品进行注册检验；不符合要求的，出具药品注册申请不予受理通知书，并说明理由。

国家食品药品监督管理局可以组织对其研制和生产情况进行现场检查，并抽取样品。

第八十七条 中国药品生物制品检定所收到资料和样品后，应当在5日内组织进行注册检验。

第八十八条 承担进口药品注册检验的药品检验所在收到资料、样品和有关标准物质后，应当在60日内完成注册检验并将药品注册检验报告报送中国药品生物制品检定所。

特殊药品和疫苗类制品的样品检验和药品标准复核应当在90日内完成。

第八十九条 中国药品生物制品检定所接到药品注册检验报告和已经复核的进口药品标准后，应当在20日内组织专家进行技术审查，必要时可以根据审查意见进行再复核。

第九十条 中国药品生物制品检定所完成进口药品注册检验后，应当将复核的药品标准、药品注册检验报告和复核意见送交国家食品药品监督管理局药品审评中心，并抄送申请人。

第九十一条　国家食品药品监督管理局药品审评中心应当在规定的时间内组织药学、医学及其他技术人员对申报资料进行审评，必要时可以要求申请人补充资料，并说明理由。

第九十二条　国家食品药品监督管理局药品审评中心依据技术审评意见和样品检验结果等，形成综合意见，连同相关资料报送国家食品药品监督管理局，国家食品药品监督管理局依据综合意见，做出审批决定。符合规定的，发给《药物临床试验批件》；不符合规定的，发给《审批意见通知件》，并说明理由。

第九十三条　临床试验获得批准后，申请人应当按照本办法第三章及有关要求进行试验。

临床试验结束后，申请人应当填写《药品注册申请表》，按照规定报送临床试验资料及其他变更和补充的资料，并详细说明依据和理由，提供相关证明文件。

第九十四条　国家食品药品监督管理局药品审评中心应当在规定的时间内组织药学、医学及其他技术人员对报送的临床试验等资料进行全面审评，必要时可以要求申请人补充资料，并说明理由。

国家食品药品监督管理局依据综合意见，做出审批决定。符合规定的，发给《进口药品注册证》。中国香港、澳门和台湾地区的制药厂商申请注册的药品，参照进口药品注册申请的程序办理，符合要求的，发给《医药产品注册证》；不符合要求的，发给《审批意见通知件》，并说明理由。

第九十五条　申请进口药品制剂，必须提供直接接触药品的包装材料和容器合法来源的证明文件、用于生产该制剂的原料药和辅料合法来源的证明文件。原料药和辅料尚未取得国家食品药品监督管理局批准的，应当报送有关生产工艺、质量指标和检验方法等规范的研究资料。

第二节　进口药品分包装的注册

第九十六条　进口药品分包装，是指药品已在境外完成最终制剂生产过程，在境内由大包装规格改为小包装规格，或者对已完成内包装的药品进行外包装、放置说明书、粘贴标签等。

第九十七条　申请进口药品分包装，应当符合下列要求：

（一）该药品已经取得《进口药品注册证》或者《医药产品注册证》；

（二）该药品应当是中国境内尚未生产的品种，或者虽有生产但是不能满足临床需要的品种；

（三）同一制药厂商的同一品种应当由一个药品生产企业分包装，分包装的期限不得超过《进口药品注册证》或者《医药产品注册证》的有效期；

（四）除片剂、胶囊外，分包装的其他剂型应当已在境外完成内包装；

（五）接受分包装的药品生产企业，应当持有《药品生产许可证》。进口裸片、胶囊申请在国内分包装的，接受分包装的药品生产企业还应当持有与分包装的剂型相一致的《药品生产质量管理规范》认证证书；

（六）申请进口药品分包装，应当在该药品《进口药品注册证》或者《医药产品注册证》的有效期届满1年前提出。

第九十八条　境外制药厂商应当与境内药品生产企业签订进口药品分包装合同，并填写《药品补充申请表》。

第九十九条　申请进口药品分包装的，应当由接受分包装的药品生产企业向所在地省、自治区、直辖市药品监督管理部门提出申请，提交由委托方填写的《药品补充申请表》，报送有关资料和样品。省、自治区、直辖市药品监督管理部门对申报资料进行形式审查后，符合要求的，出具药品注册申请受理通知书；不符合要求的，出具药品注册申请不予受理通知书，并说明理由。

省、自治区、直辖市药品监督管理部门提出审核意见后，将申报资料和审核意见报送国家食品药品监督管理局审批，同时通知申请人。

第一百条　国家食品药品监督管理局对报送的资料进行审查，符合规定的，发给《药品补充申请批件》和药品批准文号；不符合规定的，发给《审批意见通知件》，并说明理由。

第一百零一条　进口分包装的药品应当执行进口药品注册标准。

第一百零二条　进口分包装药品的说明书和标签必须与进口药品的说明书和标签一致，并且应当标注分包装药品的批准文号和分包装药品生产企业的名称。

第一百零三条　境外大包装制剂的进口检验按照国家食品药品监督管理局的有关规定执行。包装后产品的检验与进口检验执行同一药品标准。

第一百零四条　提供药品的境外制药厂商应当对分包装后药品的质量负责。分包装后的药品出现质量问题的，国家食品药品监督管理局可以撤销分包装药品的批准文号，必要时可以依照《药品管理法》第四十二条的规定，撤销该药品的《进口药品注册证》或者《医药产品注册证》。

第七章　非处方药的申报

第一百零五条　申请仿制的药品属于按非处方药管理的，申请人应当在

《药品注册申请表》的“附加申请事项”中标注非处方药项。

第一百零六条 申请仿制的药品属于同时按处方药和非处方药管理的，申请人可以选择按照处方药或者非处方药的要求提出申请。

第一百零七条 属于以下情况的，申请人可以在《药品注册申请表》的“附加申请事项”中标注非处方药项，符合非处方药有关规定的，按照非处方药审批和管理；不符合非处方药有关规定的，按照处方药审批和管理。

（一）经国家食品药品监督管理局确定的非处方药改变剂型，但不改变适应症或者功能主治、给药剂量以及给药途径的药品；

（二）使用国家食品药品监督管理局确定的非处方药活性成分组成的新的复方制剂。

第一百零八条 非处方药的注册申请，其药品说明书和包装标签应当符合非处方药的有关规定。

第一百零九条 进口的药品属于非处方药的，适用进口药品的申报和审批程序，其技术要求与境内生产的非处方药相同。

第八章 补充申请的申报与审批

第一百一十条 变更研制新药、生产药品和进口药品已获批准证明文件及其附件中载明事项的，应当提出补充申请。

申请人应当参照相关技术指导原则，评估其变更对药品安全性、有效性和质量可控性的影响，并进行相应的技术研究工作。

第一百一十一条 申请人应当填写《药品补充申请表》，向所在地省、自治区、直辖市药品监督管理部门报送有关资料和说明。省、自治区、直辖市药品监督管理部门对申报资料进行形式审查，符合要求的，出具药品注册申请受理通知书；不符合要求的，出具药品注册申请不予受理通知书，并说明理由。

第一百一十二条 进口药品的补充申请，申请人应当向国家食品药品监督管理局报送有关资料和说明，提交生产国家或者地区药品管理机构批准变更的文件。国家食品药品监督管理局对申报资料进行形式审查，符合要求的，出具药品注册申请受理通知书；不符合要求的，出具药品注册申请不予受理通知书，并说明理由。

第一百一十三条 修改药品注册标准、变更药品处方中已有药用要求的辅料、改变影响药品质量的生产工艺等的补充申请，由省、自治区、直辖市药品监督管理部门提出审核意见后，报送国家食品药品监督管理局审批，同时通知申请人。

修改药品注册标准的补充申请，必要时由药品检验所进行标准复核。

第一百一十四条　改变国内药品生产企业名称、改变国内生产药品的有效期、国内药品生产企业内部改变药品生产场地等的补充申请，由省、自治区、直辖市药品监督管理部门受理并审批，符合规定的，发给《药品补充申请批件》，并报送国家食品药品监督管理局备案；不符合规定的，发给《审批意见通知件》，并说明理由。

第一百一十五条　按规定变更药品包装标签、根据国家食品药品监督管理局的要求修改说明书等的补充申请，报省、自治区、直辖市药品监督管理部门备案。

第一百一十六条　进口药品的补充申请，由国家食品药品监督管理局审批。其中改变进口药品制剂所用原料药的产地、变更进口药品外观但不改变药品标准、根据国家药品标准或国家食品药品监督管理局的要求修改进口药说明书、补充完善进口药说明书的安全性内容、按规定变更进口药品包装标签、改变注册代理机构的补充申请，由国家食品药品监督管理局备案。

第一百一十七条　对药品生产技术转让、变更处方和生产工艺可能影响产品质量等的补充申请，省、自治区、直辖市药品监督管理部门应当根据其《药品注册批件》附件或者核定的生产工艺，组织进行生产现场检查，药品检验所应当对抽取的3批样品进行检验。

第一百一十八条　国家食品药品监督管理局对药品补充申请进行审查，必要时可以要求申请人补充资料，并说明理由。符合规定的，发给《药品补充申请批件》；不符合规定的，发给《审批意见通知件》，并说明理由。

第一百一十九条　补充申请获得批准后，换发药品批准证明文件的，原药品批准证明文件由国家食品药品监督管理局予以注销；增发药品批准证明文件的，原批准证明文件继续有效。

第九章　药品再注册

第一百二十条　国家食品药品监督管理局核发的药品批准文号、《进口药品注册证》或者《医药产品注册证》的有效期为5年。有效期届满，需要继续生产或者进口的，申请人应当在有效期届满前6个月申请再注册。

第一百二十一条　在药品批准文号、《进口药品注册证》或者《医药产品注册证》有效期内，申请人应当对药品的安全性、有效性和质量控制情况，如监测期内的相关研究结果、不良反应的监测、生产控制和产品质量的均一性等进行系统评价。

第一百二十二条 药品再注册申请由药品批准文号的持有者向省、自治区、直辖市药品监督管理部门提出，按照规定填写《药品再注册申请表》，并提供有关申报资料。

进口药品的再注册申请由申请人向国家食品药品监督管理局提出。

第一百二十三条 省、自治区、直辖市药品监督管理部门对申报资料进行审查，符合要求的，出具药品再注册申请受理通知书；不符合要求的，出具药品再注册申请不予受理通知书，并说明理由。

第一百二十四条 省、自治区、直辖市药品监督管理部门应当自受理申请之日起6个月内对药品再注册申请进行审查，符合规定的，予以再注册；不符合规定的，报国家食品药品监督管理局。

第一百二十五条 进口药品的再注册申请由国家食品药品监督管理局受理，并在6个月内完成审查，符合规定的，予以再注册；不符合规定的，发出不予再注册的通知，并说明理由。

第一百二十六条 有下列情形之一的药品不予再注册：

（一）有效期届满前未提出再注册申请的；

（二）未达到国家食品药品监督管理局批准上市时提出的有关要求的；

（三）未按照要求完成Ⅳ期临床试验的；

（四）未按照规定进行药品不良反应监测的；

（五）经国家食品药品监督管理局再评价属于疗效不确、不良反应大或者其他原因危害人体健康的；

（六）按照《药品管理法》的规定应当撤销药品批准证明文件的；

（七）不具备《药品管理法》规定的生产条件的；

（八）未按规定履行监测期责任的；

（九）其他不符合有关规定的情形。

第一百二十七条 国家食品药品监督管理局收到省、自治区、直辖市药品监督管理部门意见后，经审查不符合药品再注册规定的，发出不予再注册的通知，并说明理由。

对不予再注册的品种，除因法定事由被撤销药品批准证明文件的外，在有效期届满时，注销其药品批准文号、《进口药品注册证》或者《医药产品注册证》。

第十章　药品注册检验

第一百二十八条　药品注册检验，包括样品检验和药品标准复核。

样品检验，是指药品检验所按照申请人申报或者国家食品药品监督管理局核定的药品标准对样品进行的检验。

药品标准复核，是指药品检验所对申报的药品标准中检验方法的可行性、科学性、设定的项目和指标能否控制药品质量等进行的实验室检验和审核工作。

第一百二十九条　药品注册检验由中国药品生物制品检定所或者省、自治区、直辖市药品检验所承担。进口药品的注册检验由中国药品生物制品检定所组织实施。

第一百三十条　下列药品的注册检验由中国药品生物制品检定所或者国家食品药品监督管理局指定的药品检验所承担：

（一）本办法第四十五条（一）、（二）规定的药品；

（二）生物制品、放射性药品；

（三）国家食品药品监督管理局规定的其他药品。

第一百三十一条　获准进入特殊审批程序的药品，药品检验所应当优先安排样品检验和药品标准复核。

第一百三十二条　从事药品注册检验的药品检验所，应当按照药品检验所实验室质量管理规范和国家计量认证的要求，配备与药品注册检

验任务相适应的人员和设备，符合药品注册检验的质量保证体系和技术要求。

第一百三十三条　申请人应当提供药品注册检验所需要的有关资料、报送样品或者配合抽取检验用样品、提供检验用标准物质。报送或者抽取的样品量应当为检验用量的3倍；生物制品的注册检验还应当提供相应批次的制造检定记录。

第一百三十四条　药品检验所进行新药标准复核时，除进行样品检验外，还应当根据药物的研究数据、国内外同类产品的药品标准和国家有关要求，对药物的药品标准、检验项目等提出复核意见。

第一百三十五条　要求申请人重新制订药品标准的，申请人不得委托提出原复核意见的药品检验所进行该项药品标准的研究工作；该药品检验所不得接受此项委托。

第十一章 药品注册标准和说明书

第一节 药品注册标准

第一百三十六条 国家药品标准，是指国家食品药品监督管理局颁布的《中华人民共和国药典》、药品注册标准和其他药品标准，其内容包括质量指标、检验方法以及生产工艺等技术要求。

药品注册标准，是指国家食品药品监督管理局批准给申请人特定药品的标准，生产该药品的药品生产企业必须执行该注册标准。

药品注册标准不得低于中国药典的规定。

第一百三十七条 药品注册标准的项目及其检验方法的设定，应当符合中国药典的基本要求、国家食品药品监督管理局发布的技术指导原则及国家药品标准编写原则。

第一百三十八条 申请人应当选取有代表性的样品进行标准的研究工作。

第二节 药品标准物质

第一百三十九条 药品标准物质，是指供药品标准中物理和化学测试及生物方法试验用，具有确定特性量值，用于校准设备、评价测量方法或者给供试药品赋值的物质，包括标准品、对照品、对照药材、参考品。

第一百四十条 中国药品生物制品检定所负责标定国家药品标准物质。

中国药品生物制品检定所可以组织有关的省、自治区、直辖市药品检验所、药品研究机构或者药品生产企业协作标定国家药品标准物质。

第一百四十一条 中国药品生物制品检定所负责对标定的标准物质从原材料选择、制备方法、标定方法、标定结果、定值准确性、量值溯源、稳定性及分装与包装条件等资料进行全面技术审核，并作出可否作为国家药品标准物质的结论。

第三节 药品名称、说明书和标签

第一百四十二条 申请注册药品的名称、说明书和标签应当符合国家食品药品监督管理局的规定。

第一百四十三条 药品说明书和标签由申请人提出，国家食品药品监督管理局药品审评中心根据申报资料对其中除企业信息外的内容进行审核，在批准药品生产时由国家食品药品监督管理局予以核准。

申请人应当对药品说明书和标签的科学性、规范性与准确性负责。

第一百四十四条　申请人应当跟踪药品上市后的安全性和有效性情况，及时提出修改药品说明书的补充申请。

第一百四十五条　申请人应当按照国家食品药品监督管理局规定的格式和要求、根据核准的内容印制说明书和标签。

第十二章　时　限

第一百四十六条　药品监督管理部门应当遵守《药品管理法》、《行政许可法》及《药品管理法实施条例》规定的药品注册时限要求。本办法所称药品注册时限，是药品注册的受理、审查、审批等工作的最长时间，根据法律法规的规定中止审批或者申请人补充资料等所用时间不计算在内。

药品注册检验、审评工作时间应当按照本办法的规定执行。有特殊原因需要延长时间的，应当说明理由，报国家食品药品监督管理局批准并告知申请人。

第一百四十七条　药品监督管理部门收到申请后进行形式审查，并根据下列情况分别作出处理：

（一）申请事项依法不需要取得行政许可的，应当即时告知申请人不受理；

（二）申请事项依法不属于本部门职权范围的，应当即时作出不予受理的决定，并告知申请人向有关行政机关申请；

（三）申报资料存在可以当场更正的错误的，应当允许申请人当场更正；

（四）申报资料不齐全或者不符合法定形式的，应当当场或者在5日内一次告知申请人需要补正的全部内容，逾期不告知的，自收到申报资料之日起即为受理；

（五）申请事项属于本部门职权范围，申报资料齐全、符合法定形式，或者申请人按照要求提交全部补正资料的，应当受理药品注册申请。

药品监督管理部门受理或者不予受理药品注册申请，应当出具加盖药品注册专用印章和注明日期的书面凭证。

第一百四十八条　省、自治区、直辖市药品监督管理部门应当在受理申请后30日内完成对研制情况及原始资料的核查、对申报资料的审查、抽取样品、通知药品检验所进行注册检验、将审查意见和核查报告连同申请人的申报资料一并报送国家食品药品监督管理局等工作，同时将审查意见通知申请人。

第一百四十九条　药品注册检验的时间按照以下规定执行：

（一）样品检验：30 日；同时进行样品检验和标准复核：60 日；

（二）特殊药品和疫苗类制品的样品检验：60 日；同时进行样品检验和标准复核：90 日。

按照本办法第三十六条的规定由药品检验所进行临床试验用样品检验的，应当按照前款样品检验的时间完成。

第一百五十条　技术审评工作时间按照下列规定执行：

（一）新药临床试验：90 日；获准进入特殊审批程序的品种：80 日；

（二）新药生产：150 日；获准进入特殊审批程序的品种：120 日；

（三）对已上市药品改变剂型和仿制药的申请：160 日；

（四）需要进行技术审评的补充申请：40 日。

进口药品注册申请的技术审评时间参照前款执行。

第一百五十一条　在技术审评过程中需要申请人补充资料的，应当一次性发出补充资料通知，申请人对补充资料通知内容提出异议的，可以当面听取申请人的陈述意见。申请人应当在 4 个月内按照通知要求一次性完成补充资料，进入特殊审批程序的，按照特殊审批程序的要求办理。

收到补充资料后，技术审评时间应当不超过原规定时间的 1/3；进入特殊审批程序的，不得超过原规定时间的 1/4。

药品注册过程中申请人自行提出撤回申请的，其审批程序自行终止。

第一百五十二条　国家食品药品监督管理局应当在 20 日内作出审批决定；20 日内不能作出决定的，经主管局领导批准，可以延长 10 日，并应当将延长时限的理由告知申请人。

第一百五十三条　国家食品药品监督管理局应当自作出药品注册审批决定之日起 10 日内颁发、送达有关行政许可证件。

第十三章　复　审

第一百五十四条　有下列情形之一的，国家食品药品监督管理局不予批准：

（一）不同申请人提交的研究资料、数据相同或者雷同，且无正当理由的；

（二）在注册过程中发现申报资料不真实，申请人不能证明其申报资料真实的；

（三）研究项目设计和实施不能支持对其申请药品的安全性、有效性、质量可控性进行评价的；

（四）申报资料显示其申请药品安全性、有效性、质量可控性等存在较大缺陷的；

（五）未能在规定的时限内补充资料的；

（六）原料药来源不符合规定的；

（七）生产现场检查或者样品检验结果不符合规定的；

（八）法律法规规定的不应当批准的其他情形。

第一百五十五条　药品监督管理部门依法作出不予受理或者不予批准的书面决定，应当说明理由，并告知申请人享有依法提请行政复议或者提起行政诉讼的权利。

第一百五十六条　申请人对国家食品药品监督管理局作出的不予批准决定有异议的，可以在收到不予批准的通知之日起60日内填写《药品注册复审申请表》，向国家食品药品监督管理局提出复审申请并说明复审理由。

复审的内容仅限于原申请事项及原申报资料。

第一百五十七条　国家食品药品监督管理局接到复审申请后，应当在50日内作出复审决定，并通知申请人。维持原决定的，国家食品药品监督管理局不再受理再次的复审申请。

第一百五十八条　复审需要进行技术审查的，国家食品药品监督管理局应当组织有关专业技术人员按照原申请时限进行。

第十四章　法律责任

第一百五十九条　有《行政许可法》第六十九条规定情形的，国家食品药品监督管理局根据利害关系人的请求或者依据职权，可以撤销有关的药品批准证明文件。

第一百六十条　药品监督管理部门及其工作人员违反本法的规定，有下列情形之一的，由其上级行政机关或者监察机关责令改正；情节严重的，对直接负责的主管人员和其他直接责任人员依法给予行政处分：

（一）对符合法定条件的药品注册申请不予受理的；

（二）不在受理场所公示依法应当公示的材料的；

（三）在受理、审评、审批过程中，未向申请人、利害关系人履行法定告知义务的；

（四）申请人提交的申报资料不齐全、不符合法定形式，不一次告知申请人必须补正的全部内容的；

（五）未依法说明不受理或者不批准药品注册申请理由的；

（六）依法应当举行听证而不举行听证的。

第一百六十一条　药品监督管理部门及其工作人员在药品注册过程中索取或者收受他人财物或者谋取其他利益，构成犯罪的，依法追究刑事责任；尚不构成犯罪的，依法给予行政处分。

第一百六十二条　药品监督管理部门在药品注册过程中有下列情形之一的，由其上级行政机关或者监察机关责令改正，对直接负责的主管人员和其他直接责任人员依法给予行政处分；构成犯罪的，依法追究刑事责任：

（一）对不符合法定条件的申请作出准予注册决定或者超越法定职权作出准予注册决定的；

（二）对符合法定条件的申请作出不予注册决定或者不在法定期限内作出准予注册决定的；

（三）违反本办法第九条的规定未履行保密义务的。

第一百六十三条　药品检验所在承担药品审批所需要的检验工作时，出具虚假检验报告的，依照《药品管理法》第八十七条的规定处罚。

第一百六十四条　药品监督管理部门擅自收费或者不按照法定项目和标准收费的，由其上级行政机关或者监察机关责令退还非法收取的费用；对直接负责的主管人员和其他直接责任人员依法给予行政处分。

第一百六十五条　在药品注册中未按照规定实施《药物非临床研究质量管理规范》或者《药物临床试验质量管理规范》的，依照《药品管理法》第七十九条的规定处罚。

第一百六十六条　申请人在申报临床试验时，报送虚假药品注册申报资料和样品的，药品监督管理部门不予受理或者对该申报药品的临床试验不予批准，对申请人给予警告，1 年内不受理该申请人提出的该药物临床试验申请；已批准进行临床试验的，撤销批准该药物临床试验的批件，并处 1 万元以上 3 万元以下罚款，3 年内不受理该申请人提出的该药物临床试验申请。

药品监督管理部门对报送虚假资料和样品的申请人建立不良行为记录，并予以公布。

第一百六十七条　申请药品生产或者进口时，申请人报送虚假药品注册申报资料和样品的，国家食品药品监督管理局对该申请不予受理或者不予批准，对申请人给予警告，1 年内不受理其申请；已批准生产或者进口的，撤销药品批准证明文件，5年内不受理其申请，并处1万元以上3万元以下罚款。

第一百六十八条 根据本办法第二十七条的规定，需要进行药物重复试验，申请人拒绝的，国家食品药品监督管理局对其予以警告并责令改正，申请人拒不改正的，不予批准其申请。

第一百六十九条 具有下列情形之一的，由国家食品药品监督管理局注销药品批准文号，并予以公布：

（一）批准证明文件的有效期未满，申请人自行提出注销药品批准文号的；

（二）按照本办法第一百二十六条的规定不予再注册的；

（三）《药品生产许可证》被依法吊销或者缴销的；

（四）按照《药品管理法》第四十二条和《药品管理法实施条例》第四十一条的规定，对不良反应大或者其他原因危害人体健康的药品，撤销批准证明文件的；

（五）依法作出撤销药品批准证明文件的行政处罚决定的；

（六）其他依法应当撤销或者撤回药品批准证明文件的情形。

第十五章 附 则

第一百七十条 中药和天然药物、化学药品、生物制品、补充申请、再注册的申报资料和要求分别见本办法附件1、附件2、附件3、附件4、附件5，监测期的规定见附件6。

第一百七十一条 药品批准文号的格式为：国药准字H（Z、S、J）+4位年号+4位顺序号，其中H代表化学药品，Z代表中药，S代表生物制品，J代表进口药品分包装。

《进口药品注册证》证号的格式为：H（Z、S）+4位年号+4位顺序号；《医药产品注册证》证号的格式为：H（Z、S）C+4位年号+4位顺序号，其中H代表化学药品，Z代表中药，S代表生物制品。对于境内分包装用大包装规格的注册证，其证号在原注册证号前加字母B。

新药证书号的格式为：国药证字H（Z、S）+4位年号+4位顺序号，其中H代表化学药品，Z代表中药，S代表生物制品。

第一百七十二条 本办法规定由省、自治区、直辖市药品监督管理部门承担的受理、补充申请的审批、再注册的审批，均属国家食品药品监督管理局委托事项。国家食品药品监督管理局还可以委托省、自治区、直辖市药品监督管理部门承担药品注册事项的其他技术审评或者审批工作。

第一百七十三条　国家食品药品监督管理局对批准上市的药品实行编码管理。药品编码管理的规定另行制定。

第一百七十四条　麻醉药品、精神药品、医疗用毒性药品、放射性药品的注册申请，除按照本办法的规定办理外，还应当符合国家的其他有关规定。

第一百七十五条　实施批准文号管理的中药材、中药饮片以及进口中药材的注册管理规定，由国家食品药品监督管理局另行制定。

第一百七十六条　药品技术转让和委托生产的办法另行制定。

第一百七十七条　本办法自2007年10月1日起施行。国家食品药品监督管理局于2005年2月28日公布的《药品注册管理办法》（国家食品药品监督管理局令第17号）同时废止。

附件1：中药、天然药物注册分类及申报资料要求

附件2：化学药品注册分类及申报资料要求

附件3：生物制品注册分类及申报资料要求

附件4：药品补充申请注册事项及申报资料要求

附件5：药品再注册申报资料项目

附件6：新药监测期期限表

附件1：

中药、天然药物注册分类及申报资料要求

本附件中的中药是指在我国传统医药理论指导下使用的药用物质及其制剂。

本附件中的天然药物是指在现代医药理论指导下使用的天然药用物质及其制剂。

一、注册分类及说明

（一）注册分类

1. 未在国内上市销售的从植物、动物、矿物等物质中提取的有效成分及其制剂。

2. 新发现的药材及其制剂。

3. 新的中药材代用品。

4. 药材新的药用部位及其制剂。

5. 未在国内上市销售的从植物、动物、矿物等物质中提取的有效部位及其制剂。

6. 未在国内上市销售的中药、天然药物复方制剂。

7. 改变国内已上市销售中药、天然药物给药途径的制剂。

8. 改变国内已上市销售中药、天然药物剂型的制剂。

9. 仿制药。

（二）说明

注册分类1~6的品种为新药，注册分类7、8按新药申请程序申报。

1. “未在国内上市销售的从植物、动物、矿物等物质中提取的有效成分及其制剂”是指国家药品标准中未收载的从植物、动物、矿物等物质中提取得到的天然的单一成分及其制剂，其单一成分的含量应当占总提取物的90%以上。

2. “新发现的药材及其制剂”是指未被国家药品标准或省、自治区、直辖市地方药材规范（统称“法定标准”）收载的药材及其制剂。

3.“新的中药材代用品”是指替代国家药品标准中药成方制剂处方中的毒性药材或处于濒危状态药材的未被法定标准收载的药用物质。

4.“药材新的药用部位及其制剂”是指具有法定标准药材的原动、植物新的药用部位及其制剂。

5.“未在国内上市销售的从植物、动物、矿物等物质中提取的有效部位及其制剂”是指国家药品标准中未收载的从单一植物、动物、矿物等物质中提取的一类或数类成分组成的有效部位及其制剂，其有效部位含量应占提取物的50%以上。

6.“未在国内上市销售的中药、天然药物复方制剂”包括：

6.1 中药复方制剂；

6.2 天然药物复方制剂；

6.3 中药、天然药物和化学药品组成的复方制剂。

中药复方制剂应在传统医药理论指导下组方。主要包括：来源于古代经典名方的中药复方制剂、主治为证候的中药复方制剂、主治为病证结合的中药复方制剂等。

天然药物复方制剂应在现代医药理论指导下组方，其适应症用现代医学术语表述。

中药、天然药物和化学药品组成的复方制剂包括中药和化学药品，天然药物和化学药品，以及中药、天然药物和化学药品三者组成的复方制剂。

7.“改变国内已上市销售中药、天然药物给药途径的制剂”是指不同给药途径或吸收部位之间相互改变的制剂。

8.“改变国内已上市销售中药、天然药物剂型的制剂”是指在给药途径不变的情况下改变剂型的制剂。

9.“仿制药”是指注册申请我国已批准上市销售的中药或天然药物。

二、申报资料项目及说明

（一）申报资料项目

综述资料：

1. 药品名称。
2. 证明性文件。
3. 立题目的与依据。
4. 对主要研究结果的总结及评价。
5. 药品说明书样稿、起草说明及最新参考文献。

6. 包装、标签设计样稿。

药学研究资料：

7. 药学研究资料综述。

8. 药材来源及鉴定依据。

9. 药材生态环境、生长特征、形态描述、栽培或培植（培育）技术、产地加工和炮制方法等。

10. 药材标准草案及起草说明，并提供药品标准物质及有关资料。

11. 提供植物、矿物标本，植物标本应当包括花、果实、种子等。

12. 生产工艺的研究资料、工艺验证资料及文献资料，辅料来源及质量标准。

13. 化学成分研究的试验资料及文献资料。

14. 质量研究工作的试验资料及文献资料。

15. 药品标准草案及起草说明，并提供药品标准物质及有关资料。

16. 样品检验报告书。

17. 药物稳定性研究的试验资料及文献资料。

18. 直接接触药品的包装材料和容器的选择依据及质量标准。

药理毒理研究资料：

19. 药理毒理研究资料综述。

20. 主要药效学试验资料及文献资料。

21. 一般药理研究的试验资料及文献资料。

22. 急性毒性试验资料及文献资料。

23. 长期毒性试验资料及文献资料。

24. 过敏性（局部、全身和光敏毒性）、溶血性和局部（血管、皮肤、黏膜、肌肉等）刺激性、依赖性等主要与局部、全身给药相关的特殊安全性试验资料和文献资料。

25. 遗传毒性试验资料及文献资料。

26. 生殖毒性试验资料及文献资料。

27. 致癌试验资料及文献资料。

28. 动物药代动力学试验资料及文献资料。

临床试验资料：

29. 临床试验资料综述。

30. 临床试验计划与方案。

31. 临床研究者手册。

32. 知情同意书样稿、伦理委员会批准件。

33. 临床试验报告。

（二）说明

1. 申报资料项目说明

综述资料：

（1）资料项目1 药品名称包括：

①中文名；

②汉语拼音名；

③命名依据。

（2）资料项目2 证明性文件包括：

①申请人合法登记证明文件、《药品生产许可证》、《药品生产质量管理规范》认证证书复印件，申请新药生产时应当提供样品制备车间的《药品生产质量管理规范》认证证书复印件；

②申请的药物或者使用的处方、工艺、用途等在中国的专利及其权属状态的说明，以及对他人的专利不构成侵权的声明；

③麻醉药品、精神药品、医用毒性药品研制立项批复文件复印件；

④申请新药生产时应当提供《药物临床试验批件》复印件；

⑤直接接触药品的包装材料（或容器）的《药品包装材料和容器注册证》或《进口包装材料和容器注册证》复印件；

⑥其他证明文件。

如为进口申请，还应提供：

①生产国家或者地区药品管理机构出具的允许药品上市销售及该药品生产企业符合药品生产质量管理规范的证明文件、公证文书；出口国物种主管当局同意出口的证明；

②由境外制药厂商常驻中国代表机构办理注册事务的，应当提供《外国企业常驻中国代表机构登记证》复印件；

境外制药厂商委托中国代理机构代理申报的，应当提供委托文书、公证文书以及中国代理机构的《营业执照》复印件；

③安全性试验资料应当提供相应的药物非临床研究质量管理规范证明文件；临床试验用样品应当提供相应的药品生产质量管理规范证明文件。

（3）资料项目3 立题目的与依据：中药材、天然药物应当提供有关古、现代文献资料综述。中药、天然药物制剂应当提供处方来源和选题依据，国内外研究现状或生产、使用情况的综述，以及对该品种创新性、可行性、剂型的合理性和临床使用的必要性等的分析，包括和已有国家标准的同类品种的比较。中药还应提供有关传统医药的理论依据及古籍文献资料综述等。

（4）资料项目4　对研究结果的总结及评价：包括申请人对主要研究结果进行的总结，以及从安全性、有效性、质量可控性等方面对所申报品种进行的综合评价。

（5）资料项目5　药品说明书样稿、起草说明及最新参考文献：包括按有关规定起草的药品说明书样稿、说明书各项内容的起草说明、有关安全性和有效性等方面的最新文献。

药学研究资料：

（6）资料项目16　样品检验报告书：是指对申报样品的自检报告。临床试验前报送资料时提供至少1批样品的自检报告，完成临床试验后报送资料时提供连续3批样品的自检报告。

药理毒理研究资料：

（7）资料项目24　过敏性（局部、全身和光敏毒性）、溶血性和局部（血管、皮肤、黏膜、肌肉等）刺激性、依赖性等主要与局部、全身给药相关的特殊安全性试验资料和文献资料：根据药物给药途径及制剂特点提供相应的制剂安全性试验资料。具有依赖性倾向的新药，应提供药物依赖性试验资料。

（8）资料项目25　遗传毒性试验资料及文献资料：如果处方中含有无法定标准的药材，或来源于无法定标准药材的有效部位，以及用于育龄人群并可能对生殖系统产生影响的新药（如避孕药、性激素、治疗性功能障碍药、促精子生成药、保胎药或有细胞毒作用等的新药），应报送遗传毒性试验资料。

（9）资料项目26　生殖毒性试验资料及文献资料：用于育龄人群并可能对生殖系统产生影响的新药（如避孕药、性激素、治疗性功能障碍药、促精子生成药、保胎药以及遗传毒性试验阳性或有细胞毒作用等的新药），应根据具体情况提供相应的生殖毒性研究资料。

（10）资料项目27　致癌试验资料及文献资料：新药在长期毒性试验中发现有细胞毒作用或者对某些脏器组织生长有异常促进作用的以及致突变试验结果为阳性的，必须提供致癌试验资料及文献资料。

2. 申报资料的具体要求

（1）申请新药临床试验，一般应报送资料项目1～4、7～31。

（2）完成临床试验后申请新药生产，一般应报送资料项目1～33以及其他变更和补充的资料，并详细说明变更的理由和依据。

（3）申请仿制药（中药、天然药物注射剂等需进行临床试验的除外），一般应报送资料项目2~8、12、15~18。

（4）进口申请提供的生产国家或者地区政府证明文件及全部技术资料应当是中文本并附原文；其中质量标准的中文本必须按中国国家药品标准规定的格式整理报送。

（5）由于中药、天然药物的多样性和复杂性，在申报时，应当结合具体品种的特点进行必要的相应研究。如果减免试验，应当充分说明理由。

（6）中药、天然药物注射剂的技术要求另行制定。

（7）对于“注册分类1”的未在国内上市销售的从植物、动物、矿物等中提取的有效成分及其制剂，当有效成分或其代谢产物与已知致癌物质有关或相似，或预期连续用药6个月以上，或治疗慢性反复发作性疾病而需经常间歇使用时，必须提供致癌性试验资料。

申请“未在国内上市销售的从植物、动物、矿物等中提取的有效成分及其制剂”，如有由同类成分组成的已在国内上市销售的从单一植物、动物、矿物等物质中提取的有效部位及其制剂，则应当与该有效部位进行药效学及其他方面的比较，以证明其优势和特点。

（8）对于“注册分类3”的新的中药材代用品，除按“注册分类2”的要求提供临床前的相应申报资料外，还应当提供与被替代药材进行药效学对比的试验资料，并应提供进行人体耐受性试验以及通过相关制剂进行临床等效性研究的试验资料，如果代用品为单一成分，尚应当提供药代动力学试验资料及文献资料。

新的中药材代用品获得批准后，申请使用该代用品的制剂应当按补充申请办理，但应严格限定在被批准的可替代的功能范围内。

（9）对于“注册分类5”未在国内上市销售的从单一植物、动物、矿物等中提取的有效部位及其制剂，除按要求提供申报资料外，尚需提供以下资料：

①申报资料项目第12项中需提供有效部位筛选的研究资料或文献资料；申报资料项目第13项中需提供有效部位主要化学成分研究资料及文献资料；

②由数类成分组成的有效部位，应当测定每类成分的含量，并对每类成分中的代表成分进行含量测定且规定下限（对有毒性的成分还应该增加上限控制）；

③申请由同类成分组成的未在国内上市销售的从单一植物、动物、矿物等物质中提取的有效部位及其制剂，如其中含有已上市销售的从植物、动物、矿物等中提取的有效成分，则应当与该有效成分进行药效学及其他方面的比较，以证明其优势和特点。

（10）对于“注册分类6”未在国内上市销售的中药、天然药物复方制剂按照不同类别的要求应提供资料为：

①中药复方制剂，根据处方来源和组成、功能主治、制备工艺等可减免部分试验资料，具体要求另行规定；

②天然药物复方制剂应当提供多组份药效、毒理相互影响的试验资料及文献资料；

③处方中如果含有无法定标准的药用物质，还应当参照相应注册分类中的要求提供相关的申报资料；

④中药、天然药物和化学药品组成的复方制剂中的药用物质必须具有法定标准，申报临床时应当提供中药、天然药物和化学药品间药效、毒理相互影响（增效、减毒或互补作用）的比较性研究试验资料及文献资料，以及中药、天然药物对化学药品生物利用度影响的试验资料；申报生产时应当通过临床试验证明其组方的必要性，并提供中药、天然药物对化学药品人体生物利用度影响的试验资料。处方中含有的化学药品（单方或复方）必须被国家药品标准收载。

（11）对于“注册分类8”改变国内已上市销售中药、天然药物剂型的制剂，应当说明新制剂的优势和特点。新制剂的功能主治或适应症原则上应与原制剂相同，其中无法通过药效或临床试验证实的，应当提供相应的资料。

（12）对于“注册分类9”仿制药应与被仿制品种一致，必要时还应当提高质量标准。

（13）关于临床试验

①临床试验的病例数应当符合统计学要求和最低病例数要求；

②临床试验的最低病例数（试验组）要求：Ⅰ期为20～30例，Ⅱ期为100例，Ⅲ期为300例，Ⅳ期为2000例；

③属注册分类1、2、4、5、6的新药，以及7类和工艺路线、溶媒等有明显改变的改剂型品种，应当进行Ⅳ期临床试验；

④生物利用度试验一般为18～24例；

⑤避孕药Ⅰ期临床试验应当按照本办法的规定进行，Ⅱ期临床试验应当完成至少100对6个月经周期的随机对照试验，Ⅲ期临床试验应当完成至少1000例12个月经周期的开放试验，Ⅳ期临床试验应当充分考虑该类药品的可变因素，完成足够样本量的研究工作；

⑥新的中药材代用品的功能替代，应当从国家药品标准中选取能够充分反映被代用药材功效特征的中药制剂作为对照药进行比较研究，每个功能或主治病证需经过2种以上中药制剂进行验证，每种制剂临床验证的病例数不少于

100 对；

⑦改剂型品种应根据工艺变化的情况和药品的特点，免除或进行不少于100 对的临床试验；

⑧仿制药视情况需要，进行不少于100 对的临床试验；

⑨进口中药、天然药物制剂按注册分类中的相应要求提供申报资料，并应提供在国内进行的人体药代动力学研究资料和临床试验资料，病例数不少于100 对；多个主治病证或适应症的，每个主要适应症的病例数不少于60 对。

三、申报资料项目表及说明

（一）中药、天然药物申报资料项目表

资料分类	资料项目	注册分类及资料项目要求										
		1	2	3	4	5	6			7	8	9
							6.1	6.2	6.3			
综述资料	1	+	+	+	+	+	+	+	+	+	+	−
	2	+	+	+	+	+	+	+	+	+	+	+
	3	+	+	+	+	+	+	+	+	+	+	+
	4	+	+	+	+	+	+	+	+	+	+	+
	5	+	+	+	+	+	+	+	+	+	+	+
	6	+	+	+	+	+	+	+	+	+	+	+
药学资料	7	+	+	+	+	+	+	+	+	+	+	+
	8	+	+	+	+	+	+	+	+	+	+	+
	9	−	+	+	−	▲	▲	▲	▲	−	−	−
	10	−	+	+	+	▲	▲	▲	▲	−	−	−
	11	−	+	+	−	▲	▲	▲	▲	−	−	−
	12	+	+	+	+	+	+	+	+	+	+	+
	13	+	+	±	+	+	+	+	+	+	+	−
药学资料	14	+	+	±	+	+	+	±	±	±	±	−
	15	+	+	+	+	+	+	+	+	+	+	+
	16	+	+	+	+	+	+	+	+	+	+	+
	17	+	+	+	+	+	+	+	+	+	+	+
	18	+	+	+	+	+	+	+	+	+	+	+

续表

资料分类	资料项目	注册分类及资料项目要求										
		1	2	3	4	5	6			7	8	9
							6.1	6.2	6.3			
药理毒理资料	19	+	+	*	+	+	+	+	+	+	±	−
	20	+	+	*	+	+	±	+	+	+	±	−
	21	+	+	*	+	+	±	+	+	−	−	−
	22	+	+	*	+	+	+	+	+	+	±	−
	23	+	+	±	+	+	+	+	+	+	±	−
	24	*	*	*	*	*	*	*	*	*	*	*
	25	+	+	▲	+	*	*	*	*	*	−	−
	26	+	+	*	*	*	*	*	*	*	−	−
	27	*	*	*	*	*	*	*	*	*	−	−
	28	+	−	*	−	−	−	−	−	−	−	−
临床资料	29	+	+	+	+	+	+	+	+	+	+	−
	30	+	+	+	+	+	+	+	+	+	*	−
	31	+	+	+	+	+	+	+	+	+	*	−
	32	+	+	+	+	+	+	+	+	+	*	−
	33	+	+	+	+	+	+	+	+	+	*	−

（二）说明

1. "+"指必须报送的资料；

2. "−"指可以免报的资料；

3. "±"指可以用文献综述代替试验研究或按规定可减免试验研究的资料；

4. "▲"具有法定标准的中药材、天然药物可以不提供，否则必须提供资料；

5. "*"按照申报资料项目说明和申报资料具体要求。

附件2：

化学药品注册分类及申报资料要求

一、注册分类

1. 未在国内外上市销售的药品：

（1）通过合成或者半合成的方法制得的原料药及其制剂；

（2）天然物质中提取或者通过发酵提取的新的有效单体及其制剂；

（3）用拆分或者合成等方法制得的已知药物中的光学异构体及其制剂；

（4）由已上市销售的多组份药物制备为较少组份的药物；

（5）新的复方制剂；

（6）已在国内上市销售的制剂增加国内外均未批准的新适应症。

2. 改变给药途径且尚未在国内外上市销售的制剂。

3. 已在国外上市销售但尚未在国内上市销售的药品：

（1）已在国外上市销售的制剂及其原料药，和/或改变该制剂的剂型，但不改变给药途径的制剂；

（2）已在国外上市销售的复方制剂，和/或改变该制剂的剂型，但不改变给药途径的制剂；

（3）改变给药途径并已在国外上市销售的制剂；

（4）国内上市销售的制剂增加已在国外批准的新适应症。

4. 改变已上市销售盐类药物的酸根、碱基（或者金属元素），但不改变其药理作用的原料药及其制剂。

5. 改变国内已上市销售药品的剂型，但不改变给药途径的制剂。

6. 已有国家药品标准的原料药或者制剂。

二、申报资料项目

（一）综述资料

1. 药品名称。

2. 证明性文件。

3. 立题目的与依据。

4. 对主要研究结果的总结及评价。

5. 药品说明书、起草说明及相关参考文献。

6. 包装、标签设计样稿。

（二）药学研究资料

7. 药学研究资料综述。

8. 原料药生产工艺的研究资料及文献资料；制剂处方及工艺的研究资料及文献资料。

9. 确证化学结构或者组份的试验资料及文献资料。

10. 质量研究工作的试验资料及文献资料。

11. 药品标准及起草说明，并提供标准品或者对照品。

12. 样品的检验报告书。

13. 原料药、辅料的来源及质量标准、检验报告书。

14. 药物稳定性研究的试验资料及文献资料。

15. 直接接触药品的包装材料和容器的选择依据及质量标准。

（三）药理毒理研究资料

16. 药理毒理研究资料综述。

17. 主要药效学试验资料及文献资料。

18. 一般药理学的试验资料及文献资料。

19. 急性毒性试验资料及文献资料。

20. 长期毒性试验资料及文献资料。

21. 过敏性（局部、全身和光敏毒性）、溶血性和局部（血管、皮肤、黏膜、肌肉等）刺激性等特殊安全性试验资料和文献资料。

22. 复方制剂中多种成分药效、毒性、药代动力学相互影响的试验资料及文献资料。

23. 致突变试验资料及文献资料。

24. 生殖毒性试验资料及文献资料。

25. 致癌试验资料及文献资料。

26. 依赖性试验资料及文献资料。

27. 非临床药代动力学试验资料及文献资料。

（四）临床试验资料

28. 国内外相关的临床试验资料综述。

29. 临床试验计划及研究方案。

30. 临床研究者手册。

31. 知情同意书样稿、伦理委员会批准件。

32. 临床试验报告。

三、申报资料项目说明

1. 资料项目1　药品名称：包括通用名、化学名、英文名、汉语拼音，并注明其化学结构式、分子量、分子式等。新制定的名称，应当说明命名依据。

2. 资料项目2　证明性文件：

（1）申请人机构合法登记证明文件（营业执照等）、《药品生产许可证》及变更记录页、《药品生产质量管理规范》认证证书复印件，申请生产时应当提供样品制备车间的《药品生产质量管理规范》认证证书复印件；

（2）申请的药物或者使用的处方、工艺、用途等专利情况及其权属状态说明，以及对他人的专利不构成侵权的声明；

（3）麻醉药品、精神药品和放射性药品需提供研制立项批复文件复印件；

（4）完成临床试验后申报生产时应当提供《药物临床试验批件》复印件及临床试验用药的质量标准；

（5）申请制剂的，应提供原料药的合法来源证明文件，包括原料药的批准证明文件、药品标准、检验报告、原料药生产企业的营业执照、《药品生产许可证》、《药品生产质量管理规范》认证证书、销售发票、供货协议等的复印件；

（6）直接接触药品的包装材料和容器的《药品包装材料和容器注册证》或者《进口包装材料和容器注册证》复印件。

3. 资料项目3　立题目的与依据：包括国内外有关该品研发、上市销售现状及相关文献资料或者生产、使用情况，制剂研究合理性和临床使用必需性的综述。

4. 资料项目4　对研究结果的总结及评价：包括申请人对主要研究结果进行的总结，并从安全性、有效性、质量可控性等方面对所申报品种进行综合评价。

5. 资料项目5　药品说明书、起草说明及相关参考文献：包括按有关规定起草的药品说明书、说明书各项内容的起草说明、相关文献。

6. 资料项目7　药学研究资料综述：是指所申请药物的药学研究（合成工艺、剂型选择、处方筛选、结构确证、质量研究和质量标准制定、稳定性研究等）的试验和国内外文献资料的综述。

7. 资料项目 8　原料药生产工艺的研究资料：包括工艺流程和化学反应式、起始原料和有机溶媒、反应条件（温度、压力、时间、催化剂等）和操作步骤、精制方法、主要理化常数及阶段性的数据积累结果等，并注明投料量和收得率以及工艺过程中可能产生或引入的杂质或其他中间产物，尚应包括对工艺验证的资料。

制剂处方及工艺研究资料：应包括起始物料、处方筛选、生产工艺及验证资料。

8. 资料项目 10　质量研究工作的试验资料及文献资料：包括理化性质、纯度检查、溶出度、含量测定及方法学验证及阶段性的数据积累结果等。

9. 资料项目 11　药品标准及起草说明，并提供标准品或者对照品：质量标准应当符合《中国药典》现行版的格式，并使用其术语和计量单位。所用试药、试液、缓冲液、滴定液等，应当采用现行版《中国药典》收载的品种及浓度，有不同的应详细说明。提供的标准品或对照品应另附资料，说明其来源、理化常数、纯度、含量及其测定方法和数据。

药品标准起草说明应当包括标准中控制项目的选定、方法选择、检查及纯度和限度范围等的制定依据。

10. 资料项目 12　样品的检验报告书：指申报样品的自检报告。临床试验前报送资料时提供至少 1 批样品的自检报告，完成临床试验后报送资料时提供连续 3 批样品的自检报告。

11. 资料项目 14　药物稳定性研究的试验资料：包括影响因素试验、采用直接接触药物的包装材料和容器共同进行的稳定性试验。

12. 资料项目 16　药理毒理研究资料综述：是指所申请药物的药理毒理研究（包括药效学、作用机制、一般药理、毒理、药代动力学等）的试验和国内外文献资料的综述。

13. 资料项目 27　非临床药代动力学试验资料及文献资料：是指所申请药物的体外和体内（动物）药代动力学（吸收、代谢、分布、排泄）试验资料和文献资料。

14. 资料项目 28　国内外相关的临床试验资料综述：是指国内外有关该品种临床试验的文献、摘要及近期追踪报道的综述。

15. 资料项目 29　临床试验计划及研究方案：临床试验计划及研究方案应对拟定的适应症、用法用量等临床试验的重要内容进行详细描述，并有所报送的研究资料支持。临床试验计划及研究方案应科学、完整，并有对与拟定试验的潜在风险和收益相关的非临床和临床资料进行的重要分析的综合性摘要。

16. 资料项目30　临床研究者手册：是指所申请药物已有的临床试验资料和非临床试验资料的摘要汇编，目的是向研究者和参与试验的其他人员提供资料，帮助他们了解试验药物的特性和临床试验方案。研究者手册应当简明、客观。

四、申报资料项目表及说明

（一）申报资料项目表

资料分类	资料项目	注册分类及资料项目要求					
		1	2	3	4	5	6
综述资料	1	+	+	+	+	+	+
	2	+	+	+	+	+	+
	3	+	+	+	+	+	+
	4	+	+	+	+	+	+
	5	+	+	+	+	+	+
	6	+	+	+	+	+	+
药学研究资料	7	+	+	+	+	+	+
	8	+	*4	+	+	*4	*4
	9	+	+	+	+	+	+
	10	+	+	+	+	+	+
	11	+	+	+	+	+	+
	12	+	+	+	+	+	+
	13	+	+	+	+	+	+
	14	+	+	+	+	+	+
	15	+	+	+	+	+	+
药理毒理研究资料	16	+	+	+	+	+	+
	17	+	*14	±	*16	−	−
	18	+	*14	±	*16	−	−
	19	+	*14	±	*16	−	−
	20	+	*14	±	*16	−	−
	21	*17	*17	*17	*17	*17	*17
	22	*11	−	−	−	−	−

续表

资料分类	资料项目	注册分类及资料项目要求					
		1	2	3	4	5	6
药理毒理研究资料	23	+	±	±	±	-	-
	24	+	±	±	±	-	-
	25	*6	-	*6	*6	-	-
	26	*7	-	-	-	-	-
	27	+	*18	*18	+	*18	-
临床试验资料	28	+	+	+	+	+	+
	29	+	+	+	+	+	△
	30	+	+	+	+	+	△
	31	+	+	+	+	+	△
	32	+	+	+	+	+	△

注：1. “+”指必须报送的资料和/或试验资料。

2. “±”指可以用文献资料代替试验资料。

3. “-”指可以无须提供的资料。

4. “*”指按照说明的要求报送资料，如*6，指见说明之第6条。

5. “△”指按照本附件“五、临床试验要求”中第4条执行。

6. 文献资料为所申请药物的各项药理毒理（包括药效学、作用机制、一般药理学、毒理学、药代动力学等）研究的文献资料和/或其文献综述资料。

（二）说明

1. 申请注册分类1~5的品种，按照《申报资料项目表》的要求报送资料项目1~30（资料项目6除外）；临床试验完成后报送的资料项目包括重新整理的综述资料1~6、资料项目12、14、临床试验资料28~32以及重新整理的与变更相关的资料和补充的资料，并按申报资料项目顺序排列。

对于注册分类1的品种，临床试验完成后应根据临床期间进行的各项研究的结果，重新整理报送资料项目1~30的全部资料。

同时申请注册属于注册分类3的原料药和属于注册分类6的制剂的，其原料药的注册申请应当符合申报生产的要求。

2. 申请注册分类6的药品，按照《申报资料项目表》的要求报送资料项目1~16和28~30。需进行临床试验的，在临床试验完成后报送资料项目28~32以及其他变更和补充的资料，并按申报资料项目顺序排列。

3. 申请注册分类6的药品，应根据品种的工艺、处方进行全面的质量研究，按国家标准与已上市产品进行质量对比研究。无法按照国家标准与已上市产品进行质量对比研究的，应按照新药的要求进行质量研究，必要时对国家药品标准项目进行增订和/或修订。

4. 单独申请注册药物制剂，必须提供原料药的合法来源证明文件，一式2份，分别放入资料项目2的资料（证明性文件）和资料项目13号的资料（原料药、辅料的来源及质量标准、检验报告书）中。使用国产原料药的申请人，应当提供该原料药的药品批准证明文件、检验报告书、药品标准、原料药生产企业的营业执照、《药品生产许可证》、《药品生产质量管理规范》认证证书、与该原料药生产企业签订的供货协议、销售发票等的复印件。使用进口原料药的，应当提供与该原料药生产企业或国内合法的销售代理商签订的供货协议、《进口药品注册证》或者《医药产品注册证》、口岸药品检验所检验报告书、药品标准复印件等。药品注册过程中，研制制剂所用的进口原料药未取得《进口药品注册证》或者《医药产品注册证》的，必须经国家食品药品监督管理局批准。

5. 对用于育龄人群的药物，应当根据其适应症和作用特点等因素报送相应的生殖毒性研究资料。

6. 对于临床预期连续用药6个月以上（含6个月）或治疗慢性复发性疾病而需经常间歇使用的药物，均应提供致癌性试验或文献资料；对于下列情况的药物，需根据其适应症和作用特点等因素报送致癌试验或文献资料：

（1）新药或其代谢产物的结构与已知致癌物质的结构相似的；

（2）在长期毒性试验中发现有细胞毒作用或者对某些脏器、组织细胞生长有异常促进作用的；

（3）致突变试验结果为阳性的。

7. 作用于中枢神经系统的新药，如镇痛药、抑制药、兴奋药以及人体对其化学结构具有依赖性倾向的新药，应当报送药物依赖性试验资料。

8. 属注册分类1的，一般应在重复给药毒性试验过程中进行毒代动力学研究。

9. 属注册分类1中“用拆分或合成等方法制得的已知药物中的光学异构体及其制剂”，应当报送消旋体与单一异构体比较的药效学、药代动力学和毒理学（一般为急性毒性）等反映其立题合理性的研究资料或者相关文献资料。在其消旋体安全范围较小、已有相关资料可能提示单一异构体的非预期毒性（与药理作用无关）明显增加时，还应当根据其临床疗程和剂量、适应症以及用药人群等因素综合考虑，提供与消旋体比较的单一异构体重复给药毒性（一般为3个月以内）或者其他毒理研究资料（如生殖毒性）。

10. 属注册分类1中“由已上市销售的多组份药物制备为较少组份的药物”，如其组份中不含本说明6所述物质，可以免报资料项目23～25。

11. 属注册分类1中“新的复方制剂”，应当报送资料项目22。

12. 属注册分类1中“新的复方制剂”，一般应提供与单药比较的重复给药毒性试验资料，如重复给药毒性试验显示其毒性不增加，毒性靶器官也未改变，可不提供资料项目27。

13. 属注册分类1中“新的复方制剂”，如其动物药代动力学研究结果显示无重大改变的，可免报资料项目23～25。

14. 属注册分类2的，其药理毒理研究所采用的给药途径应当与临床拟用途径一致。一般情况下应当提供与原途径比较的药代动力学试验和/或相关的毒理研究资料（如重复给药毒性试验和/或局部毒性试验）。

15. 属注册分类3中“改变给药途径，已在境外上市销售的制剂”，应当重视制剂中的辅料对药物吸收或者局部毒性的影响，必要时提供其药代动力学试验或者相关毒理研究资料。

16. 属注册分类4的，应当提供与已上市销售药物比较的药代动力学、主要药效学、一般药理学和急性毒性试验资料，以反映改变前后的差异，必要时还应当提供重复给药毒性和其他药理毒理研究资料。如果改变已上市销售盐类药物的酸根、碱基（或者金属元素）而制成的药物已在国外上市销售，则按注册分类3的申报资料要求办理。

17. 局部用药除按所属注册分类及项目报送相应资料外，应当报送资料项目21，必要时应当进行局部吸收试验。

18. 对于存在明显安全性担忧（如安全性范围比较小、给药剂量明显增加）的缓、控释制剂，一般应当提供与已上市缓控释制剂或常释制剂比较的单次给药的动物药代动力学研究资料。

五、临床试验要求

1. 属注册分类1、2的，应当进行临床试验。

（1）临床试验的病例数应当符合统计学要求和最低病例数要求；

（2）临床试验的最低病例数（试验组）要求：

Ⅰ期为20～30例，Ⅱ期为100例，Ⅲ期为300例，Ⅳ期为2000例。

（3）避孕药的Ⅰ期临床试验应当按照本办法的规定进行；Ⅱ期临床试验

应当完成至少 100 对 6 个月经周期的随机对照试验；Ⅲ期临床试验完成至少 1000 例 12 个月经周期的开放试验；Ⅳ期临床试验应当充分考虑该类药品的可变因素，完成足够样本量的研究工作。

2. 属注册分类 3、4 的，应当进行人体药代动力学研究和至少 100 对随机对照临床试验。多个适应症的，每个主要适应症的病例数不少于 60 对。避孕药应当进行人体药代动力学研究和至少 500 例 12 个月经周期的开放试验。

属于下列两种情况的，可以免予进行人体药代动力学研究：

（1）局部用药，且仅发挥局部治疗作用的制剂；

（2）不吸收的口服制剂。

3. 属注册分类 5 的，临床试验按照下列原则进行：

（1）口服固体制剂应当进行生物等效性试验，一般为 18～24 例；

（2）难以进行生物等效性试验的口服固体制剂及其他非口服固体制剂，应当进行临床试验，临床试验的病例数至少为 100 对；

（3）缓释、控释制剂应当进行单次和多次给药的人体药代动力学的对比研究和必要的治疗学相关的临床试验，临床试验的病例数至少为 100 对；

（4）注射剂应当进行必要的临床试验。需要进行临床试验的，单一活性成分注射剂，临床试验的病例数至少为 100 对；多组份注射剂，临床试验的病例数至少为 300 例（试验药）；脂质体、微球、微乳等注射剂，应根据注册分类 1、2 的要求进行临床试验。

4. 对于注册分类 6 中的口服固体制剂，应当进行生物等效性试验，一般为 18～24 例。

需要用工艺和标准控制药品质量的，应当进行临床试验，临床试验的病例数至少为 100 对。

5. 减免临床试验的申请，应当在申请药品注册时一并提出，并详细列出减免临床试验的理由及相关资料。对于已批准进行临床试验的，除《药品注册管理办法》规定可以减免临床试验的情况外，一般不再批准减免试验。如完成临床试验确有困难的，申请人应当提出申请，详细说明减免临床试验的依据和方案，从临床统计学、试验入组病人情况等各个方面论证其合理性。

6. 临床试验对照药品应当是已在国内上市销售的药品。对必须要从国外购进的药品，需经国家食品药品监督管理局批准，并经口岸药品检验所检验合格方可用于临床试验。临床试验阳性对照药品的选择一般应按照以下顺序进行：

（1）原开发企业的品种；

（2）具有明确临床试验数据的同品种；

（3）活性成分和给药途径相同，但剂型不同的品种；

（4）作用机制相似，适应症相同的其他品种。

六、进口化学药品申报资料和要求

（一）申报资料项目要求

1. 申报资料按照化学药品《申报资料项目》要求报送。申请未在国内外获准上市销售的药品，按照注册分类1的规定报送资料；其他品种按照注册分类3的规定报送资料。也可以报送ICH规定的CTD资料，但“综述资料”部分应按照化学药品《申报资料项目》要求报送。属于注册分类1的药物，应当至少是已在国外进入Ⅱ期临床试验的药物。

2. 资料项目5药品说明书、起草说明及相关参考文献，尚需提供生产国家或者地区药品管理机构核准的原文说明书，在生产国家或者地区上市使用的说明书实样，并附中文译本。资料项目6尚需提供该药品在生产国家或者地区上市使用的包装、标签实样。

3. 资料项目28应当报送该药品在生产国家或者地区为申请上市销售而进行的全部临床试验的资料。

4. 全部申报资料应当使用中文并附原文，其他文种的资料可附后作为参考。中文译文应当与原文内容一致。

5. 药品标准的中文本，必须符合中国国家药品标准的格式。

（二）资料项目2证明性文件的要求和说明

1. 资料项目2证明性文件包括以下资料：

（1）生产国家或者地区药品管理机构出具的允许药品上市销售及该药品生产企业符合药品生产质量管理规范的证明文件、公证文书及其中文译本。

属于注册分类1的药物，证明文件可于完成在中国进行的临床试验后，与临床试验报告一并报送；但在申报临床试验时，必须提供药品生产国家或地区药品管理机构出具的该药物的生产企业符合药品生产质量管理规范的证明文件。

（2）由境外制药厂商常驻中国代表机构办理注册事务的，应当提供《外国企业常驻中国代表机构登记证》复印件。

境外制药厂商委托中国代理机构代理申报的，应当提供委托文书、公证文书及其中文译本，以及中国代理机构的营业执照复印件。

（3）申请的药物或者使用的处方、工艺等专利情况及其权属状态说明，以及对他人的专利不构成侵权的声明。

2. 说明：

（1）申请人提供的国家或者地区药品管理机构出具的允许药品上市销售及该药品生产企业符合药品生产质量管理规范的证明文件，应当符合世界卫生组织推荐的统一格式。其他格式的文件，必须经所在国公证机构公证及驻所在国中国使领馆认证。

（2）在一地完成制剂生产由另一地完成包装的，应当提供制剂厂或包装厂所在国家或地区药品管理机构出具的允许药品上市销售及该药品生产企业符合药品生产质量管理规范的证明文件。

（3）未在生产国家或者地区获准上市销售的，可以提供持证商总部所在国或者地区药品管理机构出具的允许药品上市销售及该药品生产企业符合药品生产质量管理规范的证明文件。提供持证商总部所在国或者地区以外的其他国家或者地区药品管理机构出具的允许药品上市销售及该药品生产企业符合药品生产质量管理规范的证明文件的，经国家食品药品监督管理局认可。

（4）原料药可提供生产国家或者地区药品管理机构出具的允许该原料药上市销售及该药品生产企业符合药品生产质量管理规范的证明文件。也可提供欧洲药典适用性证明文件（CEP，Certificate of Suitability to the Monographs of the European Pharmacopeia）与附件，或者该原料药主控系统文件（DMF，Drug Master File）的文件号以及采用该原料药的制剂已在国外获准上市的证明文件及该药品生产企业符合药品生产质量管理规范的证明文件。

（5）申请国际多中心临床试验的，应提供其临床试验用药物在符合药品生产质量管理规范的条件下制备的情况说明。

（6）对于生产国家或地区按食品管理的原料药或者制剂，应提供该国家或地区药品管理机构出具的该生产企业符合药品生产质量管理规范的证明文件，或有关机构出具的该生产企业符合ISO9000质量管理体系的证明文件，和该国家或者地区有关管理机构允许该品种上市销售的证明文件。

（三）在中国进行临床试验的要求

1. 申请未在国内外获准上市销售的药物，应当按照注册分类1的规定进行临床试验。

2. 申请已在国外上市销售但尚未在中国境内上市销售的药品，应当按照注册分类3的规定进行临床试验。

3. 申请与国内已上市销售药品的剂型不同，但给药途径相同的药品，如果其资料项目28符合要求，可以按照注册分类5的规定进行临床试验；不符合要求的，应当按照注册分类3的规定进行临床试验。

4. 申请已有国家药品标准的制剂，如果其资料项目28符合要求，可以按照注册分类6的规定进行临床试验；不符合要求的，应当按照注册分类3的规定进行临床试验。申请已有国家药品标准的原料药不需进行临床试验。

5. 单独申请进口尚无中国国家药品标准的原料药，应当使用其制剂进行临床试验。

七、放射性药品申报资料和要求

（一）申报资料项目要求

1. 申报放射性药品：应当按照放射化学品、药盒及制剂，参照化学药品相应类别及《申报资料项目》要求分别组织申报资料。其中资料项目22、26可以免报。

2. 申报诊断用放射性药品：可免报资料24、25。

3. 申报放射化学品、药盒：可免报资料项目17、18，申报药盒时还应报送制剂项下要求的资料。

（二）申报资料项目说明

1. 资料项目8按下列要求报送：

（1）放射化学品：应提供所用核素生产方式的选定、照射条件、核反应式、辐照后靶材料的化学处理工艺（附化学反应式及工艺流程图），详细操作步骤，可能产生的放射性核杂质，精制（纯化）方法，所用化学试剂（特别是靶材料）的规格标准及分析测试数据，国内外有关文献资料。

（2）药盒：应提供药盒处方选定的依据及制备工艺路线、反应条件、操作步骤，药盒中各组份原料的质量标准。若某一组份为自行制备，应提供详细的合成路线选定的依据、合成工艺流程、化学反应式、反应条件、操作步骤、投料量、收得率及可能产生或夹杂的杂质，各步中间体质控方法，最终产品精制（纯化）的方法，原料的质量标准，国内外有关文献资料。

（3）制剂：应提供制剂的处方选定的依据、制备工艺、反应条件、操作步骤、精制或纯化的方法，原料的质量标准及分析测试数据，国内外有关文献资料。

2. 资料项目9按下列要求报送：

（1）放射化学品：应当提供其结构确证的试验资料（图谱、数据及综合解析等）以及国内外文献资料。若含有国家标准尚未收载的放射性核素，还应提供该核素的衰变纲图，确证其核性质的试验数据（或图谱）以及与国内外公认的该核素的核性质进行比较的试验资料及文献资料。

（2）药盒：应提供药盒的详细组份及其用量，并说明各组份在药盒中的作用。自行制备的组份，应当提供其结构确证的试验资料（图谱、数据及综合解析等）以及国内外文献资料。

（3）制剂：应当提供确证其结构的试验数据。如确有困难，应说明理由，并进行合理推断可能存在的结构或引用文献依据。

3. 资料项目 10 按下列要求报送：

（1）放射化学品：应当根据样品的特性和具体情况确定理化常数研究项目、纯度检查内容、含量测定方法以及方法确定的依据等。如放射性核纯度及主要核杂质的含量、放射性活度、化学纯度等，并提供详细测定方法和测定数据。

（2）药盒：应提供性状、鉴别、溶液的澄清度、pH 值等分析测试方法、原理及数据，主要组份含量测定方法的选定及试验研究数据，无菌、细菌内毒素检查方法及限度的研究资料。

（3）制剂：应当提供理化性质、性状、鉴别及原理、pH 值、放射性核纯度（包括主要核杂质）、放射化学纯度、放射性活度、化学纯度的测定方法及试验数据等资料。若为注射液还应提供无菌、细菌内毒素检查方法及数据，细菌内毒素限度规定的依据等资料。

4. 资料项目 17 按下列要求报送：

（1）诊断用放射性药品：应当提供实验动物的靶器官及全身显像或模拟临床功能测定试验的研究方法、试验条件和结果解释等资料，试验观察各时限的显像或功能测定结果的图像照片或其复印件。

（2）治疗用放射性药品：应当提供治疗主要适应症的动物模型试验资料，并提供本品或同类药物国内外有关药效学研究的详细文献资料。

5. 资料项目 19 按下列要求报送：

注册分类 1、3 的放射性药品主要原料，应当进行小鼠急性毒性试验，药盒及制剂可进行异常毒性试验。若主要原料的合成精制产量有限，临床用量又极微，也可采用异常毒性试验。

6. 资料项目 20 按下列要求报送：

（1）注册分类 1 的治疗用放射性药品，应当提供大鼠和狗的长期毒性试验资料，医学内照射吸收剂量（MIRD）的试验资料及文献资料。

（2）注册分类 1 的诊断、治疗用放射性药品，应当提供药品中放射性核素完全衰变后的内照射吸收剂量，人体靶器官和非靶器官的吸收剂量的估算或国外相同或同类药物的文献资料。

（三）临床试验要求

放射性药品的临床试验，一般按照化学药品相应类别的要求进行。特殊情况下，临床试验的病例数在满足统计学要求的情况下可适当调整。

（四）定义

本要求中所指的放射化学品、药盒及制剂的定义如下：

放射化学品：系指直接用于放射性药品制剂的制备，含有放射性核素的物质。

药盒：系指与放射化学品配套使用，临用前快速配制放射性药品的一组待标记配体、还原剂、氧化剂、分离剂等组份的总称。

制剂：系指放射性核素与其他原料经过加工后制成的放射性药品。

附件3：

生物制品注册分类及申报资料要求

第一部分　治疗用生物制品

一、注册分类

1. 未在国内外上市销售的生物制品。

2. 单克隆抗体。

3. 基因治疗、体细胞治疗及其制品。

4. 变态反应原制品。

5. 由人的、动物的组织或者体液提取的，或者通过发酵制备的具有生物活性的多组份制品。

6. 由已上市销售生物制品组成新的复方制品。

7. 已在国外上市销售但尚未在国内上市销售的生物制品。

8. 含未经批准菌种制备的微生态制品。

9. 与已上市销售制品结构不完全相同且国内外均未上市销售的制品（包括氨基酸位点突变、缺失，因表达系统不同而产生、消除或者改变翻译后修饰，对产物进行化学修饰等）。

10. 与已上市销售制品制备方法不同的制品（如采用不同表达体系、宿主细胞等）。

11. 首次采用DNA重组技术制备的制品（如以重组技术替代合成技术、生物组织提取或者发酵技术等）。

12. 国内外尚未上市销售的由非注射途径改为注射途径给药，或者由局部用药改为全身给药的制品。

13. 改变已上市销售制品的剂型但不改变给药途径的生物制品。

14. 改变给药途径的生物制品（不包括上述13项）。

15. 已有国家药品标准的生物制品。

二、申报资料项目

（一）综述资料

1. 药品名称。

2. 证明性文件。

3. 立题目的与依据。

4. 研究结果总结及评价。

5. 药品说明书样稿、起草说明及参考文献。

6. 包装、标签设计样稿。

（二）药学研究资料

7. 药学研究资料综述。

8. 生产用原材料研究资料：

（1）生产用动物、生物组织或细胞、原料血浆的来源、收集及质量控制等研究资料；

（2）生产用细胞的来源、构建（或筛选）过程及鉴定等研究资料；

（3）种子库的建立、检定、保存及传代稳定性资料；

（4）生产用其他原材料的来源及质量标准。

9. 原液或原料生产工艺的研究资料，确定的理论和实验依据及验证资料。

10. 制剂处方及工艺的研究资料，辅料的来源和质量标准及有关文献资料。

11. 质量研究资料及有关文献，包括参考品或者对照品的制备及标定，以及与国内外已上市销售的同类产品比较的资料。

12. 临床试验申请用样品的制造和检定记录。

13. 制造和检定规程草案，附起草说明及检定方法验证资料。

14. 初步稳定性研究资料。

15. 直接接触制品的包装材料和容器的选择依据及质量标准。

（三）药理毒理研究资料

16. 药理毒理研究资料综述。

17. 主要药效学试验资料及文献资料。

18. 一般药理研究的试验资料及文献资料。

19. 急性毒性试验资料及文献资料。

20. 长期毒性试验资料及文献资料。

21. 动物药代动力学试验资料及文献资料。

22. 遗传毒性试验资料及文献资料。

23. 生殖毒性试验资料及文献资料。

24. 致癌试验资料及文献资料。

25. 免疫毒性和/或免疫原性研究资料及文献资料。

26. 溶血性和局部刺激性研究资料及文献资料。

27. 复方制剂中多种组份药效、毒性、药代动力学相互影响的试验资料及文献资料。

28. 依赖性试验资料及文献资料。

（四）临床试验资料

29. 国内外相关的临床试验资料综述。

30. 临床试验计划及研究方案草案。

31. 临床研究者手册。

32. 知情同意书样稿及伦理委员会批准件。

33. 临床试验报告。

（五）其他

34. 临床前研究工作简要总结。

35. 临床试验期间进行的有关改进工艺、完善质量标准和药理毒理研究等方面的工作总结及试验研究资料。

36. 对审定的制造和检定规程的修改内容及修改依据，以及修改后的制造及检定规程。

37. 稳定性试验研究资料。

38. 连续3批试产品制造及检定记录。

三、申报资料要求

（一）治疗用生物制品申报资料项目表（资料项目1～15，29～38）

资料分类	资料项目	注册分类及资料项目要求														
		1	2	3	4	5	6	7	8	9	10	11	12	13	14	15
综述资料	1	+	+			+	+	+	+	+	+	+	+	+	+	+
	2	+	+			+	+	+	+	+	+	+	+	+	+	+
	3	+	+			+	+	+	+	+	+	+	+	+	+	+
	4	+	+			+	+	+	+	+	+	+	+	+	+	+

续表

资料分类	资料项目	注册分类及资料项目要求														
		1	2	3	4	5	6	7	8	9	10	11	12	13	14	15
	5	+	+	参照相应指导原则	参照相应指导原则	+	+	+	+	+	+	+	+	+	+	+
	6	+	+			+	+	+	+	+	+	+	+	+	+	+
药学研究资料	7	+	+			+	+	+	+	+	+	+	−	+	−	+
	8	+	+			+	−	+	+	+	+	+	−	−	−	+
	9	+	+			+	−	+	+	+	+	+	−	−	−	+
	10	+	+			+	+	+	+	+	+	+	−	+	−	+
	11	+	+			+	+	+	+	+	+	+	−	+	−	+
	12	+	+			+	+	+	+	+	+	+	−	+	−	+
	13	+	+			+	+	+	+	+	+	+	−	+	−	+
	14	+	+			+	+	+	+	+	+	+	−	+	−	+
	15	+	+			+	+	+	+	+	+	+	−	+	−	+
临床试验资料	29	+	+			+	+	+	+	+	+	+	+	+	+	+
	30	+	+			+	+	+	+	+	+	+	+	+	+	+
	31	+	+			+	+	+	+	+	+	+	+	+	+	+
	32	+	+			+	+	+	+	+	+	+	+	+	+	+
	33	+	+			+	+	+	+	+	+	+	+	+	+	+
其他	34	+	+			+	+	+	+	+	+	+	+	+	+	+
	35	+	+			+	+	+	+	+	+	+	+	+	+	+
	36	+	+			+	+	+	+	+	+	+	−	+	−	+
	37	+	+			+	+	+	+	+	+	+	−	+	−	+
	38	+	+			+	+	+	+	+	+	+	−	+	−	+

注：1. “+”指必须报送的资料；

2. “−”指可以免报的资料；

3. “±”指根据申报品种的具体情况要求或不要求。

（二）治疗用生物制品药理毒理研究资料项目要求（资料项目16～28）

分类	项目	注册分类及资料项目要求														
		1	2	3	4	5	6	7	8	9	10	11	12	13	14	15
药理毒理研究资料	16	+	+	参照相应指导原则	参照相应指导原则	+	+	+	+	+	+	+	+	+	+	+
	17	+	+			+	+	+	+	+	+	+	+	+	+	+
	18	+	+			+	+	+	+	+	+	+	+	+	+	+
	19	+	+			+	+	+	+	+	+	+	+	+	+	±
	20	+	+			+	+	+	+	+	+	+	+	+	+	+
	21	+	+			±	±	±	-	+	±	+	+	±	+	±
	22	±	±			±	±	±	-	±	±	±	±	-	±	-
	23	±	±			±	±	±	-	±	±	±	±	-	±	-
	24	±	±			±	±	±	-	±	±	±	±	-	±	-
	25	+	+			+	+	+	-	+	+	+	+	-	+	±
	26	+	+			+	+	+	-	+	+	+	+	+	+	±
	27	-	-			-	+	-	-	-	-	-	-	-	-	-
	28	±	±			±	-	-	-	±	-	-	±	-	-	-

注：1. “+”指必须报送的资料；

2. “-”指可以免报的资料；

3. “±”指根据申报品种的具体情况要求或不要求。

四、申报资料说明

（一）申请临床试验报送资料项目1～31；完成临床试验后报送资料项目1～6、15和29～38。

（二）对综述资料的说明

1. 资料项目1药品名称，包括：通用名、英文名、汉语拼音、分子量等。新制定的名称，应说明依据。

2. 资料项目2证明性文件包括：

（1）申请人机构合法登记证明文件（营业执照等）、《药品生产许可证》及变更记录页、《药品生产质量管理规范》认证证书复印件；

（2）申请的生物制品或者使用的处方、工艺等专利情况及其权属状态说明，以及对他人的专利不构成侵权的声明；

（3）申请新生物制品生产和/或新药证书时应当提供《药物临床研究批

件》复印件及临床试验用药的质量标准；

(4) 直接接触制品的包装材料和容器的《药品包装材料和容器注册证》或者《进口包装材料和容器注册证》复印件。

3. 资料项目3 立题目的与依据，包括：国内外有关该制品研究、上市销售现状及相关文献资料或者生产、使用情况的综述；对该品种的创新性、可行性等的分析资料。

4. 资料项目4 研究结果总结及评价，包括：研究结果总结，安全、有效、质量可控以及风险/效益等方面的综合评价。

5. 资料项目5 药品说明书样稿、起草说明及参考文献，包括：按照有关规定起草的药品说明书样稿、说明书各项内容的起草说明，相关文献或者原发厂最新版的说明书原文及译文。

（三）对药学研究资料的说明

1. 生产用原材料涉及生源性物质的，需按国家食品药品监督管理局的有关规定提供相应的资料。

2. 由人的、动物的组织或者体液提取的制品、单克隆抗体及真核细胞表达的重组制品，其生产工艺中应包含有效的病毒去除/灭活工艺步骤，并应提供病毒去除/灭活效果验证资料。

3. 生产过程中加入对人有潜在毒性的物质，应提供生产工艺去除效果的验证资料，制定产品中的限量标准并提供依据。

4. 资料项目11 质量研究资料中包括：制品的理化特性分析、结构确证、鉴别试验、纯度测定、含量测定和活性测定等资料，对纯化制品还应提供杂质分析的研究资料。生产工艺确定以后，应根据测定方法验证结果及对多批试制产品的检定数据，用统计学方法分析确定质量标准，并结合制品安全有效性研究结果及稳定性考察数据等分析评价拟定标准的合理性。

5. 按注册分类15 申报的生物制品，原则上其质量标准不得低于已上市同品种。

6. 申报生产时连续三批试产品的生产规模应与其设计生产能力相符，上市前后的生产规模应保持相对的一致性；如上市后的生产规模有较大幅度变化，则需按照补充申请重新申报。

（四）对药理毒理研究资料的说明

1. 鉴于生物制品的多样性和复杂性，药理毒理方面的资料项目要求可能并不适用于所有的治疗用生物制品。注册申请人应基于制品的作用机制和自身特点，参照相关技术指导原则，科学、合理地进行药理毒理研究。如果上述要求不适用于申报制品，注册申请人应在申报资料中予以说明，必要时应提供其他相关的研究资料。

2. 原则上，应采用相关动物进行生物制品的药理毒理研究；研究过程中应关注生物制品的免疫原性对动物试验的设计、结果和评价的影响；某些常规的研究方法如果不适用于申报制品，注册申请人应在申报资料中予以说明，必要时应提供其他相关的研究资料。

3. 常规的遗传毒性试验方法一般不适用于生物制品，因此通常不需要进行此项试验；但如果制品存在特殊的安全性担忧，则应报送相关的研究资料。

4. 对用于育龄人群的生物制品，注册申请人应结合其制品特点、临床适应症等因素对制品的生殖毒性风险进行评价，必要时应报送生殖毒性研究资料。

5. 常规的致癌试验方法不适用于大部分生物制品，但注册申请人应结合制品的生物活性、临床用药时间、用药人群等因素对制品的致癌风险进行评价。如果制品可能存在致癌可能，应报送相关的研究资料。

6. 注射剂、栓剂、眼用制剂、喷雾剂以及外用的溶液剂、软膏剂、乳膏剂和凝胶剂应报送局部刺激性研究资料。注射剂和可能引起溶血反应的生物制品应进行溶血性试验。

7. 对于存在药物依赖性担忧（如需反复使用、可作用于中枢神经系统）的制品，注册申请人应根据制品的作用机制评价其产生依赖性的可能，必要时应报送依赖性研究资料。

8. 注册分类 2 的制品（单克隆抗体）：

（1）当抗原结合资料表明，灵长类为最相关种属时，应考虑采用此类动物进行单克隆抗体的主要药效学和药代动力学研究。

（2）涉及毒理和药代动力学试验时，应当选择与人有相同靶抗原的动物模型进行试验。无合适的动物模型或无携带相关抗原的动物，且与人组织交叉反应性试验呈明显阴性，可免报毒理研究资料，并需提供相关依据。

（3）免疫毒性研究应考察单克隆抗体与非靶组织结合的潜在毒性反应，如与人组织或者细胞的交叉反应性等。如有合适的模型，交叉反应试验除了体外试验，还应在动物体内进行。对具有溶细胞性的免疫结合物或者具有抗体依赖细胞介导的细胞毒性作用（ADCC）的抗体，还应考虑进行一种以上动物重复剂量的动物毒性试验，在毒性试验设计和结果评价中尤其应关注其与非靶组织结合的潜在毒性反应。

9. 注册分类 3 的制品（基因治疗制品）的药理毒理研究应关注以下内容：

(1) 研究应采用相关动物进行。原则上，基因治疗制品的相关动物对基因表达产物的生物反应应与人体相关；如果制品采用病毒载体，动物还应对野生型病毒易感。

(2) 常规的药代动力学研究方法并不适用于基因治疗制品。此类制品的药代动力学研究应重点考察导入基因的分布、消除，基因是否整合于宿主体细胞和生殖细胞基因组；基因表达产物的药代动力学行为；载体物质的分布和消除等。

(3) 应根据导入基因和基因表达产物的分布和消除数据，同时结合临床用药人群和用药时间等因素评价制品产生遗传毒性、致癌性和生殖毒性的可能，必要时应提供相关研究资料。

10. 注册分类5中的人血液制品，如使用剂量不超过生理允许剂量范围，且未进行特殊工艺的处理，未使用特殊溶剂，在提出相关资料或证明后，可免报安全性研究资料（资料项目19～28）。

11. 对注册分类7、10、15的生物制品，应首先从比较研究角度分析评价其制备工艺、质量标准和生物学活性（必要时包括药代动力学特征）与已上市销售制品的一致性。在上述方面与已上市制品基本相同，且已上市制品具有确切的临床安全性和有效性的前提下，毒理方面一般仅需采用一种相关动物进行试验研究，长期毒性试验的期限可仅为一个月；主要药效学方面可仅提供1至2项主要动物药效学试验，也可结合质量标准中的活性检测来综合考虑。注册申请人若能充分确证其与已上市制品的一致性，也可提出理由申请减免相应的药理毒理研究。

12. 对于注册分类8的制品，应考虑进行对正常菌群影响的研究。

13. 对于注册分类13的制品，应当根据剂型改变的特点及可能涉及的有关药学和临床等方面的情况综合考虑，选择相应的试验项目。

(1) 对于不改变原剂型的临床使用方法和剂量的粉针剂、小水针剂之间的相互改变，一般仅需提供溶血性和局部刺激性试验；根据处方变化情况，必要时需提供其他相关毒性研究资料；

(2) 脂质体等可能改变原制品药代动力学行为的特殊制剂，应在新旧剂型动物药代动力学比较研究数据的基础上，结合制品的性质、安全范围、临床适应症和用药人群等因素设计药理毒理研究，并提交相关研究资料。

14. 对于注册分类14的制品，如果有充分的试验和/或文献依据证实其与改变给药途径前的生物制品在体内代谢特征和安全性方面相似，则可提出减免该类制品的某些研究项目。

（五）其他

1. 体内诊断用生物制品按治疗用生物制品相应类别要求申报并提供相关技术资料。

2. 生物制品增加新适应症的，按照该药品相应的新药注册分类申报并提供相关资料。如药学方面无改变且临床用药剂量和周期未增加，可免报相应的药学、毒理和药代动力学研究资料。

五、关于临床试验的说明

1. 申请新药应当进行临床试验。

2. 临床试验的病例数应当符合统计学要求和最低病例数要求。

3. 临床试验的最低病例数（试验组）要求为：Ⅰ期：20 例，Ⅱ期：100 例，Ⅲ期：300 例。

4. 注册分类 1 ~ 12 的制品应当按新药要求进行临床试验。

5. 注册分类 13 ~ 15 的制品一般仅需进行Ⅲ期临床试验。

6. 对创新的缓控释制剂，应进行人体药代动力学的对比研究和临床试验。

六、进口治疗用生物制品申报资料和要求

（一）申报资料项目要求

申报资料按照《注册申报资料项目》要求报送。申请未在国内外上市销售的制品，按照注册分类 1 的规定报送资料；申请已在国外上市销售但尚未在中国上市销售的生物制品，按照注册分类 7 的规定报送资料；申请已在国内上市销售的生物制品，按照注册分类 15 的规定报送资料。

（二）资料项目 2 证明性文件的要求和说明

1. 资料项目 2 证明性文件包括以下资料：

（1）生产国家或者地区药品管理机构出具的允许制品上市销售及该药品生产企业符合药品生产质量管理规范的证明文件、公证文书及其中文译本。

申请未在国内外获准上市销售的制品，本证明文件可于完成在中国进行的临床试验后，与临床试验报告一并报送。

（2）由境外制药厂商常驻中国代表机构办理注册事务的，应当提供《外国企业常驻中国代表机构登记证》复印件。

境外制药厂商委托中国代理机构代理申报的，应当提供委托文书、公证文书及其中文译本，以及中国代理机构的《营业执照》复印件。

（3）申请的制品或者使用的处方、工艺等专利情况及其权属状态说明，

以及对他人的专利不构成侵权的保证书。

2. 说明

（1）生产国家或者地区药品管理机构出具的允许制品上市销售及该药品生产企业符合药品生产质量管理规范的证明文件，须经所在国公证机关公证及驻所在国中国使领馆认证；

（2）在一地完成制剂生产由另一地完成包装的，应当提供制剂厂和包装厂所在国家或者地区药品管理机构出具的该药品生产企业符合药品生产质量管理规范的证明文件；

（3）未在生产国家或者地区获准上市销售的制品，可以提供在其他国家或者地区上市销售的证明文件，并须经国家食品药品监督管理局认可。但该药品生产企业符合药品生产质量管理规范的证明文件须由生产国家或者地区药品主管机构出具。

（三）其他资料项目的要求

1. 资料项目29应当报送该制品在生产国家或者地区为申请上市销售而进行的全部临床试验的资料。

2. 全部申报资料应当使用中文并附原文，且中文译文应当与原文内容一致。

3. 生物制品标准的中文本，必须符合中国国家药品标准的格式。

（四）在中国进行临床试验的要求

1. 申请未在国内外上市销售的生物制品，应当按照注册分类1的规定申请临床试验。

2. 申请已在国外上市销售但尚未在中国上市销售的生物制品，应当按照注册分类7的规定申请临床试验。

3. 申请已有国家药品标准的生物制品，应当按照注册分类15的规定申请临床试验。

第二部分　预防用生物制品

一、注册分类

1. 未在国内外上市销售的疫苗。

2. DNA疫苗。

3. 已上市销售疫苗变更新的佐剂，耦合疫苗变更新的载体。

4. 由非纯化或全细胞（细菌、病毒等）疫苗改为纯化或者组份疫苗。

5. 采用未经国内批准的菌毒种生产的疫苗（流感疫苗、钩端螺旋体疫苗等除外）。

6. 已在国外上市销售但未在国内上市销售的疫苗。

7. 采用国内已上市销售的疫苗制备的结合疫苗或者联合疫苗。

8. 与已上市销售疫苗保护性抗原谱不同的重组疫苗。

9. 更换其他已批准表达体系或者已批准细胞基质生产的疫苗；采用新工艺制备并且实验室研究资料证明产品安全性和有效性明显提高的疫苗。

10. 改变灭活剂（方法）或者脱毒剂（方法）的疫苗。

11. 改变给药途径的疫苗。

12. 改变国内已上市销售疫苗的剂型，但不改变给药途径的疫苗。

13. 改变免疫剂量或者免疫程序的疫苗。

14. 扩大使用人群（增加年龄组）的疫苗。

15. 已有国家药品标准的疫苗。

二、申报资料项目

1. 综述资料：

（1）新制品名称；

（2）证明性文件；

（3）选题目的和依据；

（4）药品说明书样稿、起草说明及参考文献；

（5）包装、标签设计样稿。

2. 研究结果总结及评价资料。

3. 生产用菌（毒）种研究资料：

（1）菌（毒）种的来源、特性和鉴定资料；

（2）种子批的建立和检定资料；

（3）菌（毒）种传代稳定性研究资料；

（4）中国药品生物制品检定所对生产用工作种子批的检定报告。

4. 生产用细胞基质研究资料：

（1）细胞基质的来源、特性和鉴定资料；

（2）细胞库的建立和检定资料；

（3）细胞的传代稳定性研究资料；

（4）中国药品生物制品检定所对生产用细胞基质工作细胞库的检定报告；

（5）培养液及添加成分的来源、质量标准等。

5. 生产工艺研究资料：

（1）疫苗原液生产工艺的研究资料，确定的理论和实验依据及验证资料；

（2）制剂的处方和工艺及其确定依据，辅料的来源及质量标准。

6. 质量研究资料，临床前有效性及安全性研究资料：

（1）质量研究及注册标准研究资料；

（2）检定方法的研究以及验证资料；

（3）与同类制品比较研究资料；

（4）产品抗原性、免疫原性和动物试验保护性的分析资料；

（5）动物过敏试验研究资料；

（6）动物安全性评价资料。

7. 制造及检定规程草案，附起草说明和相关文献。

8. 临床试验申请用样品的制造检定记录。

9. 初步稳定性试验资料。

10. 生产、研究和检定用实验动物合格证明。

11. 临床试验计划、研究方案及知情同意书草案。

12. 临床前研究工作总结。

13. 国内外相关的临床试验综述资料。

14. 临床试验总结报告，包括临床试验方案、知情同意书样稿、伦理委员会批准件等。

15. 临床试验期间进行的有关改进工艺、完善质量标准等方面的工作总结及试验研究资料。

16. 确定疫苗保存条件和有效期的稳定性研究资料。

17. 对审定的制造和检定规程的修改内容及其修改依据，以及修改后的制造及检定规程。

18. 连续三批试产品的制造及检定记录。

三、申报资料项目表

资料项目	注册分类及资料项目要求														
	1	2	3	4	5	6	7	8	9	10	11	12	13	14	15
1	+	+	+	+	+	+	+	+	+	+	+	+	+	+	+
2	+	+	+	+	+	+	+	+	+	+	+	+	+	+	+

续表

资料项目	注册分类及资料项目要求														
	1	2	3	4	5	6	7	8	9	10	11	12	13	14	15
3	+	+	−	−	+	+	+	+	±	−	−	−	−	−	+
4	+	+	−	−	+	+	+	+	±	−	−	−	−	−	+
5（1）	+	+	+	+	+	+	+	+	+	+	−	−	−	−	+
5（2）	+	+	+	+	+	+	+	+	+	+	+	+	−	−	+
6	+	+	+	+	+	+	+	+	+	+	+	+	+	+	+
7	+	+	+	+	+	+	+	+	+	+	+	+	+	+	+
8	+	+	+	+	+	+	+	+	+	+	+	+	+	+	+
9	+	+	+	+	+	+	+	+	+	+	+	+	+	+	+
10	+	+	+	+	+	+	+	+	+	+	+	+	+	+	+
11	+	+	+	+	+	+	+	+	+	+	+	+	+	+	+
12	+	+	+	+	+	+	+	+	+	+	+	+	+	+	+
13	+	+	+	+	+	+	+	+	+	+	+	+	+	+	+
14	+	+	+	+	+	+	+	+	+	+	+	+	+	+	+
15	+	+	+	+	+	+	+	+	+	+	+	+	+	+	+
16	+	+	+	+	+	+	+	+	+	+	+	+	+	+	+
17	+	+	+	+	+	+	+	+	+	+	+	+	+	+	±
18	+	+	+	+	+	+	+	+	+	+	+	+	+	+	+

注：1. “+”指必须报送的资料；

2. “−”指无须报送的资料；

3. “±”指根据申报品种的具体情况要求或不要求。

四、申报资料的说明

1. 申请临床试验报送资料项目1～11；完成临床试验后报送资料项目1、2和12～18。

2. 资料项目1：

（1）新制品名称：包括通用名、英文名、汉语拼音、命名依据等，新制定的名称，应说明依据。

（2）证明性文件包括：

①申请人机构合法登记证明文件（营业执照等）、《药品生产许可证》及

变更记录页、《药品生产质量管理规范》认证证书复印件；

②申请的生物制品或者使用的处方、工艺等专利情况及其权属状态的说明，以及对他人的专利不构成侵权的声明；

③申请新生物制品生产时应当提供《药物临床研究批件》复印件及临床试验用药的质量标准；

④直接接触制品的包装材料和容器的《药品包装材料和容器注册证》或者《进口包装材料和容器注册证》复印件。

（3）立题目的与依据：包括国内外有关该制品研究、上市销售现状及相关文献资料或者生产、接种使用情况的综述；对该品种的创新性、可行性等的分析资料。

（4）药品说明书样稿、起草说明及参考文献，包括：按照有关规定起草的药品说明书样稿、说明书各项内容的起草说明，相关文献或者原发厂最新版的说明书原文及译文。

3. 资料项目3：

（1）菌（毒）种的来源、特性和鉴定资料包括：生产用菌（毒）种的来源、可用于生产的研究资料或者证明文件、历史（包括分离、鉴定和减毒等），特性和型别、对细胞基质的适应性、感染性滴度、抗原性、免疫原性、毒力（或者毒性）及保护力试验等研究；

（2）种子批的建立和检定资料包括：生产用菌（毒）种原始种子批、主代种子批、工作种子批建库的有关资料，包括各种子批的代次、制备、保存，对种子库进行全面检定，检定项目包括外源因子检测、鉴别试验、特性和型别、感染性滴度、抗原性、免疫原性等；主代种子批菌毒种还须进行基因序列测定；

（3）菌（毒）种传代稳定性研究资料包括：确定限定代次的研究资料，检定项目参见种子批的检定项目。

4. 资料项目4：

（1）细胞基质的来源、特性和鉴定资料包括：生产用细胞基质的来源、可用于生产的研究资料或者证明文件、历史（包括建立细胞系、鉴定和传代等），生物学特性、核型分析、外源因子检查及致肿瘤试验等研究；对于更换细胞基质生产的疫苗，原则上所用细胞基质的安全性风险不可高于已上市疫苗；

（2）细胞库的建立和检定资料包括：生产用细胞基质原始细胞库、主代细胞库、工作细胞库建库的有关资料，包括各细胞库的代次、制备、保存，对细胞库进行全面检定，检定项目包括生物学特性、核型分析及外源因子检查等；

（3）细胞的传代稳定性研究资料包括：确定使用的限定代次，检定项目参照细胞库的检定项目，并增加致肿瘤试验；

（4）培养液及添加成分中涉及生源性物质的，需按国家食品药品监督管理局的有关规定提供相应的资料；

（5）细菌疫苗一般可免报本项资料。

5. 资料项目5：

（1）疫苗原液生产工艺的研究资料包括：优化生产工艺的主要技术参数，细菌（或者病毒）的接种量、培养条件、发酵条件、灭活或者裂解工艺的条件、活性物质的提取和纯化、对人体有潜在毒性物质的去除及去除效果验证、耦合疫苗中抗原与载体的活化、耦合和纯化工艺、联合疫苗中各活性成分的配比和抗原相容性研究资料等，提供投料量、各中间体以及终产品的收获量与质量等相关的研究资料；检验分析和验证在该生产工艺条件下产品的质量情况；

（2）生产过程中加入对人有潜在毒性的物质，应提供生产工艺去除效果的验证资料，制定产品中的限量标准并提供依据。

6. 资料项目6（1）：

（1）对于纯化疫苗等，质量研究一般包括抗原组份、含量、分子量、纯度、特异性鉴别等的检测，同时应进行非有效成分含量（或者有害杂质残留量）分析并制定相应的限量标准；

（2）联合疫苗、耦合疫苗和多价疫苗中各单组份的质量研究和检定结果；

（3）生产工艺确定以后，应根据多批试制产品的检定结果，用统计学方法分析确定产品的注册标准；

（4）按注册分类15申报的疫苗，原则上其质量标准不得低于已上市同品种；

（5）采用DNA重组技术生产的疫苗，应参照治疗用生物制品要求提供相应资料。

7. 资料项目6（3）：

如已有同类疫苗上市，需与已上市疫苗进行比较研究；如在已上市疫苗的基础上进行相应变更，需与原疫苗进行质量比较研究；对于联合疫苗，需与各单独疫苗进行质量比较研究。

8. 资料项目6（6）：

（1）对类毒素疫苗或者类毒素作为载体的疫苗应提供毒性逆转试验研究资料；

（2）根据疫苗的使用人群、疫苗特点、免疫剂量、免疫程序等，提供有关的毒性试验研究资料。

9. 资料项目9和16：

疫苗的稳定性试验一般需将三批以上样品放置拟定贮存条件下，每隔一定时间检测效力/活性等指标，分析变化情况，在重要时间点需进行全面检测。此外，尚需进行加速稳定性研究。

10. 资料项目18：

申报生产时连续三批试产品的生产规模应与其设计生产能力相符，上市前后的生产规模应保持相对的一致性；如上市后的生产规模有较大幅度变化，则需按照补充申请重新申报。

五、关于临床试验的说明

1. 临床试验的受试者（病例）数应符合统计学要求和最低受试者（病例）数的要求。

2. 临床试验的最低受试者（病例）数（试验组）要求：Ⅰ期：20例，Ⅱ期：300例，Ⅲ期：500例。

3. 注册分类1～9和14的疫苗按新药要求进行临床试验。

4. 注册分类10的疫苗，提供证明其灭活或者脱毒后的安全性和有效性未发生变化的研究资料，可免做临床试验。

5. 注册分类11的疫苗，一般应按新药要求进行临床试验，但由注射途径给药改为非注射途径的疫苗可免做Ⅰ期临床试验。

6. 注册分类12和15的疫苗，一般仅需进行Ⅲ期临床试验。

7. 注册分类13中改变免疫程序的疫苗，可免做Ⅰ期临床试验。

8. 应用于婴幼儿的预防类制品，其Ⅰ期临床试验应当按照先成人、后儿童、最后婴幼儿的原则进行。

9. 每期的临床试验应当在设定的免疫程序完成后进行下一期的临床试验。

10. 对于首次申请在中国上市的疫苗，应进行流行病学的保护力试验。

六、进口预防用生物制品申报资料和要求

（一）申报资料项目要求

申报资料按照《注册申报资料项目》要求报送。申请未在国内外上市销

售的疫苗，按照注册分类1的规定报送资料；申请已在国外上市销售但尚未在中国上市销售的疫苗，按照注册分类6规定报送资料；申请已在国内上市销售的疫苗，按照注册分类15的规定报送资料。

（二）资料项目1.（2）证明性文件的要求和说明

1. 资料项目1.（2）证明性文件包括以下资料：

（1）生产国家或者地区药品管理机构出具的允许疫苗上市销售及该药品生产企业符合药品生产质量管理规范的证明文件、公证文书及其中文译本。

申请未在国内外上市销售的疫苗，本证明文件可于完成在中国进行的临床试验后，与临床试验报告一并报送。

（2）由境外制药厂商常驻中国代表机构办理注册事务的，应当提供《外国企业常驻中国代表机构登记证》复印件。

境外制药厂商委托中国代理机构代理申报的，应当提供委托文书、公证文书及其中文译本以及中国代理机构的《营业执照》复印件。

（3）申请的生物制品或者使用的处方、工艺等专利情况及其权属状态说明，以及对他人的专利不构成侵权的保证书。

2. 说明

（1）生产国家或者地区药品管理机构出具的允许疫苗上市销售及该药品生产企业符合药品生产质量管理规范的证明文件，须经所在国公证机关公证及驻所在国中国使领馆认证；

（2）在一地完成制剂生产由另一地完成包装的，应当提供制剂厂和包装厂所在国家或者地区药品管理机构出具的该药品生产企业符合药品生产质量管理规范的证明文件；

（3）未在生产国家或者地区获准上市销售的，可以提供在其他国家或者地区上市销售的证明文件，并须经国家食品药品监督管理局认可。该药品生产企业符合药品生产质量管理规范的证明文件，须由生产国或者地区药品主管机构出具。

（三）其他资料项目的要求

1. 资料项目13应当报送该制品在生产国家或者地区为申请上市销售而进行的全部临床试验的资料。

2. 全部申报资料应当译成中文并附原文，其中文译文应当与原文内容一致。

3. 疫苗标准的中文本，必须符合中国国家药品标准的格式。

（四）在中国进行临床试验的要求

1. 申请未在国内外上市销售的疫苗，应当按照注册分类1的规定申请临床试验。

2. 申请已在国外上市销售但尚未在中国上市销售的疫苗，应当按照注册分类6的规定申请临床试验。对于首次申请在中国上市的疫苗，应进行流行病学的保护力试验。

3. 申请已有国家药品标准的疫苗，应当按照注册分类15的规定申请临床试验。

附件 4：

药品补充申请注册事项及申报资料要求

一、注册事项

（一）国家食品药品监督管理局审批的补充申请事项：

1. 持有新药证书的药品生产企业申请该药品的批准文号。

2. 使用药品商品名称。

3. 增加中药的功能主治、天然药物适应症或者化学药品、生物制品国内已有批准的适应症。

4. 变更用法用量或者变更适用人群范围但不改变给药途径。

5. 变更药品规格。

6. 变更药品处方中已有药用要求的辅料。

7. 改变影响药品质量的生产工艺。

8. 修改药品注册标准。

9. 替代或减去国家药品标准处方中的毒性药材或处于濒危状态的药材。

10. 进口药品、国内生产的注射剂、眼用制剂、气雾剂、粉雾剂、喷雾剂变更直接接触药品的包装材料或者容器；使用新型直接接触药品的包装材料或者容器。

11. 申请药品组合包装。

12. 新药的技术转让。

13. 修订或增加中药、天然药物说明书中药理毒理、临床试验、药代动力学等项目。

14. 改变进口药品注册证的登记项目，如药品名称、制药厂商名称、注册地址、药品有效期、包装规格等。

15. 改变进口药品的产地。

16. 改变进口药品的国外包装厂。

17. 进口药品在中国国内分包装。

18. 其他。

（二）省级食品药品监督管理部门批准国家食品药品监督管理局备案或国家食品药品监督管理局直接备案的进口药品补充申请事项：

19. 改变国内药品生产企业名称。

20. 国内药品生产企业内部改变药品生产场地。

21. 变更直接接触药品的包装材料或者容器（除上述第10事项外）。

22. 改变国内生产药品的有效期。

23. 改变进口药品制剂所用原料药的产地。

24. 变更进口药品外观，但不改变药品标准的。

25. 根据国家药品标准或者国家食品药品监督管理局的要求修改进口药品说明书。

26. 补充完善进口药品说明书安全性内容。

27. 按规定变更进口药品包装标签。

28. 改变进口药品注册代理机构。

29. 其他。

（三）省级食品药品监督管理部门备案的补充申请事项：

30. 根据国家药品标准或者国家食品药品监督管理局的要求修改国内生产药品说明书。

31. 补充完善国内生产药品说明书安全性内容。

32. 按规定变更国内生产药品包装标签。

33. 变更国内生产药品的包装规格。

34. 改变国内生产药品制剂的原料药产地。

35. 变更国内生产药品外观，但不改变药品标准的。

36. 其他。

二、申报资料项目及其说明

1. 药品批准证明文件及其附件的复印件：

包括与申请事项有关的本品各种批准文件，如药品注册批件、补充申请批件、商品名批准文件、药品标准颁布件、药品标准修订批件和统一换发药品批准文号的文件、《新药证书》、《进口药品注册证》、《医药产品注册证》等。附件包括上述批件的附件，如药品标准、说明书、标签样稿及其他附件。

2. 证明性文件：

(1) 申请人是药品生产企业的，应当提供《药品生产许可证》及其变更记录页、营业执照、《药品生产质量管理规范》认证证书复印件。申请人不是药品生产企业的，应当提供其机构合法登记证明文件的复印件。

由境外制药厂商常驻中国代表机构办理注册事务的，应当提供外国企业常驻中国代表机构登记证复印件。

境外制药厂商委托中国药品注册代理机构代理申报的，应当提供委托文书、公证文书及其中文译本，以及中国药品注册代理机构的营业执照复印件。

(2) 对于不同申请事项，应当按照“申报资料项目表”要求分别提供有关证明文件。

(3) 对于进口药品，应当提交其生产国家或者地区药品管理机构出具的允许药品变更的证明文件、公证文书及其中文译本。其格式应当符合中药、天然药物、化学药品、生物制品申报资料项目中对有关证明性文件的要求。

除变更药品规格、改变产地、改变制药厂商和注册地址名称外，生产国家或者地区药品管理机构不能出具有关证明文件的，可以依据当地法律法规的规定做出说明。

3. 修订的药品说明书样稿，并附详细修订说明。

4. 修订的药品标签样稿，并附详细修订说明。

5. 药学研究资料：

根据对注册事项的不同要求，分别提供部分或全部药学研究试验资料和必要的原注册申请相关资料，申报资料项目按照附件 1 ~ 3 中相应的申报资料项目提供。

6. 药理毒理研究资料：

根据对注册事项的不同要求，分别提供部分或全部药理毒理研究的试验资料和必要的国内外文献资料，申报资料项目按照附件 1 ~ 3 中相应的申报资料项目提供。

7. 临床试验资料：

要求进行临床试验的，应当按照附件 1 ~ 3 中相应的申报资料项目要求，在临床试验前后分别提交所需项目资料。不要求进行临床试验的，可提供有关的临床试验文献。

三、申报资料项目表

注册事项	申报资料项目								
	1	2			3	4	5	6	7
		①	②	③					
持有新药证书的药品生产企业申请该药品的批准文号	+	+	−	−	−	+	*1	−	−
使用药品商品名称	+	+	*2	+	+	+	−	−	−
增加中药的功能主治或者化学药品、生物制品国内已有批准的适应症	+	+	−	+	+	+	−	#	#
变更用法用量或者变更适用人群范围但不改变给药途径	+	+	−	+	+	+	−	#	#
变更药品规格	+	+	−	+	+	+	+	−	*3
变更药品处方中已有药用要求的辅料	+	+	−	+	*4	*4	+	±	±
改变影响药品质量的生产工艺	+	+	−	+	*4	*4	+	#	#
修改药品注册标准	+	+	−	+	*4	*4	*5	−	−
替代或减去国家药品标准处方中的毒性药材或处于濒危状态的药材	+	+	*6	+	+	+	#	#	#
变更直接接触药品的包装材料或者容器	+	+	−	+	*4	*4	*7	−	−
申请药品组合包装	+	+	−	+	+	+	−	*8	*8
新药的技术转让	*9	+	*10	−	+	+	*1	−	*11
修订或增加中药、天然药物说明书中药理毒理、临床试验、药代动力学等项目	+	+	−	±	+	+	−	±	±
改变进口药品注册证的登记项目，如药品名称、制药厂商名称、注册地址、药品有效期、包装规格等	+	+	−	+	+	+	*4	−	−
改变进口药品的产地	+	+	−	+	+	+	+	−	−
改变进口药品的国外包装厂	+	+	*12	+	+	+	*13	−	−

续表

注册事项	申报资料项目								
	1	2			3	4	5	6	7
		①	②	③					
进口药品在中国国内分包装	+	+	*14	-	+	+	*15	-	-
改变进口药品制剂所用原料药的产地	+	+	-	+	-	-	+	-	-
改变国内药品生产企业名称	+	+	*16	-	+	+	-	-	-
国内药品生产企业内部改变药品生产场地	+	+	*17	-	*4	*4	*1	-	-
根据国家药品标准或者国家食品药品监督管理局的要求修改药品说明书	+	+	*18	-	+	+	-	-	-
补充完善药品说明书的安全性内容	+	+	-	+	+	+	-	*19	*20
按规定变更药品包装标签	+	+	*21	+	-	+	-	-	-
变更国内生产药品的包装规格	+	+	-	-	+	+	*4	-	*3
改变国内生产药品的有效期	+	+	-	+	+	+	*22	-	-
改变国内生产药品制剂的原料药产地	+	+	-	-	-	*4	*23	-	-
变更药品外观，但不改变药品标准的	+	+	-	+	+	*4	+	-	-
改变进口药品注册代理机构	+	+	*24	-	-	-	-	-	-

注：*1. 仅提供连续3个批号的样品检验报告书。

*2. 提供商标查询单。

*3. 提供临床使用情况报告或文献。

*4. 如有修改的应当提供。

*5. 仅提供质量研究工作的试验资料及文献资料、药品标准草案及起草说明、连续3个批号的样品检验报告书。

*6 有关毒性药材、处于濒危状态药材的证明文件，或者有关部门要求进行替代、减去的文件、证明。

*7. 仅提供连续3个批号的样品检验报告书、药物稳定性研究的试验资

料、直接接触药品的包装材料和容器的选择依据及质量标准。

*8. 按照中药、天然药物、化学药品、生物制品注册分类中已在国外上市但尚未在国内上市销售的复方制剂的相应资料要求提供。其中药学研究部分仅提供药物稳定性研究的试验资料、直接接触药品的包装材料和容器的选择依据及质量标准、连续3个批号的样品检验报告书。

*9. 同时提交新药证书原件。

*10. 提供技术转让有关各方签订的转让合同，原生产企业放弃生产的应当提供相应文件原件。

*11. 国家食品药品监督管理局根据评价需要另行提出要求。

*12. 提供包装厂所在国家或地区药品管理机构出具的该药品包装企业符合药品生产质量管理规范的证明文件。

*13. 仅提供分包装工艺、药物稳定性研究的试验资料、直接接触药品的包装材料和容器的选择依据及质量标准、连续3个批号的样品检验报告书。

*14. 提供进口药品分包装合同（含使用进口药品商标的授权）。

*15. 仅提供分包装工艺、直接接触药品的包装材料和容器的选择依据及质量标准。

*16. 提供有关管理机构同意更名的文件复印件，更名前与更名后的营业执照、《药品生产许可证》、药品生产质量管理规范认证证书等的复印件。

*17. 提供有关管理机构同意药品生产企业变更生产场地的证明文件。

*18. 提供新的国家药品标准或者国家食品药品监督管理局要求修改药品说明书的文件。

*19. 可提供毒理研究的试验资料或者文献资料。

*20. 可提供文献资料。

*21. 按规定变更药品包装标签者，应提供有关规定的文件内容。

*22. 仅提供药品稳定性研究的试验资料和连续3个批号的样品检验报告书。

*23. 仅提供原料药的批准证明文件及其合法来源证明、制剂1个批号的检验报告书。

*24. 提供境外制药厂商委托新的中国药品注册代理机构代理申报的委托文书、公证文书及其中文译本，新的中国药品注册代理机构的营业执照复印件，境外制药厂商解除原委托代理注册关系的文书、公证文书及其中文译本。

“#”：见“四、注册事项说明及有关要求”。

四、注册事项说明及有关要求

1. 注册事项1，持有新药证书的药品生产企业申请该药品的批准文号，是指新药研制单位获得新药证书时不具备该新药生产条件，并且没有转让给其他药品生产企业的，在具备相应生产条件以后，申请生产该新药。

2. 注册事项3，增加中药的功能主治或者化学药品、生物制品已有国内同品种使用的适应症，其药理毒理研究和临床试验应当按照下列情况进行：

（1）增加中药新的功能主治，需延长用药周期或者增加剂量者，应当提供药理毒理试验资料或者文献资料。经批准后应当进行临床试验，临床试验按中药新药要求。

（2）增加中药新的功能主治，用药周期和服用剂量均不变者，应当提供主要药效学试验资料及文献资料，并须进行至少100对临床试验。

（3）增加已有国内同品种使用的功能主治或者适应症者，须进行至少60对临床试验，或者进行以使用此适应症的同品种为对照的生物等效性试验。

3. 注册事项4，变更用法用量或者变更适用人群范围但不改变给药途径，应当提供支持该项改变的安全性研究资料或文献资料，必要时应当进行临床试验。中药、天然药物应当针对主要病证，进行至少100对临床试验。

4. 注册事项5，变更药品规格，应当符合以下要求：

（1）所申请的规格一般应当与同品种上市规格一致。如果不一致，应当符合科学、合理、必要的原则。

（2）所申请的规格应当根据药品用法用量合理确定，一般不得小于单次最小用量，或者大于单次最大用量。

（3）如果同时改变用法用量或者适用人群，应当同时按照注册事项4的要求提供相应资料，必要时进行临床试验。

5. 注册事项7，改变影响药品质量的生产工艺的，其生产工艺的改变不应导致药用物质基础的改变。中药如有改变药用物质基础的，应当提供药学、药理毒理等方面的对比试验研究资料，并应当根据药品的特点，进行不同目的的临床试验，病例数一般不少于100对。

6. 注册事项9，替代或减去国家药品标准处方中的毒性药材或处于濒危状态的药材，是指申请人自行要求进行替代或减去药材的申请，不包括国家规定进行统一替代或减去药材的情形。

（1）申请使用已获批准的中药材代用品替代中药成方制剂中相应药材。

应当提供新的制备工艺、药品标准和稳定性等药学研究资料，可以减免药理、毒理和临床试验资料。

（2）申请使用已被法定标准收载的中药材进行替代，如果被替代的药材在处方中处于辅助地位的，应当提供新的制备工艺、药品标准和稳定性等药学研究资料，必要时提供药理、毒理和临床试验资料。其替代药材若为毒性药材，则还应当提供考察药品安全性的资料，包括毒理对比试验资料，必要时提供药效学试验资料，并进行临床试验。如果被替代的药材在处方中处于主要地位的，除提供上述药学研究资料外，还应当进行药效、毒理的对比试验及相关制剂的临床等效性研究。

（3）申请减去毒性药材的，应当提供新的制备工艺、药品标准和稳定性等药学研究资料、药理实验资料，并进行临床试验。

（4）药学、药理、毒理及临床试验的要求如下：

药学方面：①生产工艺：药材替代或减去后药品的生产工艺应当与原工艺保持一致。②药品标准：应当针对替代药材建立专属性鉴别和含量测定。不能建立专属性鉴别或含量测定的，应提供研究资料。③稳定性试验：替代药材可能影响药品的稳定性时，应进行稳定性试验。

药理、毒理学方面：药材替代后，应当与原药品针对主要病症进行主要药效学和急性毒性的比较研究。减去毒性药材后，应当与原药品针对主要病症进行主要药效学的比较研究。

临床试验方面：应当针对主要病证，进行100对随机对照试验，以评价二者的等效性。

7. 注册事项11，药品组合包装是指两种或者两种以上具有独立的适应症和用法用量的药品组成的包装。其不包括下列情形：

（1）已有相同活性成分组成的复方制剂上市的；

（2）缺乏国际公认的成熟的治疗方案作为依据的；

（3）给药途径不一致的药品；

（4）其他不符合有关规定的。

药品组合包装不单独发给药品批准文号，不设立监测期，不得使用商品名称。

申请药品组合包装还应当符合以下要求：

（1）申请生产企业应当取得《药品生产质量管理规范》认证证书，组合包装的各药品应是本生产企业生产，并已取得药品批准文号。

（2）说明书、标签应当根据临床前研究和临床试验结果制定，而不是其中各药品说明书的简单叠加，并应当符合药品说明书和标签管理的有关规定。

(3) 直接接触药品的包装材料应当适用于其中各药品。

(4) 标注的有效期应当与其中药品的最短有效期一致。

(5) 贮藏条件应当适用于其中各药品。

(6) 名称为“X/Y/Z 组合包装”，X、Y、Z 分别代表其中各药品的通用名称。

8. 注册事项 13，指根据试验资料或文献资料修订或增加中药、天然药物说明书中药理毒理、临床试验、药代动力学项目，不包括对功能主治、用法用量等项目的增加或修订。

9. 注册事项 19，改变国内药品生产企业名称，是指国内药品生产企业经批准变更《药品生产许可证》企业名称以后，申请将其已注册药品的生产企业名称做相应变更。

10. 注册事项 20，国内药品生产企业内部改变药品产地，包括原址改建或异地新建。

11. 注册事项 25、30，是指根据国家药品标准的统一规定和国家食品药品监督管理局的专项要求，对药品说明书的某些项目进行修改，如不良反应、禁忌、注意事项等项目。除有专门规定或要求外，不包括修改适应症或功能主治、用法用量、规格等项目。

12. 注册事项 26、31，补充完善药品说明书的安全性内容，仅可增加不良反应、禁忌、注意事项的范围。不包括对适应症或功能主治、用法用量等项目增加使用范围。

13. 注册事项 27、32，按规定变更药品包装标签，是指按照药品管理的有关规定、国家药品标准或经过核准的药品说明书内容，对该药品的包装标签进行相应修改。

14. 注册事项 33，变更国内生产药品的包装规格应当符合以下要求：

(1) 药品包装规格应当经济、方便。有使用疗程的药品，其包装规格一般应当根据该药品使用疗程确定。

(2) 申请药品注射剂配一次性使用注射器或者输液器的包装、药品注射剂配其专用溶媒的包装的，不得另行命名，所配注射器、输液器或者溶媒必须已获准注册，且注射器、输液器的灭菌有效期或者溶媒的有效期不得短于药品的有效期。

15. 注册事项 23 和 34，改变原料药产地，是指改换或增加生产药品制剂所用原料药的生产厂。国内生产药品制剂改变原料药产地的，该原料药必须具有药品批准文号或者进口药品注册证书，并提供获得该原料药的合法性资料。

16. 申报注册事项1、5~10、12、15、20、21，应当对3个批号药品进行药品注册检验。申报注册事项34，应当对1个批号药品进行药品注册检验。

附件5：

药品再注册申报资料项目

一、境内生产药品

1. 证明性文件：

（1）药品批准证明文件及药品监督管理部门批准变更的文件；

（2）《药品生产许可证》复印件；

（3）营业执照复印件；

（4）《药品生产质量管理规范》认证证书复印件。

2. 五年内生产、销售、抽验情况总结，对产品不合格情况应当作出说明。

3. 五年内药品临床使用情况及不良反应情况总结。

4. 有下列情形之一的，应当提供相应资料或者说明：

（1）药品批准证明文件或者再注册批准文件中要求继续完成工作的，应当提供工作完成后的总结报告，并附相应资料；

（2）首次申请再注册药品需要进行Ⅳ期临床试验的，应当提供Ⅳ期临床试验总结报告；

（3）首次申请再注册药品有新药监测期的，应当提供监测情况报告。

5. 提供药品处方、生产工艺、药品标准。凡药品处方、生产工艺、药品标准与上次注册内容有改变的，应当注明具体改变内容，并提供批准证明文件。

6. 生产药品制剂所用原料药的来源。改变原料药来源的，应当提供批准证明文件。

7. 药品最小销售单元的现行包装、标签和说明书实样。

二、进口药品

1. 证明性文件：

（1）《进口药品注册证》或者《医药产品注册证》复印件及国家食品药品监督管理局批准有关补充申请批件的复印件；

(2) 药品生产国家或者地区药品管理机构出具的允许该药品上市销售及该药品生产企业符合药品生产质量管理规范的证明文件、公证文书及其中文译本;

(3) 药品生产国家或者地区药品管理机构允许药品进行变更的证明文件、公证文书及其中文译本;

(4) 由境外制药厂商常驻中国代表机构办理注册事务的，应当提供《外国企业常驻中国代表机构登记证》复印件;

(5) 境外制药厂商委托中国代理机构代理申报的，应当提供委托文书、公证文书及其中文译本，以及中国代理机构的营业执照复印件。

2. 五年内在中国进口、销售情况的总结报告，对于不合格情况应当作出说明。

3. 药品进口销售五年来临床使用及不良反应情况的总结报告。

4. 首次申请再注册药品有下列情形之一的，应当提供相应资料或者说明:

(1) 需要进行Ⅳ期临床试验的应当提供Ⅳ期临床试验总结报告;

(2) 药品批准证明文件或者再注册批准文件中要求继续完成工作的，应当提供工作总结报告，并附相应资料。

5. 提供药品处方、生产工艺、药品标准和检验方法。凡药品处方、生产工艺、药品标准和检验方法与上次注册内容有改变的，应当指出具体改变内容，并提供批准证明文件。

6. 生产药品制剂所用原料药的来源。改变原料药来源的，应当提供批准证明文件。

7. 在中国市场销售药品最小销售单元的包装、标签和说明书实样。

8. 药品生产国家或者地区药品管理机构批准的现行原文说明书及其中文译本。

附件6：

新药监测期期限表

（说明：除以下情形的新药不设立监测期）（表1～3）

表1　以下情形的新药设立5年的监测期

中药、天然药物	化学药品	治疗性生物制品	预防用生物制品
1. 未在国内上市销售的从植物、动物、矿物等物质中提取有效成分的制剂	1. 未在国内外上市销售的药品中： 1.1 通过合成或者半合成的方法制得原料药的制剂； 1.2 天然物质中提取或者通过发酵提取的新有效单体的制剂； 1.3 用拆分或者合成等方法制得的已知药物中光学异构体的制剂	1. 未在国内外上市销售的生物制品	1. 未在国内外上市销售的疫苗

表2　以下情形的新药设立4年的监测期

中药、天然药物	化学药品	治疗性生物制品	预防用生物制品
2. 新发现药材的制剂。 3. 药材新药用部位的制剂。 4. 未在国内上市销售的从植物、动物、矿物等物质中提取有效部位的制剂。 5. 未在国内上市销售的中药、天然药物复方制剂中： 5.1 中药复方制剂； 5.2 天然药物复方制剂； 5.3 中药、天然药物和化学药品组成的复方制剂	1. 未在国内外上市销售的药品中： 1.4 由已上市销售的多组份药物制备为较少组份的药物； 1.5 新的复方制剂； 2. 改变给药途径且尚未在国内外上市销售的制剂。 3. 已在国外上市销售但尚未在国内上市销售的药品中： 3.1 已在国外上市销售的制剂，和/或改变该制剂的剂型，但不改变给药途径的制剂	2. 单克隆抗体。 3. 基因治疗、体细胞治疗及其制品。 4. 变态反应原制品。 5. 由人的、动物的组织或者体液提取的，或者通过发酵制备的具有生物活性的多组份制品。 6. 由已上市销售生物制品组成新的复方制品。 7. 已在国外上市销售但尚未在国内上市销售的生物制品。 8. 含未经批准菌种制备的微生态制品。 9. 与已上市销售制品结构不完全相同且国内外均未上市销售的制品（包括氨基酸位点突变、缺失，因表达系统不同而产生、消除或者改变翻译后修饰，对产物进行化学修饰等）。 10. 与已上市销售制品制备方法不同的制品（例如采用不同表达体系、宿主细胞等）。 11. 首次采用DNA重组技术制备的制品（例如以重组技术替代合成技术、生物组织提取或者发酵技术等）。 12. 国内外尚未上市销售的由非注射途径改为注射途径给药，或者由局部用药改为全身给药的制品	2. DNA疫苗。 3. 已上市销售疫苗变更新的佐剂，耦合疫苗变更新的载体。 4. 由非纯化或全细胞（细菌、病毒等）疫苗改为纯化或者组份疫苗。 5. 采用未经国内批准的菌毒种生产的疫苗（流感疫苗、钩端螺旋体疫苗等除外）。 6. 已在国外上市销售但未在国内上市销售的疫苗。 7. 采用国内已上市销售的疫苗制备的结合疫苗或者联合疫苗。 8. 与已上市销售疫苗保护性抗原谱不同的重组疫苗

表3 以下情形的新药设立3年的监测期

中药、天然药物	化学药品	治疗性生物制品	预防用生物制品
6. 改变国内已上市销售中药、天然药物给药途径的制剂。 7. 改变国内已上市销售中药、天然药物剂型的制剂中采用特殊制剂技术者，如靶向制剂、缓释制剂、控释制剂	3. 已在国外上市销售但尚未在国内上市销售的药品中： 3.2 已在国外上市销售的复方制剂，和/或改变该制剂的剂型，但不改变给药途径的制剂； 3.3 改变给药途径并已在国外上市销售的制剂； 4. 改变已上市销售盐类药物的酸根、碱基（或者金属元素），但不改变其药理作用的原料药的制剂。 5. 改变国内已上市销售药品的剂型，但不改变给药途径的制剂中采用特殊制剂技术者，如靶向制剂、缓释制剂、控释制剂	14. 改变给药途径的生物制品（不包括12）	9. 更换其他已批准表达体系或者已批准细胞基质生产的疫苗；采用新工艺制备并且实验室研究资料证明产品安全性和有效性明显提高的疫苗。 10. 改变灭活剂（方法）或者脱毒剂（方法）的疫苗。 11. 改变给药途径的疫苗

二、中药注册管理补充规定

关于印发中药注册管理补充规定的通知

国食药监注〔2008〕3号

各省、自治区、直辖市食品药品监督管理局（药品监督管理局），总后卫生部药品监督管理局：

为遵循中医药研究规律，体现中药注册特点，规范中药注册行为，促进中医药和民族医药事业发展，根据《药品注册管理办法》的有关规定，国家食品药品监督管理局组织制定了《中药注册管理补充规定》，现予印发，请遵照执行。

国家食品药品监督管理局

2008年1月7日

中药注册管理补充规定

第一条　为体现中医药特色，遵循中医药研究规律，继承传统，鼓励创新，扶持促进中医药和民族医药事业发展，根据《药品注册管理办法》，制定本补充规定。

第二条　中药新药的研制应当符合中医药理论，注重临床实践基础，具有临床应用价值，保证中药的安全有效和质量稳定均一，保障中药材来源的稳定和资源的可持续利用，并应关注对环境保护等因素的影响。涉及濒危野生动植物的应当符合国家有关规定。

第三条　主治病证未在国家批准的中成药【功能主治】中收载的新药，属于《药品注册管理办法》第四十五条第一款第（四）项的范围。

第四条　中药注册申请，应当明确处方组成、药材基原、药材产地与资源状况以及药材前处理（包括炮制）、提取、分离、纯化、制剂等工艺，明确关键工艺参数。

第五条　中药复方制剂应在中医药理论指导下组方，其处方组成包括中药饮片（药材）、提取物、有效部位及有效成分。

如含有无法定标准的中药材，应单独建立质量标准；无法定标准的有效部位和有效成分，应单独建立质量标准，并按照相应的注册分类提供研究资料；中药提取物应建立可控的质量标准，并附于制剂质量标准之后。

第六条　中药复方制剂除提供综述资料、药学研究资料外，应按照本规定第七条、第八条和第九条，对不同类别的要求提供相关的药理毒理和临床试验资料。

第七条　来源于古代经典名方的中药复方制剂，是指目前仍广泛应用、疗效确切、具有明显特色与优势的清代及清代以前医籍所记载的方剂。

（一）该类中药复方制剂的具体目录由国家食品药品监督管理局协助有关部门制定并发布。

（二）符合以下条件的该类中药复方制剂，可仅提供非临床安全性研究资料，并直接申报生产：

1. 处方中不含毒性药材或配伍禁忌；

2. 处方中药味均有法定标准；

3. 生产工艺与传统工艺基本一致；

4. 给药途径与古代医籍记载一致，日用饮片量与古代医籍记载相当；

5. 功能主治与古代医籍记载一致；

6. 适用范围不包括危重症，不涉及孕妇、婴幼儿等特殊用药人群。

（三）该类中药复方制剂的药品说明书中须注明处方及功能主治的具体来源，说明本方剂有长期临床应用基础，并经非临床安全性评价。

（四）该类中药复方制剂不发给新药证书。

第八条　主治为证候的中药复方制剂，是指在中医药理论指导下，用于治疗中医证候的中药复方制剂，包括治疗中医学的病或症状的中药复方制剂。

（一）该类中药复方制剂的处方组成应当符合中医药理论，并具有一定的临床应用基础，功能主治须以中医术语表述。

（二）该类中药复方制剂的处方来源、组方合理性、临床应用情况、功能主治、用法用量等内容由国家食品药品监督管理局药品审评中心组织中医药专家审评。

（三）疗效评价应以中医证候为主。验证证候疗效的临床试验可采取多种设计方法，但应充分说明其科学性，病例数应符合生物统计学要求，临床试验结果应具有生物统计学意义。

（四）具有充分的临床应用资料支持，且生产工艺、用法用量与既往临床应用基本一致的，可仅提供非临床安全性试验资料；临床研究可直接进行Ⅲ期临床试验。

（五）生产工艺、用法用量与既往临床应用不一致的，应提供非临床安全性试验资料和药效学研究资料。药效学研究应采用中医证候的动物模型进行；如缺乏成熟的中医证候动物模型，鼓励进行与药物功能主治相关的主要药效学试验。临床研究应当进行Ⅱ、Ⅲ期临床试验。

（六）该类中药复方制剂的药品说明书【临床试验】项内容重点描述对中医证候的疗效，并可说明对相关疾病的影响。

第九条　主治为病证结合的中药复方制剂中的“病”是指现代医学的疾病，“证”是指中医的症候，其功能用中医专业术语表述、主治以现代医学疾病与中医证候相结合的方式表述。

（一）该类中药复方制剂的处方组成应当符合中医药理论，并具有一定的临床应用基础。

（二）具有充分的临床应用资料支持，且生产工艺、用法用量与既往临床应用基本一致的，可仅提供非临床安全性试验资料；临床研究应当进行Ⅱ、Ⅲ期临床试验。

（三）生产工艺、用法用量与既往临床应用不一致的，应提供非临床安全性试验资料，并根据拟定的功能主治（适应症）进行主要药效学试验。药效学研究一般应采用中医证候的动物模型或疾病模型；如缺乏成熟的中医证候动物模型或疾病模型，可进行与功能（药理作用）相关的主要药效学试验。临床研究应当进行Ⅱ、Ⅲ期临床试验。

第十条　对已上市药品改变剂型但不改变给药途径的注册申请，应提供充分依据说明其科学合理性。应当采用新技术以提高药品的质量和安全性，且与原剂型比较有明显的临床应用优势。

（一）若药材基原、生产工艺（包括药材前处理、提取、分离、纯化等）及工艺参数、制剂处方等有所改变，药用物质基础变化不大，剂型改变对药物的吸收利用影响较小，可根据需要提供药理毒理研究资料，并应进行病例数不少于100对的临床试验，用于多个病证的，每一个主要病证病例数不少于60对。

（二）若药材基原、生产工艺（包括药材前处理、提取、分离、纯化等）及工艺参数、制剂处方等有较大改变，药用物质基础变化较大，或剂型改变对药物的吸收利用影响较大的，应提供相关的药理毒理研究及Ⅱ、Ⅲ期临床试验资料。

（三）缓释、控释制剂应根据普通制剂的人体药代动力学参数及临床实际需要作为其立题依据，临床前研究应当包括缓释、控释制剂与其普通制剂在药学、生物学的对比研究试验资料，临床研究包括人体药代动力学和临床有效性及安全性的对比研究试验资料，以说明此类制剂特殊释放的特点及其优势。

第十一条　仿制药的注册申请，应与被仿制药品的处方组成、药材基原、生产工艺（包括药材前处理、提取、分离、纯化等）及工艺参数、制剂处方保持一致，质量可控性不得低于被仿制药品。如不能确定具体工艺参数、制剂处方等与被仿制药品一致的，应进行对比研究，以保证与被仿制药品质量的一致性，并进行病例数不少于100对的临床试验或人体生物等效性研究。

第十二条　变更药品处方中已有药用要求的辅料的补充申请，如处方中不含毒性药材，辅料的改变对药物的吸收、利用不会产生明显影响，不会引起安全性、有效性的明显改变，则可不提供药理毒理试验资料及临床试验资料；如该辅料的改变对药物的吸收、利用可能产生明显影响，应提供相关的药理毒理试验资料及Ⅱ、Ⅲ期临床试验资料。

第十三条　改变影响药品质量的生产工艺的补充申请，如处方中不含毒性药材，生产工艺的改变不会引起物质基础的改变，对药物的吸收、利用不会产生明显影响，不会引起安全性、有效性的明显改变，则可不提供药理毒理试验资料及临床试验资料；如生产工艺的改变对其物质基础有影响但变化不大，对药物的吸收、利用不会产生明显影响，可不提供药理毒理试验资料，进行病例数不少于100对的临床试验，用于多个病证的，每一个主要病证病例数不少于60对；如生产工艺的改变会引起物质基础的明显改变，或对药物的吸收、利用可能产生明显影响，应提供相关的药理毒理试验资料及Ⅱ、Ⅲ期临床试验资料。

第十四条　需进行药理研究的改变已上市药品剂型、改变生产工艺以及改变给药途径的注册申请，应以原剂型、原生产工艺或原给药途径为对照进行药效学试验（对照可仅设一个高剂量组）。

第十五条　新的有效部位制剂的注册申请，如已有单味制剂上市且功能主治（适应症）基本一致，应与该单味制剂进行非临床及临床对比研究，以说明其优势与特点。

第十六条　非临床安全性试验所用样品，应采用中试或中试以上规模的样品。临床试验所用样品一般应采用生产规模的样品；对于有效成分或有效部位制成的制剂，可采用中试或中试以上规模的样品。

第十七条　处方中含有毒性药材或无法定标准的原料，或非临床安全性试验结果出现明显毒性反应等有临床安全性担忧的中药注册申请，应当进行Ⅰ期临床试验。

第十八条　新药的注册申请，申请人可根据具体情况申请阶段性（Ⅰ期、Ⅱ期、Ⅲ期）临床试验，并可分阶段提供支持相应临床试验疗程的非临床安全性试验资料。

阶段性临床试验完成后，可以按补充申请的方式申请下一阶段的临床试验。

第十九条　临床试验需根据试验目的、科学合理性、可行性等原则选择对照药物。安慰剂的选择应符合伦理学要求，阳性对照药物的选择应有充分的临床证据。对改变已上市药品剂型、改变生产工艺、在已上市药品基础上进行处方加减化裁而功能主治基本一致的中药制剂，需选择该上市药品作为阳性对照药物。

第二十条　临床试验期间，根据研究情况可以调整制剂工艺和规格，若调整后对有效性、安全性可能有影响的，应以补充申请的形式申报，并提供相关的研究资料。

第二十一条　藏药、维吾尔药、蒙药等民族药的注册管理参照本规定执行。民族药的研制应符合民族医药理论，其申请生产的企业应具备相应的民族药专业人员、生产条件和能力，其审评应组织相关的民族药方面的专家进行。

第二十二条　本规定自公布之日起施行。